人工智能与设计

唐智川　金小能　著

中国轻工业出版社

图书在版编目（CIP）数据

人工智能与设计 / 唐智川, 金小能著. -- 北京：中国轻工业出版社, 2024. 12. -- ISBN 978-7-5184-5268-2

Ⅰ. TB472-39

中国国家版本馆CIP数据核字第2024DR5515号

责任编辑：徐　琪

文字编辑：李婧瑶　　责任终审：高惠京　　设计制作：锋尚设计

策划编辑：毛旭林　徐　琪　　责任校对：朱燕春　　责任监印：张京华

出版发行：中国轻工业出版社（北京鲁谷东街5号，邮编：100040）

印　　刷：北京君升印刷有限公司

经　　销：各地新华书店

版　　次：2024年12月第1版第1次印刷

开　　本：710×1000　1/16　印张：14.25

字　　数：320千字

书　　号：ISBN 978-7-5184-5268-2　定价：68.00元

邮购电话：010-85119873

发行电话：010-85119832　010-85119912

网　　址：http://www.chlip.com.cn

Email：club@chlip.com.cn

如发现图书残缺请与我社邮购联系调换

201067K2X101ZBW

前　言

以人工智能为代表的新一代信息技术正在深刻地改变着社会生活的各个领域，其与产品设计的结合也日趋紧密。传统设计正随着技术的发展面临行业饱和、逐渐萎缩的问题，只有不断寻求进化和“智变”才能得以生存。对设计而言，人工智能既是一种新的思考方式，也是一种新的实现手段。大部分重复性的劳动以及海量的数据分析工作都能够由人工智能协助完成，设计师就可以有更多的精力侧重于评价、判断和选择。

人工智能与设计的融合改变了传统的产品设计思维。AI驱动的产品创新设计思维，应关注具备以人为中心、溯因归纳、优化迭代等特征的AI设计原理，以及基于“设计解决问题闭环模型”的AI设计实践方法。AI技术将全面冲击并革新设计基础、设计对象和设计方法，使设计师面临巨大挑战。此外，基于人机协同理念的产品创新设计方法，能够进一步发挥人工智能在产品设计领域的优势。人工智能只能依赖数据和经验解决问题，无法处理需要依靠推理、情感和美感才能解决的问题，而设计师擅长跨领域推理，并且具有较强的抽象能力，结合人机协同理念的创新设计方法，能够有效促进人工智能与产品设计的深度融合。

本书是在作者多年人工智能和产品设计研究工作积累的基础上编写而成，从人工智能人机协同视角，系统梳理了人工智能技术与产品设计的关联，提出了人工智能视域下的产品创新设计思维与产品创新设计方法，从艺术生成设计、智能产品设计和计算机辅助设计三个方向，全面阐述了AI与产品设计的融合方式，具有理论与实践并重的特色。在理论创新方面，基于人机协同理念，深入探索了AI驱动下的产品设计思维模型，探究人工智能技术对产品设计各领域的影响方式与规律，丰富了AI+时代下产品创新设计思维的理论研究。与此同时，采用人工智能技术与深度学习框架，深入探讨了人工智能在产品设计各领域中的实现方式，进一步完善了AI产品设计方法框架，形成创新设计体系。在实践创新方面，为企业和制造业构建AI产品创新设计思维和方法提供依据，为创新设计领域、产品设计行业建立AI驱动下的产品创新设计机制提供决策参考，进一步提升设计师在产品设计各流程中的人机协同设计能力。通过阅读本书，读者可以对人工智能产品设计领域有一个系统的、全面的了解。

本书分为三篇共九章。第一章为绪论，简述人工智能与设计的研究概况、人工智能与产品设计的融合方式；第二章为AI产品创新设计思维理论研究，主要总结基于AI的产品创新设计思维与AI驱动的人机交互设计方法；第三章为AI产品创新设计方法基础研究，主要介绍实现人工智能算法与模型的基础理论知识与方法，以及与产品设计紧密相关的人工智能框架（卷积神经网络、生成对抗网络、循环神经网络）；第四至六章探讨了人工智能实现生成内容与创作、智能交互与创新体验、计算机辅助设计的技术优势、原理框架、方法手段，以及与其相对应的典型案例，其中，包括市场中现有的经典产品案例和作者课题组近年来针对人工智能产品设计开展的科研、教学工作案例等；第七章为人机协同式AI设计伦理的实现机制研究，探讨了AI替代设计师的可能性及AI设计的伦理问题；第八章为基于用户需求的AI设计原则体系研究，提出AI驱动的用户信任设计原则，以及考虑到二级用户的AI用户体验设计框架；第九章为AI产品创新设计发展趋势与路径，探讨了AI产品创新设计的新模式与新方向、AI产品创新设计在其他领域的延伸，提出未来的研究方向和应用前景。需要注意的是，本书涉及的部分应用、软件和网址，受其服务范围或区域网络限制无法直接应用或访问，感兴趣的读者可自行通过正规渠道进行体验与尝试，特此说明。

本书是作者所在课题组多年来集体工作的结晶，王董玲、应吉晨、张凌涛、丁俊、杨克帅等也为本书的编写提供了帮助。在此，向所有支持本书撰写的人员表示衷心的感谢。

由于作者水平有限，书中难免存在疏漏和不当之处，恳请广大读者批评指正。

唐智川

2024年12月于浙江工业大学

目　录

I　第一篇　AI 产品创新设计概述和理论

第一章　绪论　2

第一节　AI 发展历史　2

第二节　AI 与产品设计的融合　10

参考文献　19

第二章　AI 产品创新设计思维理论研究　21

第一节　AI 与产品创新设计思维　21

第二节　AI 与人机交互设计　29

参考文献　37

第三章　AI 产品创新设计方法基础研究　39

第一节　AI 算法基础　39

第二节　卷积神经网络（CNN）　54

第三节　生成对抗网络（GAN）　64

第四节　循环神经网络（RNN）　73

参考文献　78

Ⅱ　第二篇　AI 产品创新设计方法框架

第四章　基于生成内容与创作的 AI 设计方法研究　82

第一节　AI 生成内容优势　82

第二节　AI 生成内容与创作类别　84

第三节　AI 如何生成内容与创作　95

第四节　典型案例　100

参考文献　110

第五章　基于智能交互与创新体验的 AI 设计方法研究　112

第一节　AI 交互的优势　112

第二节　智能交互与创新体验的分类　114

第三节　AI 如何实现产品的智能交互与创新体验　121
第四节　典型案例　129
参考文献　138
第六章　基于计算机辅助设计的 AI 设计方法研究　140
第一节　AI 辅助设计的优势　140
第二节　AI 辅助设计的分类　142
第三节　AI 算法如何实现计算机辅助设计　148
第四节　典型案例　155
参考文献　170

Ⅲ　**第三篇　AI 产品创新设计体系的演变与发展**
第七章　人机协同式 AI 设计伦理的实现机制研究　172
第一节　AI 能否替代设计师　172
第二节　AI 设计伦理　176
参考文献　182
第八章　基于用户需求的 AI 设计原则体系研究　184
第一节　AI 驱动的设计原则　184
第二节　考虑到二级用户的 AI 设计框架　190
参考文献　193
第九章　AI 产品创新设计发展趋势与路径　195
第一节　AI 产品创新设计的新模式与新方向　195
第二节　AI 产品创新设计在其他领域的延伸　214
参考文献　221

I

第一篇

AI产品创新设计概述和理论

本书的第一至三章主要介绍“人工智能+设计”的知识背景，概述了人工智能的发展历程、AI与产品设计的融合方式、AI驱动的产品创新设计思维与方法、AI算法基础等理论和研究。

第一章
绪论

本章包括以下内容：

- ☐ AI发展历史
- ☐ AI与产品设计的融合

从医疗保健、汽车制造到智能家电、社交网络，几乎在所有领域中，人工智能（Artificial Intelligence，AI）的应用都受到了广泛关注。随着网络、自动化软件和数字传感器的普及，人工智能正在改变着我们的经济社会，并且定义了一个新的工业化时代。对于许多行业来说，人工智能的应用和普及意味着前所未有的机遇和挑战。但这也给部分人带来恐慌：人工智能、机器学习和机器人在未来会取代大部分人类的工作吗？作为未来或当前的设计行业从业者，我们需要关注到人工智能对设计领域带来的变革与风险：AI的普及对我们理解创新和设计有什么影响？AI在设计活动的哪个环节可以发挥重大作用？学习与掌握AI工具是否会给设计师带来不必要的技术负担……

本章首先概述了人工智能的发展历程、人工智能在各个领域日益流行的关键因素及未来潜力。其次，从艺术设计、智能产品设计和计算机辅助设计三个方面，阐述了AI与产品设计的关联与融合方式，结合典型案例，展现了AI算法驱动的产品设计方法如何帮助设计师激发创造力、辅助与增强设计过程，以提升设计师的人机协同设计能力。

第一节　AI发展历史

能够模拟人类智力和思维过程的系统被称为具有“人工智能”属性。科幻小说、电影与游戏中常常出现对于未来AI的想象：它是具有超高智慧的神奇黑匣，能够帮助人类解决最棘手的问题；它也可能具有超高破坏力，会脱离人为控制，甚至与人类对立。当今的我们，很难判断一旦机器能够像人类一样思考之后会发生什么。幸运的是，这些作品中描述的理想系统（强人工智能）比人类当前拥有的技术先进得多。

我们首先要了解，人工智能是一个处于不断发展中的概念，因此，有理由从它的发展历程开始认识AI的概念与未来潜力。

一、AI简史

（一）人工智能的诞生：20世纪50年代

人工智能这个术语是美国计算机科学家约翰·麦卡锡（John McCarthy）在1956年首次提出的，当时他召开了第一次关于这个主题的学术会议。这场会议在美国汉诺斯小镇的达特茅斯学院举行，参与的科学家们认为“学习的各个方面以及人类智能的其他特征都应能被精确地描述，使得机器可以对其进行模拟”。1956年的“达特茅斯会议”被广泛认为是AI诞生的标志。

但在“人工智能”这一术语被提出之前，就有了许多关于“机器是否能够真正思考”的研究。

1936年，英国数学家、逻辑学家艾伦·麦席森·图灵（Alan Mathison Turing）在一篇题为《论数字计算在决断难题中的应用》的论文附录中描述了一种被后人称为“图灵机”（Turing Machine）的思维模型，他证明了“图灵机”能够执行认知过程，前提是需要将这些认知过程分解为多个单独步骤并以算法表示。这为当今我们所谓的人工智能奠定了基础（图1-1）。

美国科学家范内瓦·布什（Vannevar Bush）在其1945年的开创性著作《诚如所思》（*As We May Think*）中提出了一个协助人类思考并增强人类知识与理解的系统“Memex”。

1950年，艾伦·图灵发表了一篇题为《计算机器与智能》的论文，为人工智能领域打开了大门。论文一开始就提出了一个简单的问题：“机器是否能够思考？”图灵接着提出了一种评估机器是否能够思考的方法，这就是众所周知的“图灵测试”（The Turing Test）。该测试在论文中被称为“模仿游戏”，如果一台计算机能够与人类智能体进行对

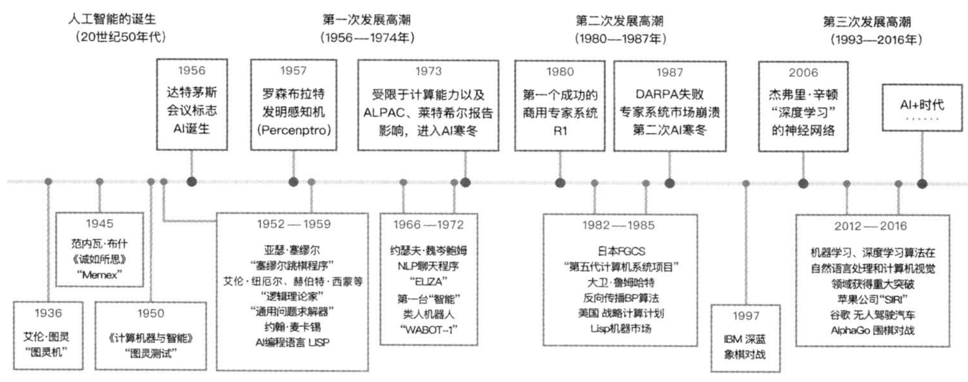

图1-1　人工智能发展时间线

话，并且让人无法分辨其是否为机器，那么我们可以认为这台计算机具备了思考的能力。图灵测试是人工智能研究的一个长期的核心目标——我们能否建造一台计算机，使其足以模拟人类，即便是一位多疑的法官也无法辨别出是人还是机器。

（二）第一次发展高潮：1956—1974年

人工智能是一个综合性领域，不仅包括机器学习与深度学习，还包括更多不涉及学习的方法。达特茅斯会议前后数年间，涌现了大批人工智能程序和新的研究方向。

早期的计算机先驱认为，国际象棋机器将是真正代表人工智能发展的标志之一，在图灵的原始论文中，下棋能力甚至被用作是一个有效的图灵测试问题。许多人都设想有一天机器能够下棋，而美国学者克劳德·香农（Claude Elwood Shannon）在1950年最先写了一篇关于开发下棋程序的论文。遗传算法与机器学习的发展也与美国科学家亚瑟·塞缪尔（Arthur Samuel）1952年起编写的跳棋程序有关，1959年的“塞缪尔跳棋程序”是历史上第一个成功的自学程序，也是AI基本概念的早期展示。

1954年，第一个神经网络成功运行。尽管受计算机内存限制，该网络最多只有128个神经元，但是他们能够训练该网络识别简单的模式。1957年，美国心理学家弗兰克·罗森布拉特（Frank Rosenblatt）模拟实现了一种他发明的叫“感知机”（Perceptron）的数学模型，当时的“感知机”实质上是一个用于图像识别的监督学习二分类算法。

逻辑推理能力是智能的重要方面，且一直是AI研究的重点。1956年，由美国的艾伦·纽厄尔（Allen Newell）、赫伯特·西蒙（Herbert Alexander Simon）等编写的“逻辑理论家”（Logic Theorist）程序是逻辑推理方向的一个重要里程碑，而他们在1959年开发的“通用问题求解器”（General Problem Solver，GPS）能够反复应用启发式试错来解决各类难题（偏数学）。

1958年，约翰·麦卡锡开发了AI编程语言列表处理（LIST Processor，LISP），并发表了论文《具有常识的程序》。该论文提出了一个假设中的完整AI系统Advice Taker，其具有像人类一样有效地学习经验的能力。

1966年，美国计算机科学家约瑟夫·魏岑鲍姆（Joseph Weizenbaum）发明了一个聊天程序“ELIZA”，其能够使用脚本模拟，例如模拟心理治疗师之类的谈话对象。“ELIZA”被视为早期自然语言处理（Natural Language Processing，NLP）的主要成果。在1960年代后期，计算机科学家致力于机器视觉学习和在机器人中开发机器学习。“WABOT-1”是第一台“智能”类人机器人，于1972年在日本制造。

20世纪70年代中期，研究学者逐渐发现在机器中创建智能极其困难，虽然机器可以拥有简单的逻辑推理能力，但有许多数据获取、计算机算力类的基础性障碍无法克服。而美国政府1966年的语言自动处理咨询委员会（Automatic Language Processing Advisory Committee，ALPAC）报告和英国政府1973年的莱特希尔报告（The Lighthill report）直接促使政府削减了对AI的资金支持，对当时的AI技术发展造成了致命打击。AI行业进入了一个被形容为“AI寒冬”（AI Winters）的时期。

（三）第二次发展高潮：1980—1987年

1980年，第一个成功的商用专家系统R1被成功研发。用于配置新计算机系统的R1订单引发了长达十年的专家系统投资热潮，有效地结束了第一个“AI寒冬”。

具体来说，专家系统是一类计算机程序，旨在模拟人类在一个或多个特定知识领域的专长。它们通常由三个基本部分组成：一个知识数据库，其中包括代表人类知识和经验的事实与规则；一个推理引擎，用于处理咨询并确定如何进行推理；一个用于与用户交互的输入/输出接口。这样的系统具有复杂的推理能力，但是与人类不同，它们无法通过学习新的规则来发展和扩展决策，所以只能在一个很小的领域深入，从而避免了常识性问题。

1982年，日本启动了雄心勃勃的第五代计算机系统项目（Fifth Generation Computer Systems，FGCS）。FGCS的目标是开发能够与人对话、翻译语言、解释图像，并且能像人一样推理的机器。同年，美国认知心理学家大卫·鲁姆哈特（David Everett Rumelhart）和英国皇家学会院士杰弗里·辛顿（Geoffrey Hinton）提出了反向传播算法（Backpropagation，BP），该算法被用于多层神经网络的参数计算，以解决非线性分类和学习的问题。1983年，为了响应日本的FGCS，美国政府启动了战略计算计划，以支持DARPA（Defense Advanced Research Project Agency，美国国防部高级研究计划局）资助的高级计算和人工智能研究。1985年，各公司每年在专家系统上的投入超过10亿美元，被称为Lisp机器市场的产业应运而生。

20世纪80年代的AI发展高潮是随着“专家系统”的成功而开始的，但是其逐渐暴露出应用领域狭窄、知识获取困难、难以维护升级等问题。更重要的是，“专家系统”需要昂贵的专用硬件支持，然而同期Apple和IBM生产的个人电脑都拥有与之相似的能力，价格却更低。1987年，专家系统计算机的市场崩溃了，政府与计算协会大幅削减对AI的资助。日本的第五代计算机项目也未能实现“智能”软件的开发。AI研究再次进入低谷。

（四）第三次发展高潮：1993—2016年

20世纪90年代后期，在计算机性能不断提升与科学家的不断努力下，AI被成功应用在某些技术产业。1997年，国际商业机器公司（International Business Machines Corporation，IBM）的深蓝国际象棋电脑在国际象棋比赛中击败了当时的世界冠军加里·卡斯帕罗夫（Garry Kasparov），人工智能的公众形象大幅提升。得益于速度更快的硬件、更大的数据集和许多重要算法的实现，“机器学习”与“深度学习”也迎来了蓬勃发展，并且迅速成为了最受欢迎且最为成功的AI分支。人工智能在大数据时代进入了第三次发展高潮。

（五）第四次发展高潮：2021年至今

2021年8月，由一百多名学者联合发表的题为*On the Opportunities and Risks of*

*Foundation Models*的研究报告，用两百多页的内容讨论了大模型训练的机会与风险。在报告中，AI的大模型被统一命名为Foundation Models，用以突出其作为AI训练基石的特性。

什么是AI大模型？它是一个庞大而复杂的神经网络，由于储存参数的增多，模型的深度和宽度得到了大幅增加。通过在大量数据上的训练，这些模型能够产生高质量的预测结果。例如，我们熟知的OpenAI的GPT模型，其参数规格高达1750亿。算力是实现大模型生态的一大基础。近年来，在大量投资软硬件开发和研发的推动下，芯片制造技术得到了不断的改进，中央处理器（Central Processing Unit，CPU）和图形处理器（Graphics Processing Unit，GPU）能够提供更高的计算性能，创新的硬件架构设计以及不断优化的编程技术和算法设计，使GPU集群的算力得到了充分利用，加速了模型的训练过程，从而为大模型的实现创造了条件。

其实早在2017年，Transformer结构的提出，已经使得深度学习的模型参数量突破了1亿。直至双向编码表示转换器（Bidirectional Encoder Representations from Transformers，BERT）网络模型的提出，深度学习模型的参数量首次超过了3亿。谷歌大脑在题为“Switch Transformers: Scaling to Trillion Parameter Models with Simple and Efficient Sparsity”的论文中提出的语言模型Switch Transformer，更是拥有惊人的超1.6万亿的参数。

至今，AI大模型已在多个领域内实现了显著的突破和应用。如OpenAI开发的GPT-4，作为一种自然语言处理模型，可以用于语言生成、对话系统、文本摘要等任务，并在多个领域展示出强大的语言理解和生成能力；由谷歌开发的自然语言处理的预训练模型BERT，可以进行文本分类、命名实体识别、语义理解等任务；ImageNet模型使用大规模图像数据集进行训练，实现了准确的、高效的识别和分类。

此外，人工智能生成内容（AI Generated Content，AIGC）也在2022年内得到了蓬勃发展。AIGC是继PGC（Professional Generated Content，专业生产内容）、UGC（User Generated Content，用户生产内容）之后的新型内容创作方式，通过将大规模的数据输入到AI模型中，让模型学习并自动生成新的原创内容，包括图像、音频和视频等。随着近年来深度学习的发展，AIGC在各个领域都取得了显著的进展和应用，例如：自动生成故事、产品描述、逼真的图像、艺术作品、合成语音和视频片段等。

AIGC的迭代速度是呈井喷式爆发的，仅在几个月内，AIGC的创作能力便由技艺生疏变得接近专业水平。一方面，得益于诸如Diffusion扩散化模型等深度学习模型的不断完善；另一方面，得益于模型自身的“开源”，这使得任何用户都可以实现自己的个性化创作，并且还吸引了大量的技术人员针对模型进行二次开发。

AIGC和ChatGPT大模型，或许正是自第三次发展高潮进入谷底之后的首个拐点，预示着一场由大模型推动的新发展浪潮的来临。

二、AI+时代的来临

（一）为什么是现在？

经历了七十多年的概念演变，人工智能的主流领域从所谓的“知识工程”“专家系统”，发展到基于模型算法和数据的机器学习、深度学习，并且在感知、推理和泛化能力上受到越来越多的关注。关于人工智能的讨论愈加频繁，当中有一个关键的问题：为什么是现在？

以用于计算机视觉的深度神经网络为例，卷积神经网络（Convolutional Neural Networks，CNN）和反向传播是它的两个关键算法，在20世纪80年代就早已为人所知。而长短期记忆网络（Long Short-Term Memory，LSTM）是深度学习处理时间序列的基础，它在1997年就被开发出来了，此后几乎没有发生变化。那为什么现在才是人工智能的繁荣期呢？这中间的二十多年间发生了什么变化？

总的来说，今天的AI之所以如此普及，主要得益于四个因素（图1-2）：

1. 计算力提升

在过去的5～10年间，人工智能得以商业化普及，主要得益于芯片处理能力的提升、云服务的普及以及硬件价格的下降，三者并行使得计算力大幅提升。人工智能需要海量训练数据和大量的计算力，以芯片为载体的计算力是人工智能发展水平的重要衡量标准。近年来，科技发展的进步逐渐允许部署复杂的深度学习模型，当中最重要的就是

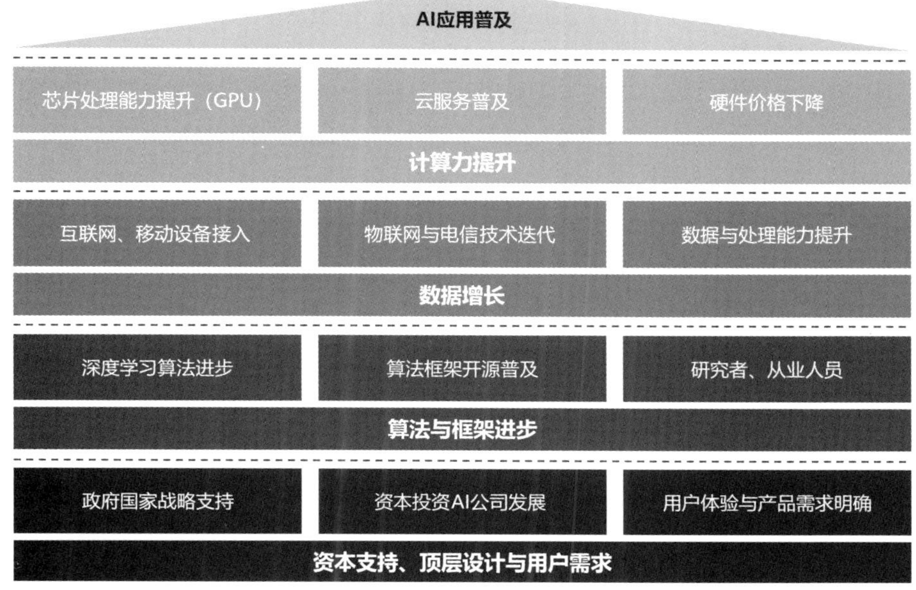

图1-2　AI发展要素

GPU所提供的强大而高效的并行计算。GPU用于深度神经网络训练和机器学习模型，所使用的训练集更大，但耗费的时间却大幅缩短，占用的数据中心基础设施更少。与单纯使用CPU的做法相比，GPU具有数以千计的计算核心，可实现10～100倍的应用吞吐量。

此外，人工智能行业在芯片和计算力上的进展已经超越了通用AI芯片（GPU），开始通过投资高效的专业芯片来推动包括训练、云端和终端的AI应用。谷歌以其专门应用集成电路（Application Specific Integrated Circuit，ASIC）芯片和TensorFlow的软硬件结合，构建了横跨训练和云端推断层的张量处理器（Tensor Processing Unit，TPU）生态。在云端推断方面，英特尔、Altera等公司主要采用现场可编程逻辑门阵列（Field Programmable Gate Array，FPGA）加速服务器，中国的阿里云、腾讯云、百度云以云计算数据中心展开布局。国内外芯片厂商针对智能手机、无人驾驶、计算机视觉、VR设备相关的终端AI芯片，布局研发了高度定制化的终端推断设备。

2. 数据增长

海量的数据是人工智能发展的必备条件。使用高质量和高关联度的数据训练，可以快速地提高人工智能算法的准确性，使其能够更快、更准确地被应用到更多的行业中。自2000年以来，互联网和个人移动设备产生了海量的数据，伴随着物联网技术的强势发展，更大规模的数据将会产生。大数据技术的进步，使获得人工智能赖以学习的标记数据的成本下降，同时也使其对数据的处理速度大幅提升。物联网和电信技术的持续迭代，为人工智能技术的发展提供了基础设施：2020年接入物联网的设备已增加至500亿台；代表电信发展里程碑的5G技术，能够为人工智能提供最快达1Gbps的信息传输速度。

3. 算法与框架进步

算法作为人工智能技术的引擎，主要用于计算、数据分析和自动推理，与人工智能的进展关系密切。以深度学习为例，由于多层叠加的反向传播梯度下降，导致随着深度的增加出现梯度消失的问题，在很长的一段时期内，我们都没有靠谱的方法来训练较深的神经网络。直到2010年左右，出现了几个重要的算法改进，包括更好的神经层激活函数、更好的权重初始化方案以及均方根传播（Root Mean Square Propagation，RMSProp）和自适应矩估计（Adaptive Moment Estimation，Adam）之类更好的优化方案，使得10层以上的模型训练成为可能。近10年来的算法进展，例如，批标准化、残差连接、生成对抗性网络、自注意力机制等重大创新，也使得深度神经网络的可应用性大大提升。

此外，深度学习算法框架的大众化（Keras、Caffe、Paddle、Tensorflow、Pytorch等）也为AI行业吸引了更多的研究人员和从业者。

4. 资本支持、顶层设计与用户需求

随着人工智能对社会和经济的影响日益凸显，各国政府也先后出台了针对人工智能的发展政策，并将其上升到国家战略的高度。截至目前，包括美国、中国和欧盟在内的多个国家和地区颁布了政府层面的人工智能发展政策。新创建的人工智能公司正在快速壮大人工智能市场规模，并且持续吸引资本入场。自2013年以来，全球和中国人工智能行业投融资规模都呈上涨趋势。大学、政府、初创企业和科技巨头（谷歌、亚马逊、Facebook、百度、微软、阿里）都在AI上进行了大量投资。

（二）AI+时代的热潮在哪些行业开始展现?

从科学革新的角度来看，日新月异的AI研究正在进行。学术界和工业界的人们都在努力突破当前人工智能的界限，这些发展都围绕着如何建立更好的人工智能来为人们的生活服务。AI已经成为大数据、智能机器人和物联网等新兴技术的主要驱动力，并且在可预见的未来也将继续充当技术创新者的角色（图1-3）。AI+时代已经到来。

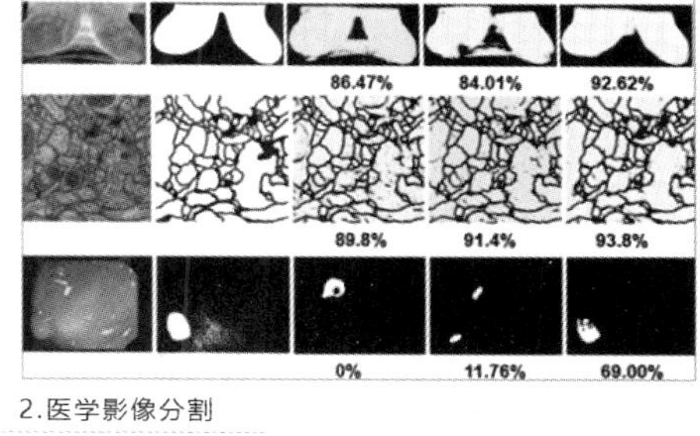

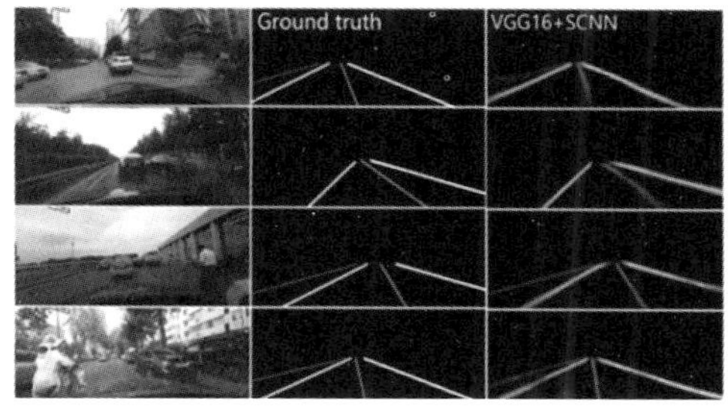

图1-3 人工智能解决方案

在过去的5～10年内，得益于大量的搜索数据、丰富的产品线、广泛的行业市场优势，以及各大国内外科技巨头对开源科技社区的推动，人工智能已经在医疗、金融、交通、教育、安防等多个垂直领域得到应用。我们可以在这些行业的人工智能解决方案中一窥AI+时代的热潮（表1-1）。

表1-1　人工智能行业解决方案

行业	痛点	部分人工智能解决方案
政府	· 城市人口数量日趋庞大，相关的政府服务工作量巨大且烦琐 · 犯罪、恐怖袭击事件无法提前预知	· 利用计算机视觉、机器学习等技术提高自助服务比例 · 大数据分析犯罪嫌疑人生活轨迹及可能出现的场所，利用计算机视觉技术发现并进行抓捕
金融	· 金融机构面临运营成本压力且无法为长尾客户提供定制化产品和服务 · 信贷维度较为单一，存在坏账、交易欺诈等金融风险	· 利用语音识别、语义理解等技术打造智能客服，解决用户在业务上的问题，降低客服成本 · 人工智能与大数据相结合构建智能风控体系，多维度数据综合评估，提升风险管控能力
医疗	· 医疗资源/配给不均衡 · 看病贵，看病时间长 · 医患关系紧张，误诊 · 基层卫生医疗水平差	· 智能影像可以快速进行癌症早期筛查，帮助患者更早发现病灶 · 健康管理通过移动端、智能设备接入健康医疗，从源头改变人们的健康习惯
交通	· 车祸频发 · 人类的注意力有限 · 货运交通成本高	· 无人驾驶通过传感器、计算机视觉等技术解放人的双手和感知。以上技术支持的共享出行和无人物流将极大提高个人出行和物流效率
零售	· 广告投放目标无法精准，投放效果难以准确衡量 · 消费者对实体店内体验、支付便捷、及时配送的要求越来越高	· 利用机器学习技术生成用户画像，针对其喜好进行广告投放 · 利用机器视觉技术捕捉顾客行为，分析其真实需求 · 利用计算机视觉、语音/语义识别，机器人等技术提升消费体验
制造	· 产品研发设计耗时长、成本高 · 人力实现大规模快速定制化的成本过高，且人力工序失误率高，过程难以追溯 · 低成本劳动力缺乏	· 利用计算机视觉技术高效准确发现瑕疵品 · 机器人代替工人在危险场所完成工作

第二节　AI与产品设计的融合

AI+时代的热潮正在革新许多行业，以自动化、标准化的趋势重新定义各个领域，当中也包括了设计行业。麦肯锡公司曾在2015年发布一份《工作场所自动化的四项基本原则》报告，当中第四条指出“诸如创造力和感知情绪之类的能力是人类体验的核心，并且也难以实现自动化”。这一定程度上暗示了AI与设计行业的融合方式——创造力和同理心是每位设计师都具备的核心素质，并且很难被AI自动化的工具所取代。然而，自2022年年底以来，有关设计师创造力不可替代的说法正受到冲击。特别是随着AI能力的飞速提升，从用户生产内容（User Generated Content，UGC）到专业生产内容（Professional Generated Content，PGC），再到AI生成内容，内容生产领域有了巨大的发展。AIGC大大降低了内容创作的门槛，帮助人们摆脱单调的重复性工作，突破生产瓶颈，让更多人能够参与创作。AIGC的应用生态迎来了一波大爆发，使得AI不再是“辅助人类生产内容”，而是逐渐从“AI与人类共生创作”阶段进化到“AI独立完成内容创作”阶段。

本节将以AI与艺术设计、智能产品设计和计算机辅助设计相结合的典型案例来介绍AI与产品设计的融合。

一、AI与艺术设计

艺术领域被誉为人类感性创作活动的明珠，一直难以被计算机技术模仿和取代。从工业化社会到信息化社会，现代艺术设计的形态、范围与空间不断拓展，每一次技术与媒体的变革都赋予其新的活力与内涵，而AI+时代的兴起给艺术设计提供了另一种可能的创作路径。人工智能算法的出现，在艺术设计领域掀起了人工智能生成创作的热潮，越来越多的艺术家以及程序员运用智能算法创作出了能够与人类艺术家媲美的作品。AI与艺术设计的关系日趋紧密，两者相互影响、相互促进。

人工智能生成内容（AI-Generated Content，AIGC）技术发展突飞猛进，尤其是在视觉领域，基于深度学习的文本生成图像技术日益成熟，以近年流行的MidJourney为例（图1-4），用户仅需通过描述想要的画面，即可令AI生成符合关键词的画作（图1-5）。

相似的文本生成图像技术应用案例还有DALL·E（图1-6）和Stable Diffusion（图1-7），以这些应用为首的AI快速生成制图软件引领着AIGC应用的热潮，让每个人

扫码看
图1-4原图

图1-4　通过MidJourney生成艺术作品

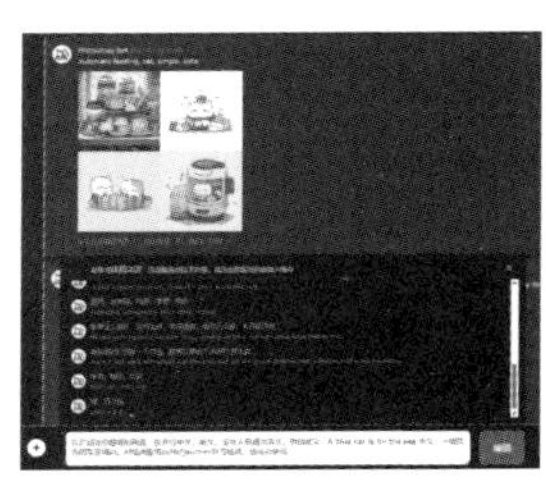

扫码看
图1-5原图

图1-5　MidJourney操作界面

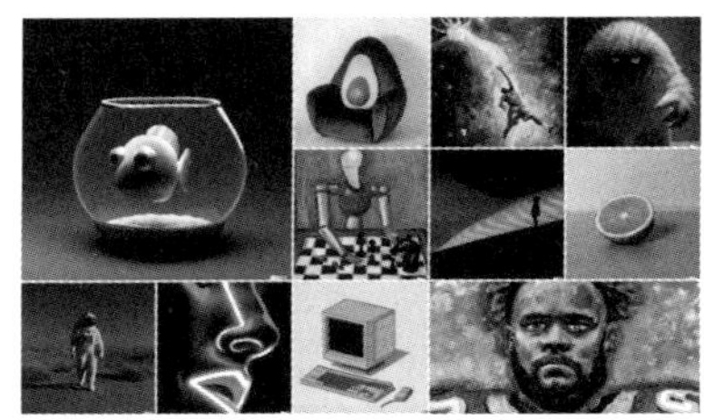

扫码看
图1-6原图

图1-6　通过DALL·E生成艺术作品

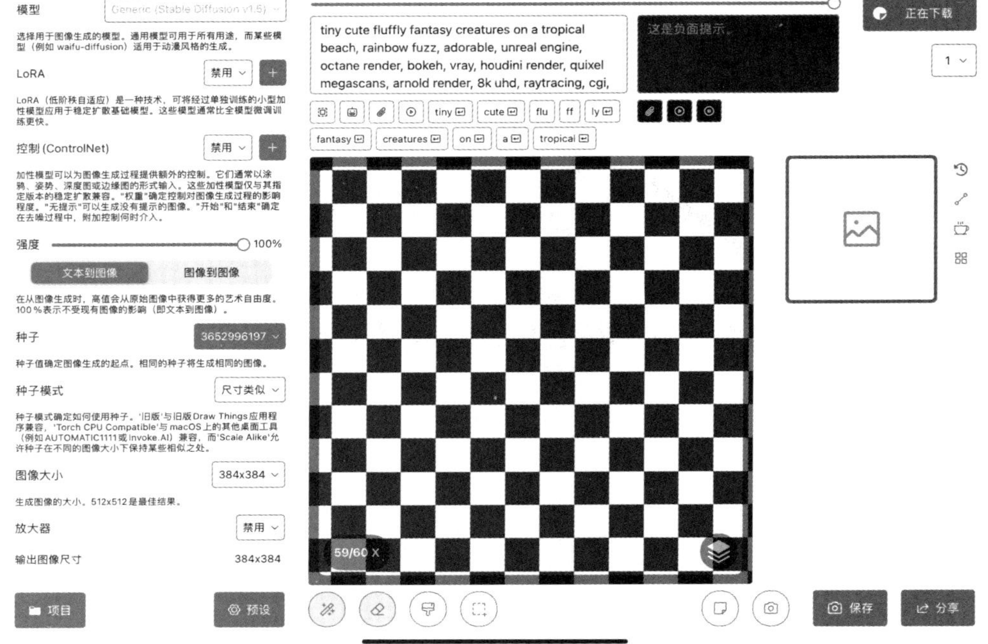

图1-7　基于Stable Diffusion模型开发的软件Draw Things操作界面

都能运用AI工具生成符合个人需求的精细画作。

AI生成艺术是指计算机通过人工智能算法学习大量现有艺术作品后，生成新的艺术作品。AI生成方案有诸多优势：在高效性上，AI能够短时间内生成大量远超人类艺术家产出数量的方案，具有高效性；AI能够学习、整合不断更新的海量艺术作品，具有整合性；AI在生成内容时独立于人类操作之外，往往能够生成人类意想不到的方案，具有探索性。AI生成艺术正在深刻地改变艺术设计的创新途径和内涵，其在绘画创作、音乐创作、平面设计和参数化设计领域中的表现尤为突出。

（一）绘画创作领域

绘画创作通常包含创作者的绘画技能、审美和创作当下的情绪，这种强烈表达主观情绪的创作形式通常被认为是人类的专属能力。但在AI+时代，绘画的创作主体逐渐从人类转移到人工智能，AI绘画能够通过机器学习生成全新的绘画作品。近年，在美国科罗拉多州博览会（Colorado State Fair）的一项美术竞赛中，一幅通过MidJourney平台自动生成的画作《太空歌剧院》（图1-8）获得了该竞赛数字艺术类别的一等奖，引起了人们对艺术生成的热议和广泛关注。

（二）音乐创作领域

音乐创作是指作曲家创造出具有美感乐曲的复杂的精神生产劳动，作为一种高级抽象的艺术创作，音乐创作一直以高门槛、难学习著称。但AI音乐的出现逐渐改变了这种局面。谷歌公司开发的人工智能作曲家Bach Doodle，如图1-9所示，能够通过人工智能算法将自定义的旋律调和成巴赫标志性的音乐风格，虽然离自动创作出一部优美的音乐还有很大的距离，但其能够作为人类作曲的帮手，极大地降低了音乐创作的门槛。

图1-8 《太空歌剧院》（Jason Allen通过MidJourney生成）

图1-9 由谷歌开发的Bach Doodle项目将旋律调和成巴赫风格

（三）视频创作领域

视频创作是指利用摄影、配音、剪辑、特效等技术手段，将图像、声音和文字等元素有机结合在一起，创作出具有视听效果的作品。视频创作的每个环节都要经过精心设计和调整，确保各要素和谐统一。AI视频创作工具的出现，一方面，大幅提升了传统PGC、UGC相关的视频创作者的工作效率；另一方面，AI凭借其独特创造性所实现的AIGC视频，为视频创作领域提供了新的可能性。由知名AI视频处理平台Runway开发的Gen-2，如图1-10所示，能够直接根据文本生成相应的短视频，并且提供了丰富多样的模板供用户选择，允许用户自行增减素材、更换字体和配乐，为用户节省了大量素材搜寻的时间成本。

（四）平面设计领域

平面设计是指以“视觉”作为信息的沟通方式，结合多种不同的方法去创造和组合文字、符号和图像，从而产生视觉思想和信息。作为规律性较强的图文排版，AI在学

图1-10　由Gen-2生成的视频画面的其中一帧

习潜在的规律并生成图文排版方面有着天然的优势。阿里巴巴研发的鹿班系统将Banner设计引入了人工智能创作时代，极大地减轻了设计师重复劳动的负担，如图1-11所示。"一键生成"Banner已成为众多电商的新选择，并且有效降低了商家的运营成本。

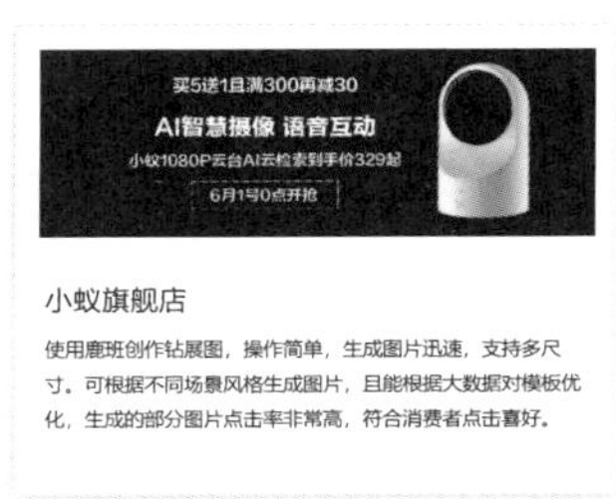

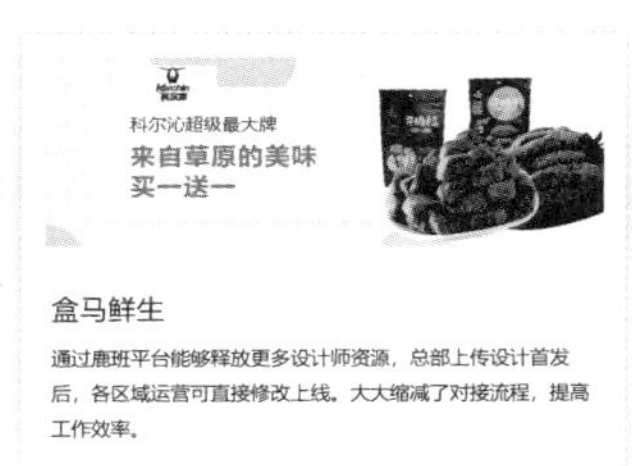

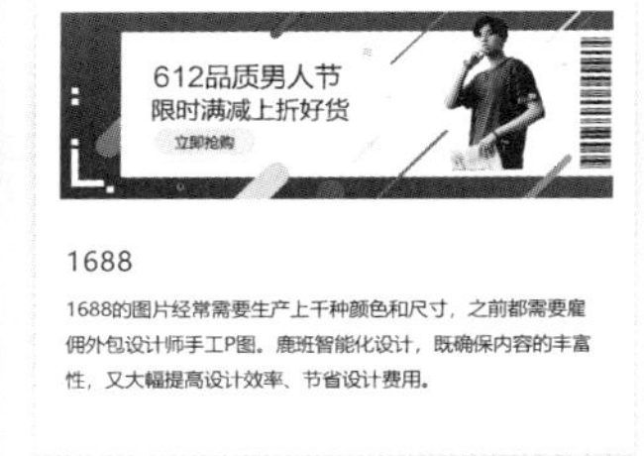

图1-11　鹿班系统生成案例

（五）参数化设计领域

参数化设计是指使用自定义的参数，借助算法生成大量设计方案，设计师可以从生成的方案中选择合适的方案，如图1-12所示。推动参数化设计领域智能化发展的一项重要技术是生成式卷积神经网络，该网络能够在给定对象类型、视角等参数下生成新的对象图像，如通过给定两个3D模型椅子的设计参数，该网络能够生成介于两个椅子造型风格参数之间的不同造型图像。这项研究探索了AI在参数化设计上的巨大潜能，也为产品设计方案的智能化自动生成提供了技术支撑。

二、AI与智能产品设计

随着AI技术的发展，AI与产品设计的联系也逐渐紧密。在产品交互设计方向上，AI技术改变了人与产品之间的关系，实现了人机交互在广度和维度上的拓展，增强了

图1-12　AI介入的参数化设计

人—机—环境间的交互体验。同时，产品也具有越来越多的创新AI功能，产品设计理念和产品性能更为智能化。因此，设计师需要了解和学习基于人工智能技术的设计方法，如何有效地利用AI技术已经成为当下的产品设计趋势。

AI技术应用在产品设计中具有诸多优势：首先，AI技术能够创造更多的交互方式，通过不同的交互通道（语音识别、人脸识别、手势识别、情感理解等）为产品用户提供全新的使用体验；其次，AI具有强大的数据处理能力，不仅可以分析出用户的意图和行为习惯，作为产品自我决策的参考，也能够通过多维度的交互数据建立用户行为模型，进一步让产品做出反馈和调整。这些优势能够帮助产品在不同环境中实现不同的创新功能。AI技术正在改变着用户与产品间的交互方式与行为体验，多应用于脑机交互、体感交互、语音交互、情感交互与沉浸式交互等领域。

（一）脑机交互领域

脑机交互是通过监测人体脑电信号，并将其转化为外部设备控制信号的交互方式。这种交互方式可以让用户通过大脑刺激或自主想象控制设备，检测大脑的状态并增强对用户认知、情绪的动态感知。脑机交互需要精确地获取、处理、分析脑电信号，而AI技术能够有效地挖掘脑电信号的深度特征信息，并且具有比传统分类器更高的准确率。例如，浙江工业大学AI设计团队唐智川等开发了一个基于CNN的运动想象识别脑机接口系统，对应不同的控制指令，实时控制上肢康复外骨骼，可以有效辅助肢体运动障碍患者提升他们的行动能力；一种用短时傅里叶变换技术（Short-Time Fourier Transform，STFT）提取脑电信号的功率谱密度（Power Spectral Density，PSD）值的方法被提出，该方法基于PSD值分析用户的行为意图，实现机械臂的多任务实时控制。

（二）动作交互领域

动作交互是通过传感器或其他输入设备来获取人体的运动信息，并将其转化为外部设备的控制指令，然后与周边的装置或环境进行互动的交互方式。AI技术可以提取人体边缘、端点等视觉特征，实现明确且有意义的人体动作识别（如手势的识别）；也可以提取人体的生理信号（肌电信号、运动信号等）特征，实现控制指令的准确预估与识别。例如，现有研究基于压力传感器和支持向量机（Support Vector Machine，SVM）分类算法设计了一条压力腕带，来感知手臂肌肉群的收缩状况，识别握拳、张手、掐指等多种手势动作；通过CNN和循环神经网络（Recurrent Neural Network，RNN）混合算法提取肌电的深度时域特征，以提高手势识别的精度。

（三）语音交互领域

智能语音交互是一种人类与设备通过自然语音进行信息传递的交互方式，其赋予产品“能听、会说、懂你”的智能人机交互功能。嘈杂的环境会影响产品的语音信息识别，而AI技术可以依据用户的声学特征进行训练和建模，最大程度地将用户声音和环境噪声分离开，提高语音识别的准确度。同时，可利用AI技术对用户语音进行语义情感分析、意图理解，提升产品的情感化交互的体验。在该交互领域内，一款基于梅尔频率倒谱系数（Mel-Frequency Cepstral Coefficients，MFCC）特征和隐马尔可夫模型（Hidden Markov Model，HMM）的应用程序得以开发，能够将聋哑人语音转换成正常语音，以实现聋哑人和正常人之间的社交；乌蒂猜·萨豪（Wuttichai Saheaw）利用RNN模型降低了语音数据中的14类噪声，有效提升了泰语识别精度。

（四）虚拟现实交互

虚拟现实交互能够给用户提供以空间、声音、图像、光影为主的虚拟场景体验，利用计算机软件和硬件实现视觉、听觉、触觉和嗅觉的虚拟场景感知。AI技术结合传感器数据可以让设备预测用户在虚拟环境中的行动轨迹，实现更流畅自然的沉浸式体验。例如，可以通过改进的CNN框架，实时预测虚拟现实流媒体中的用户视口，并结合用户行为预测模型，进一步优化交互过程中的流畅度体验。

三、AI与计算机辅助设计

对于设计师而言，AI技术的浪潮在带来巨大冲击力的同时也充满着各种机遇。在设计创作初期，设计师们会使用Photoshop、CAD、Rhino等各类计算机辅助工具来实现创意表达与设计辅助。AI的发展也为计算机辅助设计注入新的动力，通过超高速的运算处理为各种设计问题带来不同的解决方案。设计师可以将AI技术在数据获取层面的统计分析结果和经验总结，与自身的设计思维和对用户问题的深刻理解相结合，进一步提升各阶段的设计效率。AI技术与计算机辅助设计的结合越来越紧密，可以作为设计师在各阶段设计流程中的有效助手。

AI在设计流程的多个阶段中起到了推动作用，并且改变了以往的设计方式。AI介入设计辅助之前，在设计的“发现问题”阶段，设计人员都要进行大量的调研和数据采集，以提炼用户需求，并在“定义问题”阶段利用各种分析方法人为定义设计机会点，确定用户需求。这不仅费时费力，而且在调研过程中很容易受到设计者主观因素的影响。AI在介入设计辅助之后，能够采用数据流型的素材推荐，拓宽素材收集渠道并加速对数据的处理，更精准地剖析用户需求，定义设计机会点。在“构思方案”阶段，AI也能发挥强大的“学习”能力，高效地提供多个备选方案，从而加快设计师的决策制定，并且在设计呈现上，提升了设计师的工作效率和方案的最终效果。同样，在AI介入设计辅助之前，“方案交付”阶段的传统设计流程是以“一个流程一个方案”为目标，并且需要经过多次的迭代、更新与测试，这使得设计周期变得十分漫长；在AI介入设计辅助之后，它能够设计方案、制定流程，并且针对一个目标多次循环，不断生成新的方案，与此同时，设计的迭代与测试也可以由AI辅助完成。

（一）发现问题阶段

发现问题阶段，AI能够加速设计问题的收集和数据处理。以时尚应用程序Stylumia为例，该平台提供时尚趋势预测解决方案，帮助用户识别畅销商品并预测新产品的市场需求。Stylumia还能够在整个供应链中优化库存管理，支持商店根据本地市场需求进行产品分类。用户可以通过平台实时验证当下的流行趋势和时尚单品，探索产品的最佳定价区间。整体而言，Stylumia能够基于数据分析，帮助客户迅速发现并解决服装设计中的潜在问题（图1-13）。

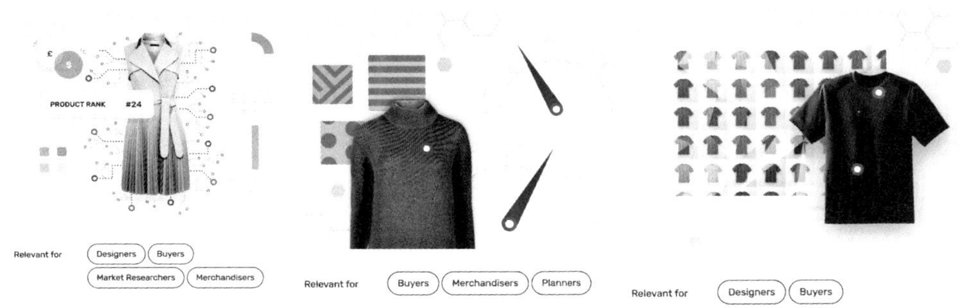

图1-13　Stylumia用户界面

（二）定义问题阶段

定义问题阶段，AI能够快速捕捉用户偏好和设计趋势。以Amazon（亚马逊）网站为例，它使用AI帮助主要零售品牌发现设计趋势，了解消费者偏好（图1-14），分析价格和库存变动，并且提出服装设计的新风向。Amazon的研究人员还开发了分析产品标签的AI算法，可确定该产品是否迎合时尚潮流，并且从图像即可定义产品的时尚风格。

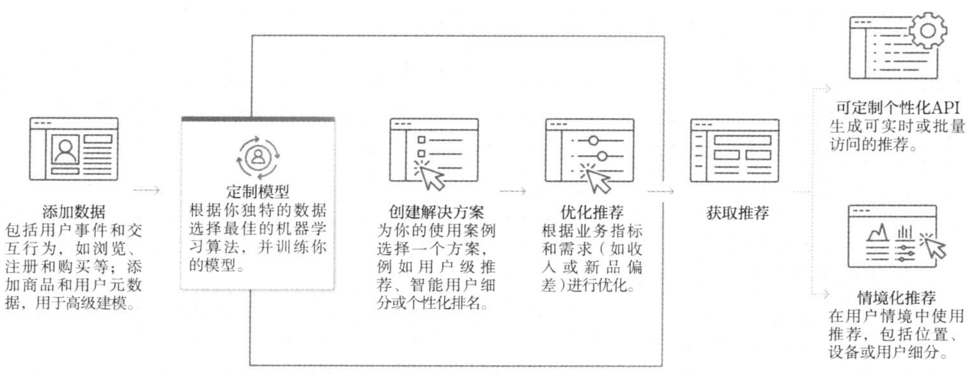

图1-14 亚马逊基于机器学习的用户体验个性化框架

（三）构思方案阶段

构思方案阶段，AI能够实现多个方案的快速生成和变换。以“Nutella Unica”罐为例，共700万个罐子的包装图案均不相同，由线条和形状的组合以及丰富的色彩拼接而成，如图1-15所示。不同的包装是采用人工智能算法对数十种不同的图案、数千种颜色组合提取而成，并给每个设计一个自定义的ID代码，以确保没有哪两个图案是相同的。大量方案的自动生成与自由变化能够有效提升设计师的设计效率，并且提供更多创新的可能性。

扫码看图1-15原图

图1-15 丰富多样的“Nutella Unica”罐

（四）方案交付阶段

方案交付阶段，AI能够快速完成对产品的测试。以VWO公司的AI辅助A/B测试为例，VWO的所见即所得（What You See Is What You Get，WYSIWYG）编辑器在没有任何开发人员帮助的情况下，可以实现对网站排版的快速拖放和更改，同时测试数百个数据支持的假设，以确定最适合该网站访客的图像、图标、UI内容，如图1-16所示。另一方面，该测试工具还能够实现智能测试概述、跨域测试，以及特定设备的营销活动、测试调度等功能，有效提高了销售转化率和用户体验。

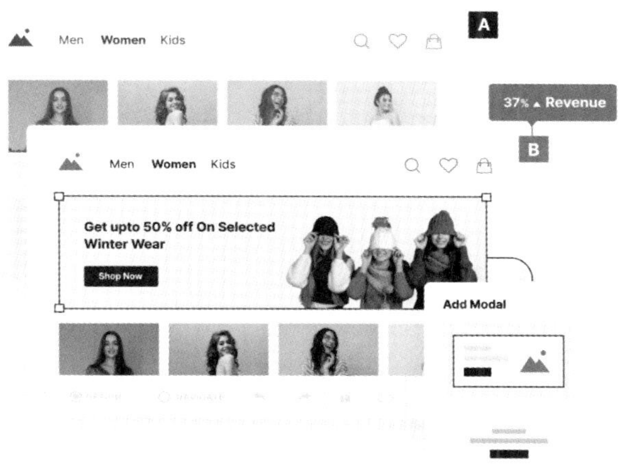

图1-16　VWO可进行网站的排版调整测试

参考文献

[1] BUSH V. As We May Think[J]. The Atlantic Monthly, 1945, 176(1): 101–108.

[2] TURING A M. Computing Machinery and Intelligence[J]. Mind, 1950, 59: 433–460.

[3] WEIZENBAUM J. ELIZA—a computer program for the study of natural language communication between man and machine[J]. Communications of the ACM, 1966, 9(1): 36–45.

[4] VERGANTI R, VENDRAMINELLI L, IANSITI M. Innovation and Design in the Age of Artificial Intelligence[J]. Journal of Product Innovation Management, 2020, 37(3): 212–227.

[5] RUMELHART D E, HINTON G E, WILLIAMS R J. Learning representations by back-propagating errors[J]. Nature, 1986, 323(6088): 533–536.

[6] MCCARTHY J. Recursive functions of symbolic expressions and their computation by machine, Part I[J]. Communications of the ACM, 1960, 3(4): 184–195.

[7] NEWELL A, SHAW J C, SIMON H A. Report on a general problem-solving program[C]// IFIP Congress. Pittsburgh, PA, 1959, 256: 11–27.

[8] LOU A, GUAN S, LOEW M. DC-UNet: rethinking the U-Net architecture with dual

channel efficient CNN for medical image segmentation[C]//Medical Imaging 2021: Image Processing. International Society for Optics and Photonics, 2021, 11596: 1–16.

[9] ELGAMMAL A. AI Is Blurring the Definition of Artist: Advanced algorithms are using machine learning to create art autonomously[J]. American Scientist, 2019, 107(1): 18–22.

[10] FENG X L, BAO Z Y, WEI S. Exploring CNN–Based Viewport Prediction for Live Virtual Reality Streaming[C]//2019 IEEE International Conference on Artificial Intelligence and Virtual Reality (AIVR). IEEE, 2019.

第二章
AI产品创新设计思维理论研究

本章包括以下内容：

- ⊡ AI与产品创新设计思维
- ⊡ AI与人机交互设计

“创新与设计”是一个我们熟悉的经典话题。任何创新过程的核心都有一项基本的实践：人们创造想法和解决问题的方式。创新的“决策制定”过程被学者和实践家称为“设计”。到目前为止，创新过程中的决策都是由人类来做出的，当这些决策可以由机器来执行时会发生什么？人工智能把数据与算法引入到了创新过程的核心环节，这对我们理解创新与设计产生了怎样的影响？人工智能是否只是另一种数字技术，与历史上许多其他技术的发展一样，并不会明显颠覆我们对于设计的认识？更重要的是，作为未来或当前的设计行业从业者，我们如何使用AI进行创新设计？

本章首先基于IBM公司提出的AI设计实践方法和意大利创新专家罗伯托·韦尔甘蒂（Roberto Verganti）等提出的AI创新设计框架，讨论人工智能对产品创新设计思维的影响，然后以“人机交互设计”为核心来介绍AI驱动的产品设计方法。

第一节　AI与产品创新设计思维

一、人工智能极大地改变了创新发生的环境

（一）以AI为中心的数字化运营行业

在讨论AI+时代的浪潮在哪些行业已经开始展现时，我们列举了医疗、交通、教育、安防和零售等多个垂直领域的例子。衡量人工智能在某个行业是否能够成功商业化，可以基于一些标准去考量。例如，该行业是否可以持续产生大量、可靠、稳定的数据；该行业是否为当前或未来的投资热点；该行业内的科技巨头与初创企业是否具有相当的数据获取能力且没有绝对优势；该领域内的产品与应用是否可以解决行业痛点等。

当AI的应用在某个行业内尤其受到关注时，意味着该行业的运营模式会逐渐以AI为中心，这也是AI+时代或者说人工智能时代的一项定义：基于数字运营模式的新型企业的出现，创造了前所未有的机遇和挑战。

以零售行业为例，受益于该行业的数字化转型，人工智能的应用已经渗透到零售的各个价值链环节，越来越多的重要业务流程开始数字化。在许多关键运营活动的执行过程中，人力和管理工作是可以被排除在外的。例如，许多购物平台采用的智能客服体系，可以对顾客的提问进行语义理解与问题识别，并对识别的问题进行大数据搜索，分析顾客的问题含义，寻找知识图谱，进行答案匹配与决策。比传统流程更棒的是，人工智能客服实现了24小时在线，随时解答顾客问题，提高客户满意度，也为商家节省了人力成本，把员工从枯燥高压的工作中解放出来，去做更具有价值的工作。

随着行业的持续转型，使用传感器、数字网络和算法的创新过程也在快速变化。无论是像智能手机应用那样完全由软件组成的产品，还是像新能源汽车那样以硬件为中心的传统产品，都越来越多地与创造它们的组织或公司联系在一起，提供了一个持续地、详细地描述了用户各方面体验的数据流。此外，在软硬件产品中附带的功能与数据传输，使得信息从公司流向用户，从而为特定的人提供特定的解决方案，并且能够持续地实时改善用户体验。从各类视频网站的推荐列表，到汽车导航上的智能路线，这些即时的双向交互，体现出AI+时代的商品与服务范围在不断扩大。更重要的是，这些创新的解决方案也在随着用户的体验而实时演变。

（二）大规模复制的弱人工智能

我们需要注意到，上述的这些正在为当前时代带来戏剧性变化的人工智能应用，并不都是特别先进的人工智能概念。这些人工智能不需要做到与人类行为无法区分，也不需要能够模拟人类的推理过程，更不需要贴合计算机领域中对“强人工智能”的定义。我们不需要一个完美的人类仿品来在社交网络上对内容进行优先排序（优化制作完美卡布奇诺的配方，分析客户行为模式，理解设计折衷的含义，或者对产品进行个性化设计），我们只需要一个计算机系统来执行传统上由人类执行的简单任务，如识别图像或处理自然语言。即使是只能完成简单任务的“弱人工智能”，在大规模复制时也足以带来重大变化。

如上所述，人工智能已经极大地改变了创新发生的环境。这是为什么？因为人工智能本质上是一种决策技术：它提供了将许多与学习和设计解决方案有关的任务自动化的机会。当在一个创新的环境中应用人工智能时，它可能会改变创新的决策方式，尤其是关于创造和测试新的解决方案（无论是商品、服务还是流程）的决策方式。正如本节开头提到的，这种处于创新核心环节的决策实践就是学者与实践家们所说的“设计”。

接下来，我们进一步讨论AI如何影响创新的过程，即AI如何影响设计。

二、AI驱动/影响设计的两个分析层次

在讨论AI如何驱动/影响设计时，我们需要引入一些新的思考：AI机器可以汲取人类知识，与人类交谈并增强人类的理解，那么人类与AI/机器的新型关系应该是怎样的呢？AI的广泛应用是否会给人类带来对于设计创新的新认识？

AI驱动的设计是一个我们完全陌生的领域。当需要寻找方法来应用这种尖端的、革命性的技术时，我们会感到眼花缭乱，甚至迷茫。有越多的传言与炒作，就会有越大的压力驱使我们急于使用这些新的工具来创造一些东西，不过这也给了我们机会去发现、实验与学习。

首先，任何创新的真正目的都是为了提高人类生活质量。以往的重大技术创新——互联网、移动手机、社交媒体——让我们学习到了非常多：互联网为我们带来了世界上的各种资讯，移动技术让我们能够随时随地获取这些信息，而社交媒体改变了我们彼此交流与信息传递的方式，甚至影响了语言本身。

每一项创新都提供了一个新的交流环境，并拓展了我们对“人—机器”关系的理解。而人工智能要求我们注意到这个新的环境——设计师必须认识到自己使用的是一个能够理解、推理、学习和交互的智能系统。这也许会改变设计思维的部分本质，尤其是在过去的40多年中被认为是理所当然的那些与软件相关的设计方法。如果我们已经不需要使用文本输入并按下“确认发送”，那么人机交互设计意味着什么呢？

我们使用罗伯托·韦尔甘蒂等提出的AI创新设计框架来讨论“AI是否以及在多大程度上改变了人们对于设计的理解”，这也可以被称作AI驱动/影响设计的两个分析层次：设计原理与设计实践。

（一）设计原理

我们讨论AI与设计原理时主要关注的问题是：如果AI引起了设计实践的重大变化，这些变化是否会使得设计的基础受到质疑？例如，AI驱动的设计是否以用户为中心？在AI+时代，设计实践是否需要借鉴与以往截然不同的设计原则？

设计原理是可以指导设计实践并且构成“什么是设计本体”的观点和哲学，当专注于如何组织设计实践时，设计原理可以被理解为“设计思维”，它适用于解释在某个具体的环境中如何进行设计驱动的创新。

尽管各流派学者对于“设计原理”的解释存在差异，但对其关键特征的提炼都趋向于三项基本要素：

1. 以人为中心

当创新被设计驱动时，它的灵感来源于对用户的共情。设计驱动的创新不是由技术进步促成的，而是源于从用户的角度理解问题，并且预测什么样的创新对用户来说才是有意义的。

2. 溯因归纳

设计是采用创造性的方法来解决问题，这使得它有别于通过管理来解决问题的实践方式。管理者通常需要作出许多决策，这是基于有很多备选方案但是难以抉择的假设。相比之下，以设计的方式来解决问题通常意味着没有一个好的备选方案，而一旦设计师创造出了一个真正好的解决方案，关于选择哪个备选方案的决策就微不足道了。从逻辑推理的角度来看，这意味着设计是通过溯因来解决问题：不仅只是演绎推理（事物是怎样的）和归纳推理（事物可能是怎样的），还是通过溯因推理（对事物可能是怎样的作出假设）进行创造。这就是设计往往与创造力和构想能力相关联，而不是与分析能力相关联的原因。

3. 迭代

溯因通过快速的测试循环不断地适应和改善。在这些循环中构建的原型是对话与学习的平台，设计师们让团队和用户参与迭代，在迭代中测试与完善解决方案，直到获得满意的结果。

（二）设计实践

我们讨论AI与设计实践时需要关注的问题是：AI可能在多大程度上改变设计的实践方式？也就是说，做出了哪些决策以及如何作出决策？AI引起的环境变化是否改变了设计的过程及对象？例如，哪些决策可以自动化，哪些决策不能自动化？

设计实践指的是特定环境下的设计现象：设计过程（“如何”作出设计决策；通过哪个阶段、方法或工具协作实践）和设计对象（做出了哪些设计决策；创造了哪些新颖的解决方案，是商品、服务还是流程）。上文中我们介绍了设计原理的三项基本要素，这是在现有的关于设计与创新的理论中提炼的。那么，在AI被广泛应用之前，这些原则是如何被实例化为设计实践的呢？这当然取决于设计/创新所发生的环境。

我们今天所知道的大多数设计实践都依赖于人类的决策。在这种传统的人力密集型的设计环境中，为每个用户都设计不同的解决方案既不可行也不经济。因此，产品（商品和服务）是针对细分用户设计的。然后，通过复杂的生产架构大规模生产产品（当中也包括进行定制的可能性）。最后，产品被交付使用（图2-1）。

产品发布后，设计/创新的环境就会发生变化（如市场变化或出现新的技术机会）。此外，企业可以从客户如何实际使用现有产品中得到新的见解。然而，这种运作模式需要投入大量的努力和投资来重新设计产品，因此创新的优先级往往会下移，直到新产品的边际价值取代其设计成本。此时，一个新的设计周期才会开始。

图2-1 传统的人力密集型运作模式下的设计实践

因此，传统运作模式下的设计实践结构，意味着两个后续设计方案之间的时间间隔很大。在产品使用过程中，学习周期被冻结，因此，解决方案迅速变得“陈旧”。新的理解和想法可能只会被整合到未来的解决方案中，而这些解决方案往往是批量发布或偶尔发布，并且是针对用户细分的。

三、AI+时代的产品设计原理与设计实践

在下文中，我们将首先探讨AI+时代下设计实践的变革，再转向AI+时代设计的核心原理。尽管这样的组织顺序与标题所呈现的相反，但其能够反映一种从实践到原理的逻辑流程，即先提供背景和实例，然后深入探讨如何通过这些实践理解设计原理的变革。希望这种结构能够帮助读者更清晰地理解AI+时代下产品设计的全面图景。

（一）AI+时代的设计实践

到目前为止，企业已经基本完成了主要的数字化转型，从而减少了制造和交付产品（商品与服务）的成本和时间。但是这些产品的设计在很大程度上仍然是一个人力密集型的设计过程，即使制造的环节是高效、低成本的，但“设计”在时间与资源上的消耗依旧繁重。这样的生产交付周期必然是间歇型的，只能在大型项目中针对细分用户展开。

人工智能极大地改变了这种情况：它将数字自动化从制造推向设计（注意这种自动化可以仅被用来加速传统的设计任务）。例如，Airbnb公司正在开发一种AI系统，该系统可以识别设计师在绘图板上手绘的客户体验草图，并自动将其转化为软件可用的格式。如果这是AI的唯一用途，那么设计实践的本质将保持不变：创新者将重复他们过去所做的事情（将客户体验的组成部分转化为规范格式），但是速度更快。然而，现在各大科技公司的应用远不止于此，他们将自动化直接带入到问题解决中，也就是所谓的“设计决策”阶段：向特定用户展示哪个界面，创建哪些内容，如何将产品与竞争对手进行比较。在这种新背景下，设计师和工程师不是简单地加快了决策的速度，而是直接不做决策，将决策的任务委托给了AI。换句话说，AI为我们如何看待设计带来了一种顿悟式的刺激，这对于设计的目标和过程都有深远的影响。

1. 设计的新目标：由“设计解决方案”到“设计解决问题的循环”

第一个重大变化是设计实践的目标（设计的“内容”）。在人力密集型设计中，人们开发产品会落实到细节层次（如在屏幕上显示哪个图像）。与其相对的，AI参与设计时不仅可以交付个人用户所体验到的特定解决方案（即他/她在手机屏幕上实际看到的内容），还可以通过AI驱动的解决问题的循环来设计该解决方案。在AI背景下，人们要做的不是设计解决方案（这些方案被委托给AI引擎来生成），而是设计解决这些问题的循环。

这种目标的改变具有破坏性的影响。因为大多数AI算法并不会像人类那样推理，也就是说，它们不仅仅是复制和自动化工程师或设计师的思维，而是以一种截然不同的方式在运作。我们经常讨论的AI应用都是弱人工智能的实例：它们专注于简单任务的组合（如识别图像中的一个特定形状或找出两张图像中不同的形状），这些任务远不如它们所替代的人类思维过程复杂。然而，通过将这些任务复制数百万次（并利用大量数据进行训练），弱人工智能也可以进行复杂的预测，甚至超越人类的能力。

结论是很重要的，在AI+时代，该如何设计一个解决问题的循环呢？虽然是基于极其简单的任务的设计规则，但经过了一次又一次地复制，是否也可以自主地为用户提供极其复杂的解决方案？传统的工程师或设计师可能不擅长做这些事，因为他们的心智框架已经被训练成系统地接受复杂的任务。因此，我们要利用AI的力量，以及一种前所未有的设计思维：想象一个愚蠢而笨拙的系统在大规模运行时能够做什么。

2. 设计的新过程：两个阶段

随着设计目标的变化（从设计解决方案到设计解决问题的循环），设计的过程（“如何”做设计）也随之变化。如图2-2所示，在AI化工厂的背景下，设计的过程可以分为两个部分。首先是一个人力密集型的设计阶段，在这一阶段构思解决方案的可能性，然后设计解决问题的循环。然后是AI驱动阶段，在该阶段中，通过算法为特定用户开发特定的解决方案。由于该过程的第二部分几乎是零成本和不消耗时间的，因此解决方案的开发可以在每个用户提出要求的精确时刻被激活。反过来，AI又可以利用最新的可用数据进行学习，因此每次都可以开发更好的解决方案。没有更多的产品或服务蓝图能在设计和使用之间起到缓冲作用，设计、交付和使用都是同时发生的。

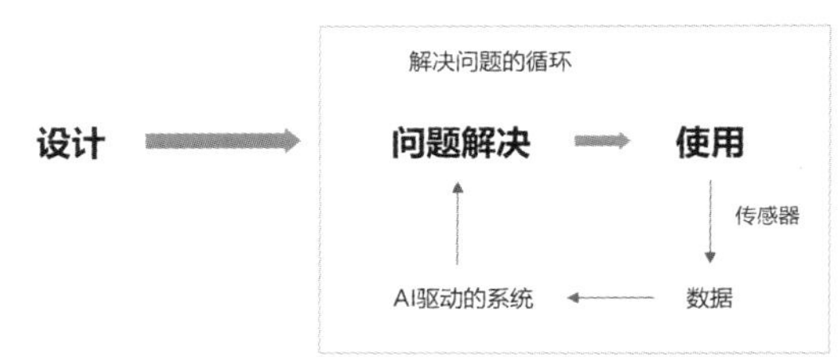

图2-2 AI+时代的设计实践

这种新的做法不仅在基于软件（如YouTube、淘宝和Airbnb）的数字体验领域中发挥着重要作用，在实体产品行业中，它也受到越来越多的关注。以特斯拉公司为例，它会收集大量的数据来设计用户体验，体现了受AI驱动的数字化运营模式。然而，为了实现一个“解决问题的循环”，特斯拉面临着一些切实的“阻碍”：实体汽车的硬件不能够被实时、远程和自动地设计或修改。为了更好地利用AI，特斯拉从两个不同的方向重新构思汽车的设计：一是，它去掉了很多物理的实体交互元素（如按钮），将大多数空间嵌入数字化的用户界面（如大型中央触摸屏）；二是，它使用传感器来收集数据，包括外部来源（通常是超声波设备、全球定位系统输入、摄像机、雷达发射器和激光雷达）和内部来源（如座椅、车辆后视镜、音乐或驾驶模式偏好等）。当汽车行驶时，传感器收集数据并训练特斯拉的学习算法。

（二）AI+时代的设计原理

在AI+时代背景下，设计实践在设计目标和设计过程方面都发生了巨大变化。那么AI是否破坏了支撑设计的核心原理呢？换句话说，这种新的设计实践是否仍然是以人为中心的、溯因的和迭代的？还是植根于不同的原理？对于这个问题，罗伯托·韦尔甘蒂等基于对人工智能驱动策略的广泛研究结果做出了回答：AI并没有改变设计原理的基本要素，反而是进一步强化了它们。人工智能通过消除三项限制（规模、范围和学习）来影响组织/企业的运作模式。

1. 规模与以人为中心

传统的设计实践存在着显著的规模局限性。它作为一项人力密集型的任务，需要投入大量资源和时间。这些规模限制对以人为中心的设计原则构成了实质性的约束，因为在这种模式下，每次用户有需要时都得设计一个解决方案，这样是不合理的。相反，产品正是为细分的用户类型或者普通用户原型而设计的（因此在经典的设计流程中会使用“人物模型”）。

在AI驱动的设计模式中，由于特定解决方案的设计是由机器执行的，所以设计实践中显著的规模限制被消除了，这使得以人为中心的最终目标得以实现。事实上，如我们在数据流型的视频网站（如Netflix、YouTube、Bilibili）上看到的那样，它们的算法正是利用了每位用户的丰富数据流。这种对个人博主的关注可以不受用户数量和数据复杂性的限制，因此，每位用户体验到的解决方案（例如在视频网站首页为其推荐的内容）是基于他/她的个人数据专门为他/她开发的。有趣的一点是，规模和以人为中心之间的关系现在颠倒了。在人力设计模式下，用户的数量越多，洞察的复杂性越高，就越难关注到个体。而在AI驱动的设计模式下，用户的数量越多，数据流越丰富、越复杂，机器对个体行为的预测就越准确。

2. 范围与溯因归纳

人力密集型的设计实践也有很大的范围局限性。产品是为特定行业和特定目标而设计的，一旦发布，它们就不太能在不同的环境中被应用。例如，汽车被设计为一种交通工具，想要将其转换到娱乐服务业是不太可能的。即使在同一行业内，范围的限制也很明显。以高端的连锁商务酒店品牌为例，Airbnb开发的针对短租旅客的解决方案就不适用了。对于同一行业的不同品牌，也需要不同的团队开发不同的设计方案。因此，人力密集型设计的范围受到了很大限制，一旦一个设计概要被定义和冻结，创造力就只能在这个概要的空间内发生。

AI能够消除许多范围上的限制。在AI驱动的设计背景下，设计概要是流动的，即便是在产品发布之后也可以重构。例如，我们已经看到很多流媒体平台在不断地尝试利用即时数据来发现用户偏好的新模式，而这些模式在流程开始时并未建立，这些基于数据的推断被用于向用户推荐其可能想看的新视频。AI也使得人们更容易想象出全新的服务形式。例如，Airbnb已经将他们的服务拓展到“旅游体验”领域，为用户提供在海滩上骑马或者听音乐家演奏的可能性。为进入这个新的行业领域，Airbnb同样使用了为酒店服务设计的AI引擎。

3. 学习与迭代

传统的设计实践在学习方面也存在相应的局限性。事实上，推动学习的设计一构建一测试迭代仅限于单个项目中，一旦产品发布，它们就会停止。从对实际使用的观察中获得的新知识只能用于未来版本的开发，因此，创新是逐步、批量地发生的。随着环境的发展，新的解决方案会迅速变得“陈旧”。

AI极大地消除了学习的局限性，因为AI驱动的设计在本质上具有迭代性，通过循环来传递信息。以流媒体的视频网站为例，每当用户使用他们的服务时，软件或网站就会激活一个解决问题的循环。这个循环不仅会利用最新的算法与数据，也为系统提供了进一步学习的机会。特别是该算法可以进一步优化其本身的学习策略，也就是说，优化其参数以更好地解决问题（例如，向特定用户显示更合适的电影封面），或者探索新的机会（例如，向用户推荐一个新的电影类别）。在整个产品生命周期中，这种利用和探索的平衡不断发生。

这种模式具有很大的创新意义。首先，学习永无止境。特定用户在特定时刻体验到的解决方案与他/她在产品首次发布时所体验到的不同，这是当前最先进的设计，因为在某种程度上，解决方案总是“新的”。其次，学习是基于实际使用的。这里的学习不是来源于简化环境中的原型测试，而是在真实环境中对产品的实际使用。第三，学习是以人为中心的。现在的数据不是来自使用上一代产品（或测试原型）的其他人的见解，而是来自同一位用户的早期使用数据。第四，每一次用户交互都是进行新实验的机会。因此，学习循环的设计逻辑与传统产品不同。后者只包括在设计时认为有用的特性，与之相对的，AI通常会过载一些元素，这些元素的作用在最初发布时不一定会被充分利用，换句话说，它们的设计明显带有冗余功能。例如，特斯拉在早期推出的车型中便装载了车内摄像头，但它在这种车型发售的两年内都处于休眠状态，直到后来的软件更新，该摄像头才被调用来识别乘客的驾驶偏好，以调整一些硬件和可调节部件（如座椅、车辆后视镜、音乐偏好等）。

总的来说，AI驱动的设计融合且进一步增强了设计原理的核心要素：首先，AI驱动的设计超越了以人为中心的设计原则，变成以单人为中心；其次，它促进了各个细分市场、利益相关者以及行业的创造力，使溯因的实践过程超越了产品最初设想的使用范围；最后，AI驱动设计的本质是迭代的，将学习与创新从开发阶段引入到了产品的整个生命周期。

第二节　AI与人机交互设计

在本章的第一节，我们讨论了人工智能对于创新设计思维的影响，进而介绍了AI+时代的设计原理与设计实践，这些讨论都聚焦于AI对特定行业或者设计学科的影响上。本节我们将进一步讨论AI为数字化产品带来的设计革新，主要围绕着一个我们相对熟悉的主题——“人机交互设计”展开。本节首先介绍人机交互的基本概念，然后讨论人机交互的几类基本方式以及AI在其中的创新作用，最后基于AI人机交互指南来介绍AI驱动的人机交互设计方法。

一、人机交互的基本概念

（一）定义与学科解释

机器与计算机系统在日常生活和产业的台前幕后承担着许多重要任务，而各类传感器与接口是其得以运行的关键。从工业中的传统机器到物联网中的计算机和数字系统，越来越多的设备相互连接并开始执行自动化任务，而人与机器之间的互动通信是这类自动化系统中的一个重要环节。虽然，在此之前你不一定熟悉“人机交互”的概念，但是你一定早已熟练通过各种方式与机器/计算机互动通信——从台灯开关、汽车方向盘到键盘鼠标、触摸屏和语音助手——人机交互就是关于人与各类自动化系统之间如何进行互动交流的学科。

目前关于人机交互（Human-Computer Interaction，HCI）的学科定义主要有三种。国际计算机协会（Association for Computing Machinery，ACM）将人机交互定义为：有关交互计算机系统设计、评估、实现以及与之相关内容的学科。英国伯明翰大学教授艾伦·迪克斯（Alan Dix）在其专著《人机交互》中介绍：人机交互指的是研究人、计算机以及他们之间相互作用方式的学科，学习人机交互的目的是使计算机技术更好地为人类服务。美国宾夕法尼亚州立大学教授约翰·M. 卡罗尔（John M. Carroll）的观点是：人机交互指的是有关可用性的学习和实践，是关于理解和构建用户乐于使用的软件和技术，并能在使用时发现产品有效性的学科。无论是哪一种定义方式，人机交互首要关注的都是人与计算机之间的关系问题。

（二）发展进程中的四类人机交互界面

人机交互关注人（用户）与计算机之间的接口（交互界面），人机交互的发展历史是一个从人适应计算机到计算机不断适应人的过程。在过去的几十年间，人机交互界面从命令行界面（CLI）发展到图形界面（GUI）与触控交互界面（TUI），这个演变过程越来越强调交互的自然性，即用户的交互行为与其生理和认知的习惯相吻合。随着人工智能、虚拟现实与增强现实等技术手段的发展，三维交互界面（3DUI）与语音用户界面（VUI）应运而生。甚至，新兴的多模态界面能够让人们以其他界面无法实现的方式

1. 命令行界面　2. 图形用户界面
3. 触控交互界面　4. 三维交互界面

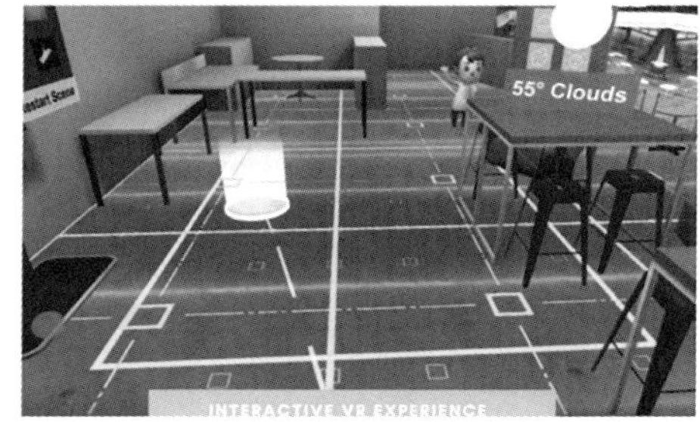

图2-3　发展进程中的四类人机交互界面

与具体的角色和智能体交互（图2-3）。

1. 命令行界面（Command-Line Interface，CLI）

命令行界面是最早被广泛使用的一种用户界面类型，它通常不支持鼠标，用户需要使用键盘按照一定的规则输入字符，以形成可供机器识别的命令和参数，并触发计算机执行命令。它的优点在于键盘输入能够保证较高的准确率，并且几乎不需要冗余操作，所以在熟记命令的前提下，用户可以达到非常高的交互效率。然而，命令行界面的缺点也十分显著，它需要用户记忆大量指令，有时甚至需要具备计算机领域的专业技能。命令行界面的交互非常不直观，对于新手用户而言，学习成本过高，影响普通用户的使用体验。

2. 图形用户界面（Graphical User Interface，GUI）

图形用户界面指采用图形方式显示的用户操作界面。作为对于命令行界面的改进，用户可以通过“所见即所得”的方式与图形用户界面上的元素进行交互。根据人机交互领域中的定义，图形用户界面一般包括窗口（Window）、图标（Icon）、菜单（Menu）和指针（Pointer）这四类主要的交互元素（WIMP）。用户通过控制指针来对窗口、图标和菜单等显示元素进行指点（Pointing）操作，从而完成交互任务。

图形用户界面的显著优势是利用人们与物理世界交互的经验来与计算机交互，从而显著降低了用户的操作负担，新手用户的学习和认知成本也很低。我们日常生活中使用的机器，从电脑界面、遥控电视，到电冰箱、电饭煲的显示屏，都搭载了图形用户界面。由于图形用户界面的设计在各种新式应用程序中都会沿用一套标准化方法，所以用户总是能够在不同机器上以同样的方式来完成相同的操作。

3. 触控交互界面（Touch User Interface，TUI）

触控交互界面允许用户通过一根或多根手指（或触摸接触）作为输入，在触控屏幕上直接操作显示的交互内容。触控交互界面一般包括页面（Page）、控件（Widget）、图标（Icon）和手势（Gesture）这四类主要的交互元素。

Windows应用定义的触控交互需要满足三项条件：触摸式屏幕，单指或多指直接接触该屏幕（或近距离接触，如果显示器具有邻近感应传感器并支持悬停检测），触摸接触时移动（或不移动，具体取决于时间阈值）。

目前，触摸界面主要应用在智能手机、可穿戴设备（如智能手表）和智能家电等设备上，其中，触控传感器提供的数据可以直接为操作一个或多个UI元素的物理手势（例如平移、旋转、调整大小或移动）。与之相对的，在传统图形交互界面上，通过某个元素属性窗口、对话框或其他UI提示与该元素交互被认为是间接操作。触摸交互界面的优势是充分利用了人们触摸物理世界中物体的经验，将间接的交互操作转化为直接的交互操作，从而在保留了一部分触觉反馈的同时，进一步降低了用户的学习和认知成本。

然而，触摸操作受困于著名的“胖手指问题”，即由于手指本身的柔软，以及手指点击时对于屏幕显示内容的遮挡，在触屏上点击时往往难以精确地控制落点的位置，输入信号的粒度远远低于交互元素的响应粒度。同时，由于触摸交互界面的形态仍然为二维界面，所以这限制了一些与三维交互元素的交互操作。

4. 三维交互界面（3D User Interface）

三维交互界面的出现进一步提升了人机界面的自然性。美国道格·鲍曼（Doug Bowman）在其著作《三维用户界面：理论与实践》中曾指出，三维交互是一种“用户任务直接在3D空间背景中执行的人机交互”。该定义中有一个关键词是“直接”，这与三维交互界面的概念是紧密关联的。有时我们会在一个交互式的计算机系统中显示一个虚拟3D空间，但是用户仅与该空间间接交互，例如通过操作二维的元素来输入坐标或从菜单中选择项目，又例如在3D游戏中体验，这些都不是三维交互。该定义中的另一个关键思想是“3D空间背景”，道格·鲍曼在书中明确指出，该空间背景可以是物理的或虚拟的，或两者兼顾的。最典型的一种三维交互界面是用于输入的物理3D空间，用户一般通过身体（如手部或身体关节）做出一些动作（如空中的指点行为，或者肢体的运动轨迹等），从而与三维空间中的界面元素进行交互，计算机通过捕捉用户的动作并进行意图推理，以触发对应的交互功能。当然，从某种意义上来说，所有的输入和交互都是在物理3D空间背景下进行的（鼠标与键盘也存在于物理3D空间中），但此处讨论的输入和交互目的是用户正在提供涉及3D的位置（x，y，z）或方向（偏航、俯仰、横滚），并且该空间的输入对于系统是有意义的。

目前，三维交互界面主要存在于体感交互、虚拟现实、增强现实等交互场景中。三维交互界面的优势是进一步突破了二维交互界面的限制，将交互扩展到三维空间中。因此，用户可以按照与物理世界中相同的交互方式，与虚拟的三维物体进行交互，从而进一步提升交互自然度，降低学习成本。不过，三维交互的挑战在于，由于完全缺乏触觉反馈，所以用户动作行为中的噪声相对较大，而且交互动作与身体的自然运动较难区分，导致输入信号的信噪比相对较低，较难进行交互意图的准确推理，限制了交互输入的准确度。此外，相对于图形用户界面和触摸交互界面，动作交互的幅度一般较大，所以交互的效率较低，同时也更容易让用户感到疲劳。

二、人机交互的基本形式与AI创新

本小节介绍人机交互的基本形式与AI在其中的创新作用，具体包括语音交互、动作交互、视觉交互、虚拟现实交互以及多模态交互等AI人机交互方式。

（一）语音交互

有声语言是人类最有效也是最普遍的交互形式，但是让计算机具备人类的有声语言理解能力却绝非易事。得益于语音识别、语音合成与自然语言处理这三项关键AI技术的进步，语音交互应用现在已经相当普遍。经过周密的设计和实验，语音可以成为一种帮助用户与应用交互的可靠而愉快的方式，补充甚至替代了键盘、鼠标、触摸和手势。学术界与企业界都对语音控制的人机交互有着浓厚兴趣，因为语音识别、语音合成等技术都可以直接集成到现有应用的用户体验中（图2-4）。

1. 苹果Siri　2. 微软 Cortana

3. 阿里巴巴 天猫精灵　4. 特斯拉 车内语音交互

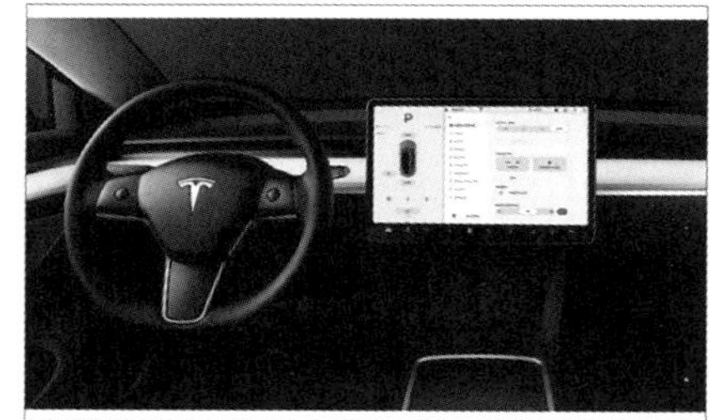

图2-4　典型的语音交互产品

1. 语音识别

语音识别是将音频数据转化为文本或其他计算机可以处理的信息的技术。一个典型的语音识别系统结构主要分为四个部分：特征提取、声学模型、语言模型和解码器搜索。

2. 语音合成

语音合成就是将一系列的输入文字信号序列经过适当的韵律处理后，送入合成器，产生出尽可能具有丰富表现力和高自然度的语音输出，从而使计算机或相关的系统能够发出像“人”一样自然流利的声音的技术。

（二）动作交互

人机交互过程中最基本的任务可以分解为“目标获取、交互意图感知与识别、交互意图确认”三个步骤，而动作交互是完成这三项任务的主要方式。随着交互界面从命令行界面、图形交互界面、触控交互界面演变到三维交互界面和多模态界面，与之对应的动作交互就是从鼠标键盘确认输入，演变到触控交互乃至AI相关的动作交互。按照目标获取、交互意图感知与识别和交互意图确认这三项任务，与AI相关的动作交互技术可以被归为基于动作的目标获取方法、自然交互动作的识别方法和自然的动作命令映射方法三类，而手势识别与姿势识别是较为常用的动作交互方式（表2-1）。

表2-1　与AI相关的动作交互方式与举例

AI相关的动作交互方式		解释与举例
目标获取	基于动作的目标获取技术	目标获取是人机交互过程中最基本的交互任务，用户向计算机指明想要交互的目标，其他的交互命令均在此基础上完成
	直接的动作选取	用户通过接触目标位置的方式对其进行选取，例如，在VR应用中，用户通过手部接触的方式完成对虚拟物体的选取
	间接的光标选取	用户通过身体部位的位置和姿态来控制和移动光标，再借助光标指示目标的位置进行选取。例如，在光线投射方法中，用户通过控制一束虚拟光线来选取与之相交的目标
交互意图感知与识别	自然交互动作的识别方法	在计算机将交互动作解码为用户的交互意图之前，首先要对用户完成的交互动作进行感知和识别。计算机需要借助传感器将用户的交互动作转换为可以计算和分析的信号数据，随后对信号数据进行分割、特征提取和分类。常用的传感信号包括图像、声音、惯性传感器信号等

续表

AI相关的动作交互方式		解释与举例
交互意图感知与识别	基于图像的用户身体姿态感知	基于图像的用户身体姿态感知已被广泛应用于远距离大屏幕交互中。使用深度摄像头（如微软Kinect摄像头）作为传感设备，算法可以提取出用户当前的骨架信息（Skeleton），通过感知窗口一段时间内的骨架信息变化来识别用户的交互动作
	基于声音信号的事件检测	基于声音信号的事件检测也已被深入研究。用户日常活动（如开门）和紧急事件的检测（如鸣枪、尖叫等），均可通过单个或者多个麦克风采集到的音频信号来进行识别和分类。在将交互动作感知为连续的传感器信号后，计算机还要对信号进行分析和特征提取，再进行最终的分类
交互意图确认	自然的动作命令映射方法	在向计算机指明想要交互的目标对象的基础上，用户需要进一步传达想要让交互目标完成的交互意图。动作输入技术可以支持这一交互意图的传达过程，方法为将一系列交互动作映射到对应的交互指令上，当用户完成其中之一的交互动作时，计算机利用预设的映射关系解码交互动作，执行对应的交互指令

（三）视觉交互

视觉交互是利用眼动跟踪技术记录人的眼球运动数据及其对应的视觉注意行为，获取用户当前的视觉注意焦点等时空参数，对用户视觉感知和认知活动进行分析推理，进而为人机交互提供数据输入和控制输出。在视觉交互过程中，需要基于基本的眼动形式来设计相应的视觉交互策略，使得视线具有一定的触发意图，从而执行对应的控制指令。常见的眼动交互形式包括：驻留时间触发、平滑追随运动、眨眼与眼势等。

近年来，随着人工智能技术的发展，视觉交互与眼动跟踪作为感知和理解用户的关键环节，越来越引起相关领域学者的关注。以AI为基础的智能视觉交互框架包括：基于群智感知的眼动计算与分析、基于大数据学习的眼动跟踪、眼动数据与脑电数据融合的智能交互等（图2-5）。

（四）虚拟现实交互

虚拟现实是一种可以创建和体验虚拟世界的计算机系统，它由计算机生成，通过视、听、触、嗅觉等作用于用户，使用户产生身临其境的感觉的交互式视景仿真系统。沉浸感（Immersion）、交互性（Interaction）和构想性（Imagination）是虚拟现实系统的三个基本特征。交互性是指在交互设备支持下，能以简捷、自然的方式与计算机所生成的“虚拟”世界对象进行交互作用，是通过用户与虚拟环境之间的双向感知，建立起一

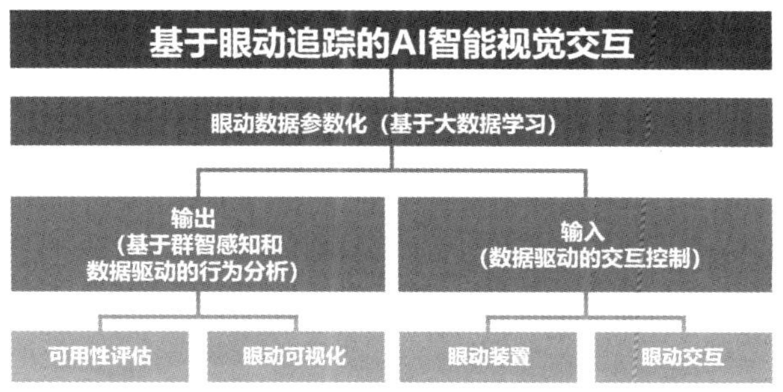

图2-5　基于眼动追踪的AI智能视觉交互研究框架

个更为自然、和谐的人机环境来保证的。为了给用户提供一种身临其境的沉浸式体验，虚拟现实需要同时具有高真实感的环境表达特征以及高效的用户和环境信息交换特征，它涉及的人机交互技术不仅包含三维交互、姿势交互和手持移动设备交互，还包含语音交互技术、力/触觉交互技术和多模态交互技术等。

（五）多模态交互

多模态交互是指在一个系统中结合了2种及2种以上输入模态（例如语音、手势、触摸、凝视）的协作模式。在多模态交互界面中，用户可以通过多个输入模态的组合来与计算机系统协同工作。由于多模态协作充分利用了人类不同的感觉通道，因而使得交互更为自然有效。

在多模态交互中，人和机器都被看作是信息交流的主动参与者，人机交互形式向人与人交互的形式靠拢，大幅度提高了交互的自然性和高效性。

三、AI带来的创新交互方式

AI带来的创新交互方式如表2-2所示。

表2-2　AI创新交互方式

阶段	AI人机交互设计指南		指南的示例应用
首要	G1	明确系统能做什么 帮助用户了解AI系统能够做什么	[运动追踪App] 显示它跟踪的所有指标，并说明如何跟踪。指标包括运动指标，如一天步数、行进距离、锻炼时间和全天卡路里消耗
	G2	明确说明系统能做得怎样 帮助用户了解AI系统也有出错的可能	[音乐推荐功能] 使用模糊一点的语言："我们认为你会喜欢"，表示不完全确定

续表

阶段	AI人机交互设计指南		指南的示例应用
在交互作用期间	G3	基于上下文的时间服务 什么时候行动或者基于用户当前的任务和环境中断	[导航App] 提供及时的路线指引，地图会随着用户的实际位置定期更新，导航也同步刷新
	G4	显示与上下文相关的信息 显示与用户当前任务和环境相关的信息	[搜索引擎] 搜索电影标题时，显示该电影在用户当前位置附近的上映时间
	G5	符合相关社会规范 根据用户的社会和文化背景，确保以用户期望的方式提供体验	[语音助手] “助手”用一种半正式的口吻和用户交谈——回答“好的”，并问出下一步的问题
	G6	减轻社会偏见 确保AI系统的语言和行为不会强化不良和不公平的刻板印象和偏见	[文本自动补全] 自动补全功能在建议“Ta”时，应提供无偏见的选项，包括“他”和“她”
出现错误时	G7	支持高效调用 当需要时，可以方便地调用或请求AI系统的服务	[语音助手] 可以用“唤醒指令”便捷地启动它，例如“Hey, Siri!”
	G8	支持禁用 使其易于驳回或忽略不想要的AI系统服务	[电子商务] AI服务功能不显眼，位于表单下方，易于滚动浏览
	G9	支持有效校正 当人工智能系统错误时，使其易于编辑、重构或恢复	[语音助手] 一旦用户的提醒请求得到处理，用户就可以在显示的用户界面中编辑他/她的提醒。下面的小文字写着“点击编辑”，并带有一个“人”字形，表示如果用户选择此文字，则可修订人工智能错误识别的提醒内容
	G10	有疑问时提供范围服务 当不确定用户的目标时，进行消歧或优雅地减少AI系统的服务	[文本自动补全] 该功能通常提供3～4个建议，而不是直接自动为用户完成补全

续表

阶段	AI人机交互设计指南		指南的示例应用
长期适用	G11	明确说明系统为什么要这么做 使用户能够了解AI系统为何执行特定操作	[导航App] 应用程序基于用时最短原则自动选择路线，这需要在子文本中进行显示
	G12	记住最近的互动 维护短期内存，并允许用户对该内存进行高效引用	[搜索引擎] 记住特定查询的上下文，使用特定的措辞以便进一步搜索（例如在搜索本杰明·布拉特之后出现提示“他和谁结婚了?”）
	G13	从用户行为中学习 随着时间的推移，通过从用户的行为中学习来提供个性化的体验	[音乐推荐功能] 用户向自定义播放列表中添加歌曲的每个动作都会触发新的推荐
	G14	更新并谨慎适应 在更新和调整AI系统的行为时限制破坏性变化	[音乐推荐功能] 一旦用户选择一首歌，应用会更新下面的即时推荐歌曲列表，但保持最顶部的歌曲不变
	G15	鼓励颗粒反馈 使用户能够在与AI系统的定期交互过程中提供反馈，指示他们的偏好	[电子邮件] 当AI以前没有标记某类邮件为重要时，用户可以直接标记重要，指示AI调整权重
	G16	传达用户行为的后果 立即更新或传达用户操作将如何影响AI系统的未来行为	[社交媒体/平台] 应用允许隐藏广告，并且将调整未来广告的相关性
	G17	提供全局控制 允许用户全局自定义AI系统监视的内容及其行为方式	[相册管理] 应用程序请求用户打开位置历史权限，以便AI可以根据位置对照片进行分组

参考文献

[1] VERGANTI R, VENDRAMINELLI L, IANSITI M. Innovation and Design in the Age of Artificial Intelligence[J]. Journal of Product Innovation Management, 2020, 37(3): 212–227.

[2] DELL'ERA C, MAGISTRETTI S, CAUTELA C, et al. Four kinds of design thinking: From ideating to making, engaging, and criticizing[J]. Creativity and Innovation Management, 2020, 29(2): 324–344.

[3] 清华大学人工智能研究院，北京智源人工智能研究院，清华—中国工程院知识智能联合研究中心．人工智能之人机交互[R]．2020：1–99.

[4] AMERSHI S, WELD D, VORVOREANU M, et al. Guidelines for Human–AI Interaction[C]// Proceedings of the 2019 CHI Conference on Human Factors in Computing Systems. 2019: 1–13.

[5] BOWMAN D A, KRUIJFF E, LAVIOLA JR J J, et al. An Introduction to 3–D User Interface Design[J]. Presence: Teleoperators and Virtual Environments, 2001, 10(1): 96–108.

第三章
AI产品创新设计方法基础研究

本章包括以下内容：

- AI算法基础（神经元、机器学习的定义）
- 常见的深度学习模型（CNN、GAN和RNN）

算法是一组接受输入的数据并生成某种输出的特定指令。AI就是依靠算法对数据进行处理。例如，AI技术中的机器学习就是通过反复地输入数据，并根据算法的输出进行调整，从而完成模型的训练。目前为止，数百种机器学习方法和深度学习模型正在被广泛使用，每一种方式都会针对一些特定的问题。因此，了解神经网络的原理，熟悉各种深度学习模型的特点，有助于在遇到特定问题的时候找到最合适的深度学习模型去解决相应的问题。

本章首先通过介绍神经网络与机器学习的定义、结构与工作原理，包括神经网络的基本组成、数据表示、前向传播、优化与权重更新、算法运用，以及深度学习的任务类型、数据预处理与特征提取、模型评估、模型优化，作为AI设计的实现基础。其次，介绍与产品设计紧密相关的人工智能技术与算法框架，包括卷积神经网络（CNN）、生成对抗网络（GAN）、循环神经网络（RNN）以及常见的衍生网络，了解各种深度学习模型的特点，以实现针对特定问题的最优模型选择。

第一节　AI算法基础

一、机器学习与深度学习

（一）人工智能、机器学习、深度学习

尽管人工智能和机器学习经常互换使用，但它们其实是两个不同的概念。人工智能是一门类似于数学或生物学的科学，它研究构建可以创造性解决问题的智能程序和机器的方法。而机器学习是人工智能的一个子集，它通过大量计算来分解与解释信息，

并从中获取需要的内容。机器会根据学习的结果，选择最理想的选择。深度学习则是将数据计算分为多个层次来创建一个“人工神经网络”，该神经网络可以从大量的信息中寻找相互之间的关联，自行做出最适合的选择。可以说，机器学习是一种人工智能技术，而深度学习则是一种机器学习技术。此三者之间的关系如图3-1所示。

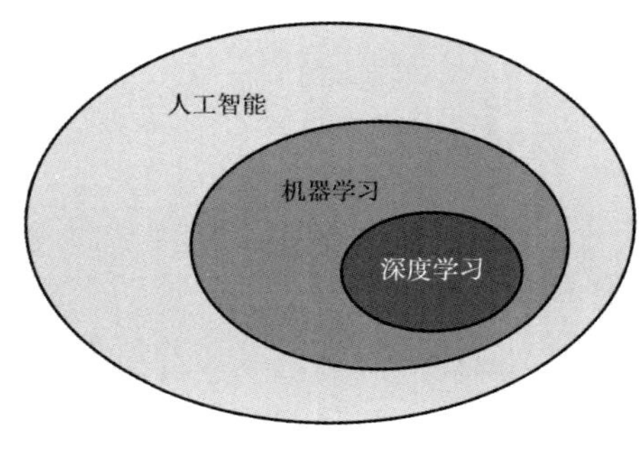

图3-1 人工智能、机器学习、深度学习三者之间的关系

机器学习（Machine Learning，ML）是人工智能的一个分支，它使计算机能够在没有明确编程的情况下进行自我学习并不断地改进。同时，机器学习算法让计算机能够检测数据中的模式，从中学习并做出预测，这在推荐系统、搜索系统等日常接触的应用中都会用到。在多数情况下，机器学习工具可以比人类更准确、更快速地执行任务。

深度学习是一种机器学习的技术，其灵感来源于人脑过滤信息的方式。深度学习帮助计算机模型通过多层过滤输入数据以预测和分类信息，通过简单的概念来学习复杂的概念。目前，深度学习技术在一些高度自动化系统中有所运用，例如汽车的自动驾驶。相比机器学习需要手动标记特征来说，深度学习可以自行寻找用于分类的特征，因此，其需要更大的数据量。

（二）机器学习与深度学习的区别

深度学习是机器学习的一个子集，它们之间的区别在于每种算法的学习方式不同。其主要区别可以归纳为下面的表格（表3-1）：

表3-1 机器学习与深度学习的区别

	机器学习	深度学习
数据依赖	在中小型数据集上表现出色	在大数据集上表现出色
硬件依赖	在低端机器上工作	需要算力强大的机器，最好有GPU执行大量的矩阵乘法
特征工程	需要了解代表数据的特征，人工手动标注出特征类型并编码	不需要了解代表数据的最佳特征，机器从数据中自动获取用于分类的特征
训练时间	从几分钟到几小时不等，但测试时间长	长达数周数月，因为需要计算大量的权重。但是测试运行极快
可解释性	容易理解与解释（例如决策树），部分难解释（例如向量机）	解释起来十分困难

续表

	机器学习	深度学习
解决问题的策略	将问题分解，然后逐步解决	端到端直接解决
应用举例	搜索引擎的文本与图像搜索等	汽车自动驾驶等

二、深度神经网络入门

深度神经网络（Deep Neural Network，DNN）是一种层叠神经网络，由若干层神经元组成。深度神经网络通过多层处理输入和输出的数据以解决任务。因此，越复杂的问题需要处理的层数就越多，深度神经网络也就越深。接下来将进一步介绍深度神经网络的基本组成与相关概念。

（一）神经网络的基本组成

尽管深度神经网络有不同类型，但它们始终由相同的组件组成：神经元、层和网络。

1. 神经元

神经元模型是一个包含输入、输出与计算功能的模型。神经元的输入部分可以类比为神经元的树突，输出部分可以类比为神经元的轴突，计算则可以类比为细胞核。连接是神经元中最重要的东西，每一个连接上都有一个权重，如图3-2所示。深度神经网络通过训练算法让权重的值调整到最佳，以使整个网络的预测效果达到最好。

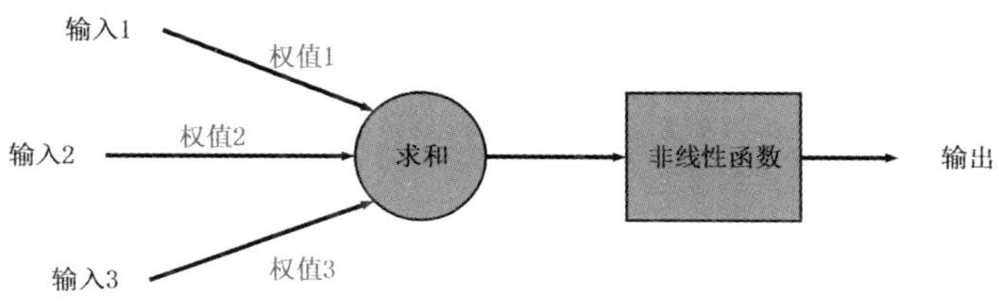

图3-2　神经元的工作原理图

2. 层（权重与偏差）

神经网络的核心层是一种数据处理的模块。神经网络通过连接起来的层实现渐进式的数据过滤，不同的层会对它们的输入执行不同的转换，并且每一个层都有自己擅长的数据处理方式。例如，卷积层通常是用于处理图像数据的模型；递归层是用于处理时间序列数据的模型；全连接层则是将每个输入完全连接到其层中的每个输出。

在层与层之间的两个节点间，每个连接都具有关联的权重，每个权重代表两个节点之间的连接强度。当神经网络在输入层中接收到给定节点处输入的数据时，此层中的节点将输入的数据通过连接传递到下一个节点，并且该输入将与分配给该连接的权重相乘。对于第二层中的每个节点也是如此，并且使用每个传入连接计算加权和。然后将此总和传递到激活函数，该函数对给定的总和执行某种类型的转换。例如，激活函数可以将输入的数据总和转换为介于零和一之间的数字。随着模型的学习，所有连接的权重都会更新和优化，使输入数据点能够映射到正确的输出预测类。

3. 神经网络与模型

神经网络是神经系统运转方式的简单模型，由多个相互连接的层组成。而这些层通常被分为：输入层、隐藏层和输出层。同时，不同的神经元和层的连接方式可以构成不同的神经网络。例如，根据连接方式，神经网络可以分为：神经元连接的单层神经网络与多层神经网络，信号流连接的前馈神经网络与反馈神经网络。根据不同的问题来选择、设计不同的神经网络模型，能够解决各种特定的复杂问题。

（二）神经网络的数据表示——张量

1. 张量的概念

张量是目前机器学习系统基本的数据结构，作为机器学习的基本构成块，它通常被看作是一个数据的容器，用于储存数值数据。简单来说，张量是从二维表（矩阵）到更高维的扩展，是管理和表示数据的形式，可以简单理解为多维数组。张量的类型包括标量、向量、矩阵和多维张量，其中标量是零维张量，向量是一维张量，矩阵是二维张量。

2. 张量的关键属性

张量的关键属性有轴、形状和数据类型。轴（Axis）表示为张量的维度，向量拥有一个轴，矩阵拥有两个轴。张量的形状表示为每个轴的元素个数，在进行运算交互后，张量的形状会改变。其数据类型表示为张量中所包含的数据的类型。在多数情况下，张量的数据类型为float32、unit8、float64等。

3. 张量的运算

与矩阵一样，张量之间可以进行算术运算。张量加法中，具有相同维度的两个张量的元素相加会产生一个具有相同维度的新张量，其中每个标量值都是父张量中标量的元素相加。而在张量减法中，一个张量由另一个具有相同维度的张量的元素通过减法产生一个具有相同维度的新张量，其中每个标量值是父张量中标量的元素相减。同时，张量的计算还包括乘法和除法等。

（三）神经网络的前向传播

1. 激活函数

激活函数是将节点的输入映射到其相应输出的函数，激活函数执行某种类型的运算，通常是将输入数据的总和以非线性变换的方式转换到某个区间内。通俗来说，激活函数主要用于对上一层的所有输入求加权和，然后生成一个输出值（通常为非线性值），并将其传递给下一层。同时，激活函数也是神经网络设计的核心单元，因为线性模型的表达能力不够，所以需要使用激活函数给模型中加入非线性的因素。常见的激活函数包括Sigmoid、ReLU（Rectified Linear Unit）等，这些函数的具体介绍与使用会在后面详细说明。

2. 前向传播

前向传播是指从输入层到输出层依次计算并存储神经网络的中间变量（包括输出）。输入数据通过网络正向馈送，每个隐藏层接收输入数据，按照激活函数对其进行处理并传递给后续层。在隐藏层或输出层中的每个神经元分两步处理输入的数据：预激活和激活。

①预激活：在此函数中计算输入的加权和，让神经元决定是否进一步传递这些信息。

②激活：将计算出的输入加权和的结果传递给激活函数。

（四）神经网络的优化与权重更新

1. 神经网络的反向传播

在前向传播结束时，神经网络模型会计算损失。如果当前误差很高，则表示网络没有从数据中正确学习，当前的权重集不够准确，无法减少网络误差并做出准确的预测。此时，我们应该更新网络的权重以减少网络的损失。

反向传播算法是负责更新网络权重以减少网络误差的算法之一。反向传播算法通过称为链式法则的方法有效地训练神经网络。简单来说，在每次前向传播网络后，反向传播会在调整模型参数（权重和偏差）的同时执行，其主要作用是通过调整网络的权重和偏差降低损失。反向传播算法对比前向传播算法如图3-3所示。

反向传播算法拥有以下几个优点：

①反向传播算法在计算导数时内存效率很高。与其他优化算法（如遗传算法）相比，它使用的内存更少，这对于大型神经网络来说十分重要。

②反向传播算法在中小型神经网络中计算速度很快。但随着更多层和神经元的添加，其速度会逐步降低。

③反向传播算法适用于处理不同的网络架构，如卷积神经网络、生成对抗网络、全连接网络等。

④反向传播算法自身并没有额外的参数，反向传播过程中唯一的参数与梯度下降算法有关（如学习率）。

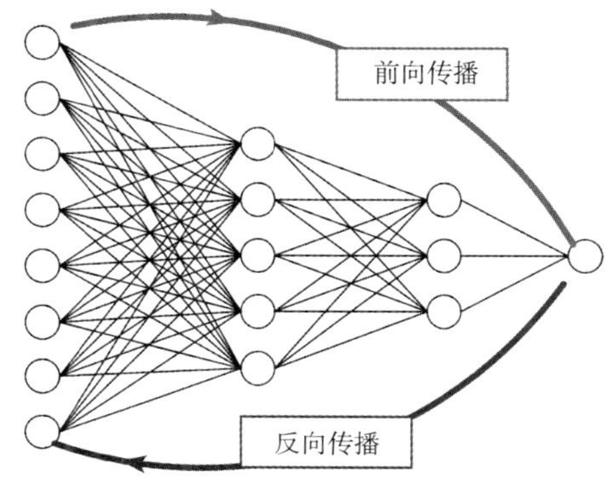

图3-3 前向传播与反向传播

反向传播的实现方式如图3-4所示，该神经网络拥有四层：输入层、隐藏层、隐藏层2和输出层。其传播流程分为以下6步：

①输入层接收x。

②输入使用权重w建模。

③每个隐藏层计算输出。

④数据在输出层准备好。

⑤实际输出和期望输出之间的差异称为误差。

⑥返回隐藏层并调整权重，以便在后续的运行中减少此误差。

重复上述过程，直到得到我们所需的输出。

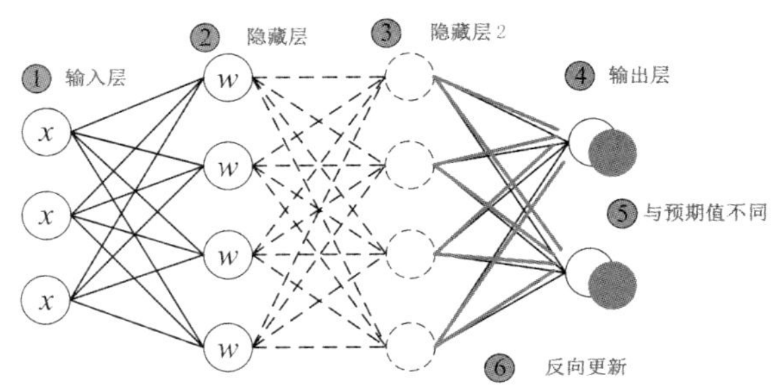

图3-4 反向传播的实现方式

2. 损失函数

损失函数（Loss Function）也叫代价函数（Cost Function），是神经网络优化的目标函数，神经网络训练或者优化的过程就是最小化损失函数的过程（损失函数值越小，对应预测的结果与真实结果的值就越接近）。

3. 梯度下降

梯度下降是一种常用的优化方法——一种求解函数局部极小值的迭代优化算法。当无法解析计算参数，并且必须通过优化算法进行搜索时，梯度下降是一个较好的选择。梯度下降算法的目标是最小化给定的函数（例如损失函数），而为了实现这一目标，首先需要计算梯度，即函数在该点处的一阶导数，并在与梯度相反的方向上移动一步。若移动的方向与梯度是正方向，将会接近函数的局部极大值，这个过程被称为梯度上升。

梯度下降算法的每次迭代都是在整个训练数据集上进行的。梯度下降算法的每一次迭代称为“批处理”，这种形式的梯度下降称为“批量梯度下降”，是机器学习中常见的梯度下降形式。

4. 优化器

优化器是使用损失函数计算出梯度之后进行梯度下降、更新模型参数（权重与偏差）的具体方式。它的作用是将损失函数和模型参数联系在一起，以此来更新模型。优化器对权重进行模糊处理，将模型塑造成最准确的可能形式。损失函数是优化器的指南，告诉优化器应该何时朝着正确的方向移动。

（五）神经网络的简单运用：分类与回归

神经网络可以针对不同的问题提出解决方法，其中最基础、最简单的问题属于分类与回归问题。回归算法与分类算法的主要区别在于回归算法用于预测价格、工资、年龄等连续值，而分类算法用于预测/分类离散值，如男性或女性，真或假，垃圾邮件或非垃圾邮件等（图3-5）。

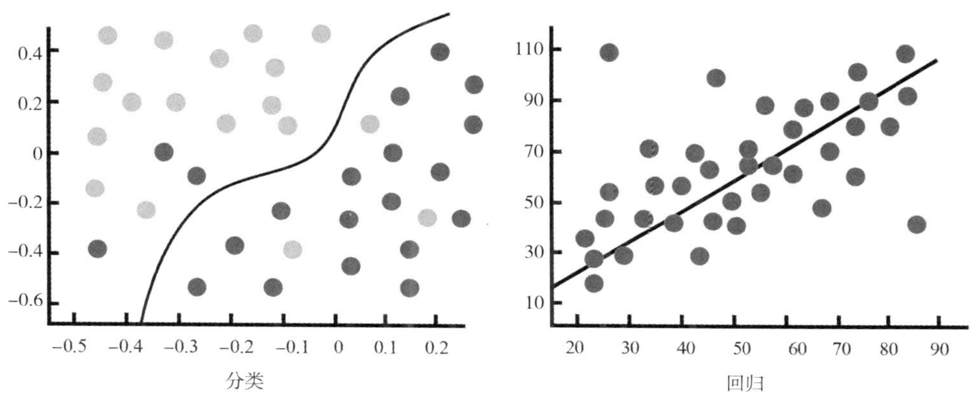

图3-5　分类与回归

预测建模是指利用历史数据来开发模型，从而帮助我们对没有结论的新数据进行预测。预测建模可以描述为从输入变量（x）到输出变量（y）近似映射函数（f）的数学问题，这也被称为函数逼近问题。算法的工作则是找到在给定时间和资源下的最佳映射函数。我们通常将所有函数逼近问题的任务划分为分类任务和回归任务。

1. 分类

分类的任务是从输入变量（x）到离散输出变量（y）的近似映射函数（f）的建模。输出变量通常称为标签或类别，而映射功能可预测给定观测值的标签或类别。例如，收到的文本信息可以分类为以下两个类别之一："垃圾信息"或"非垃圾信息"。分类问题要求将数据分类为两个或多个类别之一，同时也可以分为具有实值或离散的输入变量。这两类问题通常称为两类或二进制分类问题，而具有两个以上类别的问题通常称为多类别分类问题，一个示例被分配了多个类别的问题也被称为多标签分类问题。分类模型会将连续值作为给定数据，对是否属于每个输出类别的概率进行预测。概率可以解释为属于每个类别的给定示例的可能性或置信度。通过选择具有最高概率的类别标签，可以将预测概率转换为类别值。分类算法可以进一步分为逻辑回归、向量机、决策树分类等。

2. 回归

如果说分类是预测离散类别标签的任务，那么回归则是预测连续量的任务。回归预测建模是将映射函数（f）从输入变量（x）映射到连续输出变量（y），以逼近真实关系的任务。其中，连续输出变量指的是实数值，例如整数或浮点值。同时，回归问题需要预测数据的数量，可以是具有实际值或离散的输入变量。具有多个输入变量的回归问题被称为多元回归问题。假设我们要进行天气预报，为此可使用回归算法。在天气预报中，模型是利用过去的数据进行训练的，一旦训练完成，就可以轻松预测未来几天的天气。回归算法根据类型还可进一步分为简单线性回归、多元线性回归、多项式回归、支持向量回归、决策树回归、随机森林回归等。

3. 回归与分类算法的区别

回归与分类算法的区别如表3-2所示。

表3-2　回归与分类算法的区别

回归算法	分类算法
在回归中，输出变量必须具有连续性或真实值	在分类中，输出变量必须是离散值
回归算法的任务是将输入值（x）与连续输出变量（y）进行映射	分类算法的任务是将输入值（x）与离散输出变量（y）进行映射
回归算法用于连续数据	分类算法用于离散数据
在回归中，尝试找到最佳拟合线，这样可以更准确地预测输出	在分类中，试图找到决策边界，它可以将数据集划分为不同的类
回归算法可用于解决回归问题，如天气预报、放假预测等	分类算法可用于解决分类问题，如垃圾邮件识别、语音识别、癌细胞识别等
回归算法可以进一步分为线性回归和非线性回归	分类算法可分为二分类器和多类分类器

三、深度学习基础

（一）深度学习的任务类型

1. 监督学习

目前，最常见的机器学习类型就是监督学习。在监督学习下，训练期间传递给模型的每条数据，都是由输入对象或样本及相应的标签或输出值组成的。训练数据和验证数据在传递给模型时均已被人工标记。在监督学习的基础上，模型需要学习如何从标记的训练数据中学到知识，并根据给定的输入生成特定的输出。

例如，训练一个模型能够根据动物的图像对不同类型的动物进行分类。在训练过程中，向机器传递狗的图像，并提供该图像的标签是“狗”。模型将对该图像的输出进行分类，然后通过查看其预测值与该图像实际标签之间的差异来确定该图像的误差。狗的标签可以编码为0，而猫的标签可以编码为1，此后，将按照这个过程，确定训练集中所有数据错误或丢失的次数。在训练中，模型的目的是使损失最小化，因为当我们部署模型并将其用于预测未经训练的数据时，模型将基于它所标记的数据进行预测。

2. 无监督学习

当训练集中的数据没有进行标记时，就会发生无监督学习。在无监督学习的情况下，训练期间传递给模型的每条数据是未标记的输入对象或样本，没有与样本配对的标签（图3-6）。虽然模型不知道训练数据的标签，我们也无法以准确性作为无监督学习过程的评价指标，但是模型会尝试从数据中学习某种类型的结构，并从该数据中提取有用的信息或特征，学习没有标签的数据结构，从而创建从给定输入到特定输出的映射。

3. 半监督学习

半监督学习介于监督学习和无监督学习之间，结合了有监督和无监督学习的技术。在使用半监督学习的情况下，训练集通常是有标签的数据集与没有标签的数据集的结合。例如，在处理训练模型中的大量数据时，人工手动标记所有数据显然是不切实际的。通过半监督学习，我们可以先手动标记数据集中的一部分，然后使用这些被标注的数据训练我们的模型。以这些标记的数据作为模型的训练集，使我们可以在更大的数据集上进行训练，并且无须花费大量的人工成本手动标记所有数据（图3-7）。

4. 自监督学习

自监督学习是一种无需人类提供标记数据（例如给狗的图片加上“狗”标签）便能训练计算机完成任务的方法，它是监督学习中的一个特例。一般的监督学习拥有人工标

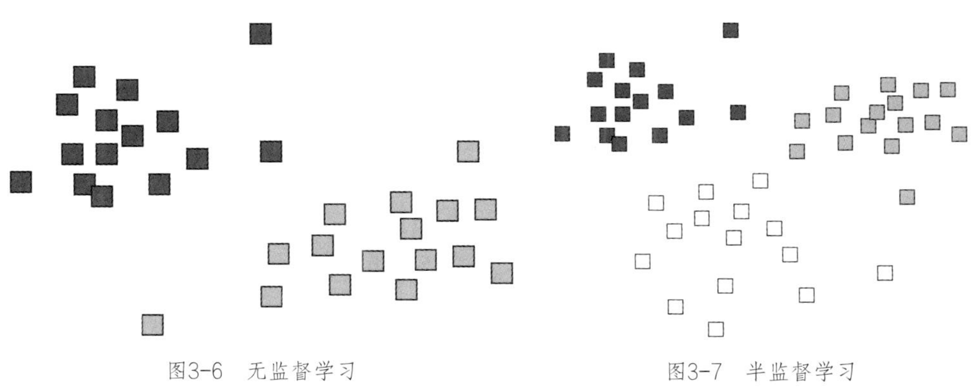

图3-6 无监督学习　　　图3-7 半监督学习

注的标签，而自监督学习则是通过启发式算法，从输入的数据中自行生成标签后，再自主进行监督学习。自监督学习可以是监督学习的一种自主形式，因为它不需要数据标记形式的人工输入。自监督学习也可以是无监督学习的一个子集，由机器自行标记、分类其输出或目标，分析信息后，再根据连接和相关性得出结论。与之相比，无监督学习的过程通常与聚类和分组相关，而自监督学习不关注二者。

（二）数据的预处理与特征提取

1. 数据集

数据集是针对机器要解决的问题所收集的数据，其形式通常是单个的数据库表格或数据内容的矩阵。这类数据构建了机器学习模型的训练信息的集合，它通常由带注释的文本、图像、视频或音频组成。通过训练这些数据，机器将学会以高准确度来执行对应任务。

3D的张量通常用来存储时间序列的数据或RGB（Red，Green，Blue）的彩色图像，4D的张量用于存储图像（jpeg），5D的张量用于存储视频。

3D张量可以封装3个参数。例如，来自大脑的脑电图EEG（脑电波，Electroencephalogram，EEG）信号编码，其时间、频率、频道3个参数可以被封装，如图3-8所示。

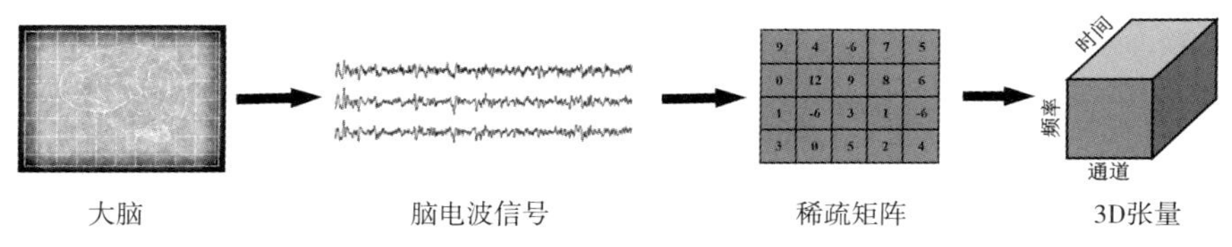

图3-8　脑电波数据（时间序列）储存在3D张量中

4D张量非常适合存储一系列图像。图像是一种包含3个参数（分别为高度、宽度和颜色深度）的3D张量，但图像集是4D的张量。例如，有100000个不同类型的猫的图像，图像的高度和宽度均为750像素。那么这组数据可以定义为PyTorch形状的4D张量：（100000，3，750，750），如图3-9所示。

5D张量可以存储视频数据。例如，在TensorFlow中，视频数据被编码为：样本大小、帧数、宽度、高度、颜色深度。如果我们以1080p HD（1920像素×1080像素）、每秒15个采样帧拍摄一个五分钟的视频（60秒×5=300秒），其拥有4500个采样帧（300秒×

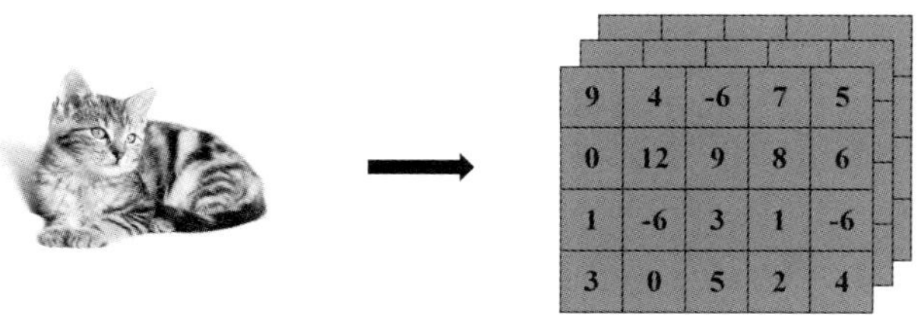

图3-9　多张jpeg图像数据储存在4D张量中

15帧/秒=4500帧），这些帧的颜色深度为3，则该视频在4D张量中可以表示为（4500，1920，1080，3）。而当视频集中有多个视频时，张量中的第五个字段开始发挥作用。例如，视频集中有10个视频，则5D张量的形状为（10，4500，1920，1080，3）。

数据的收集：在开始收集数据之前，我们需要知道目标类别是什么，计划如何在这些类别之间分配数据以及用何指标衡量数据质量。计划收集的数据将属于以下两类之一：结构化数据和非结构化数据。结构化数据是机器可读的、带有注释的，并且是可以使模型从中学习的元数据。非结构化数据不包括注释和元数据，仅包括原始图像、文本或视频。

在收集数据的过程中，我们通常会使用一些官方提供的现成数据集，如谷歌、百度等均提供了一些已做好标注的数据集，包括一些现成可调用的应用程序开发接口（Application Programming Interface，API）。这些数据集的优势在于质量比较高，并且可以直接用于模型训练。除了调用官方提供的数据集，数据也可以从一些官方的数据库中获取。如果你可以访问一些企业内部的或者公开的数据库，那么其中大量结构化的数据可以在经过简单处理后用于机器学习。此外，如果需要的数据集较为独特，在公开数据库和企业内部数据中都没有符合的数据集的情况下，通过网页爬虫的方式也可以获取自己需要的数据。

2. 数据预处理

数据的缺失：在直接获得的原始数据中，可能包含着一些缺失值和虚假值，这些数值若未经处理而直接被输入模型中进行训练，会对模型的训练效果产生很大的负面影响。对于缺失值，常见的处理方式是将其替换为0（前提是0在数据中并没有任何实际的意义）。该方法可以让模型在训练过程中理解此处的数据没有作用，从而自动通过降低其权重来忽略这些缺失的数据。除此之外，还有一些其他的方式可以用于处理缺失值和虚假值，包括忽略包含缺失数据和虚假数据的数据行、填充下一个或上一个数据的值、替换为均值等。

数据向量化：数据集中的数据类型包括文本、图像、视频等，这些数据被神经网络加载后，所得的数据类型与模型需要的数据类型（张量）并不一致。以图片的数据加载为例，神经网络无法直接解析图像格式的数据，因此给模型输入图片格式的数据之前，需要将其转为像素值数据，过程如图3-10所示：

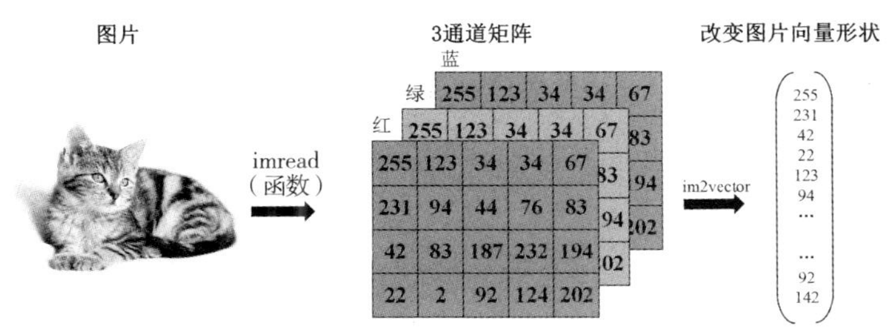

图3-10 图片数据的向量化

值标准化：原始数据中每个维度的特征度量方式具有一定差异，这会导致数据在某个维度的特征值处于主导地位。在使用梯度下降算法寻求最优解时，机器并不会寻找最好的方向进行求解。例如，给一个简单的神经网络输入X_1和X_2两个参数，其中X_1的变化范围是0～1，而X_2的变化范围是0～0.01。这会让机器在训练过程中更加侧重于X_1的参数梯度，从而导致训练效率的极大降低，如图3-11所示。

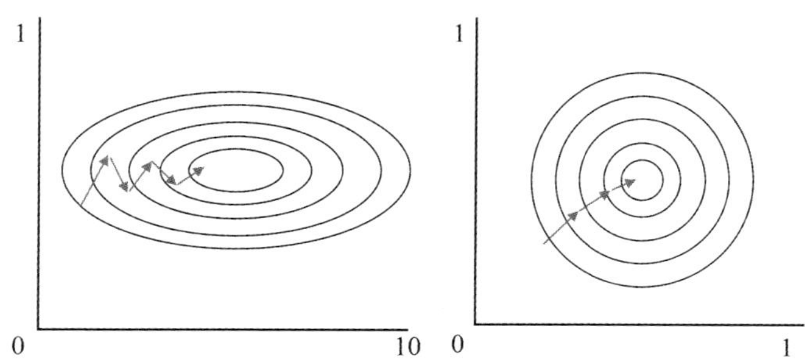

图3-11　未标准化的训练图（左）；值标准化后的训练图（右）

归一化：可以将多个维度的数据特征转化为标准尺度，有利于让神经网络更快地训练模型。常见做法是，将数据缩放为以0为均值和单位方差，并将范围控制在[0，1]和[-1，1]内。例如，在数字分类中，图像数据被编码成0～255范围内的整数，在将这些数据提供给神经网络之前，我们应该对值进行归一化，将它们转换为float-32，然后将其除以255，使它们成为0～1范围内的浮点值。

批处理：针对数据集中的大量数据，如果一次性完成全部数据的处理，需要占用电脑大量的内存和计算能力，也会需要大量的处理时间。批处理则是将数据集以分批的形式处理，而不是一次性加载全部的数据。这样做的优势在于可以有效地利用计算机的内存，让内存空间的限制不再成为深度学习的问题。在批次处理中，用于估计误差梯度的训练数据集中的示例数量被称为批量大小（Batch Size），批量大小是影响学习算法动态的重要超参数。例如，批量大小为32，意味着在更新模型权重之前，机器使用训练数据集中的32个样本来估计误差梯度。

图像的随机裁剪：除了上述的预处理方法外，还有一些针对数据集较少等情况的数据预处理方法。例如图像的随机裁剪方法，这类数据增强的方式是利用已有的数据来创建新的训练数据，以帮助机器学习模型具有更好的泛化能力。

3. 特征提取

特征提取的目的是最大限度地从原始数据中提取出关键特征属性，供算法和模型进行使用。当数据预处理完成后，需要选择有意义的特征输入机器学习的算法和模型进行训练。通常来说，会从两个方面考虑来选择特征。一是特征是否发散：如果一个特征不发散，例如方差接近于0，也就是说样本在这个特征上基本没有差异，那么这个特征对于样本的区分便无作用。二是特征与目标的相关性：显而易见，应当优先选择与目标相关性高的特征。

（三）模型的评估

1. 训练集、测试集、验证集

数据集可以以多种方式使用，以服务一系列不同的训练过程。事实上，要构建机器学习模型，在训练模型的时候通常需要三种类型的训练数据，每种类型都扮演不同的角色。这三种集合类型分别是训练集、测试集和验证集。训练集是用于训练模型的数据集。在任何时期，模型都会在相同的数据上反复训练，并且学习此数据的特征，这样做可以部署并更新我们的模型，使模型能够准确地预测、判断新数据。验证集是与训练集分开的一组数据，用于在训练期间验证模型，此验证过程能够调整模型的参数。而测试集则是在训练模型后用于测试模型的一组数据，即在利用训练集和验证集对模型进行训练和验证之后，使用模型来预测测试集中未标记数据的输出（表3-3）。

表3-3　数据集的分类

数据集	更新权重	描述
训练集	是	用于训练模型。训练的目的是使模型适合训练集，同时泛化到看不见的数据
验证集	没有	在训练期间用于检查模型的泛化程度
测试集	没有	测试模型的最终能力

2. 评估指标

准确率是一个用于评估分类模型的指标。通俗来说，准确率是指模型预测正确的结果所占的比例。准确率的定义如式（3-1）：

$$Accuracy = \frac{Correct}{Total} \quad (3-1)$$

对于二元分类，也可以根据正类别和负类别按式（3-2）计算准确率：

$$Accuracy = \frac{TP + TN}{TP + TN + FP + FN} \quad (3-2)$$

其中，TP=真正例，TN=真负例，FP=假正例，FN=假负例。例如，模型将100个肿瘤分为恶性（正类别）或良性（负类别）（图3-12）：

$$Accuracy = \frac{TP + TN}{TP + TN + FP + FN} = \frac{1 + 90}{1 + 90 + 1 + 8} = 0.91$$

真正例（TP）：	假正例（FP）：
• 真实情况：恶性 • 机器学习模型预测结果：恶性 • TP结果数：1	• 真实情况：良性 • 机器学习模型预测结果：恶性 • FP结果数：1
假负例（FN）：	**真负例（TN）：**
• 真实情况：恶性 • 机器学习模型预测结果：良性 • FN结果数：8	• 真实情况：良性 • 机器学习模型预测结果：良性 • TN结果数：90

图3-12　模型判断肿瘤

在机器利用模型进行训练之后，需要对模型的能力进行评估，利用验证集获得训练模型的效果。

（四）模型的优化

模型的优化指的是通过训练模型，让模型在训练集的数据上具有最佳的性能，也就是机器的学习过程。而模型的泛化能力指的是模型能够在未经过训练的数据上依旧保持良好的表现能力。

欠拟合：当模型的表现能力弱于事件的真实表现时，会出现欠拟合现象。欠拟合现象在训练中的表现为训练集的损失较大，准确率较低，从而使得测试集的准确率也较低。出现这类情况的原因是，当前的神经网络并不能很好地捕捉训练数据中的特征。因此，处理欠拟合模型的最佳方法是尝试更深的神经网络（添加新层或增加现有层中的神经元数量），或对模型进行更长时间的训练。

过拟合：相较于欠拟合，过拟合在训练模型的过程中更加常见。当模型能够对训练集中的数据进行很好的分类或预测，但在对未进行训练的数据进行分类的时候出现效果不佳的情况，这就是模型发生了过拟合。过拟合现象是模型为了追求训练集的准确率，过多地学习了一些非普遍的特征，导致自身的泛化能力下降。处理过拟合的方法通常是通过增加数据的数量并使用正则化的方式进行优化。

正则化：即使模型对于训练数据具有了良好的性能，但模型中的某些复杂特性也会使我们的模型不足以概括训练数据外的其他同类型数据。正则化就是一种通过修正复杂性来减少网络过度拟合的技术，让模型具有更好的泛化能力。简单来说，我们通过正则化让模型简单化，从而使神经网络模型可以概括从未见过的数据点。常见的正则化方法包括：提前停止训练、L1正则化、L2正则化、Dropout正则化、训练数据增强和批量标准化。例如，Dropout正则化方法就是在每次迭代的过程中，随机选择一些节点，连同它们的连接（输入和输出）一起删除，如图3-13所示。这样一来，每次迭代都会拥有不同的组合方式进行输出，具有更多的随机性，有效减少了过拟合所带来的影响。

四、深度神经网络与设计

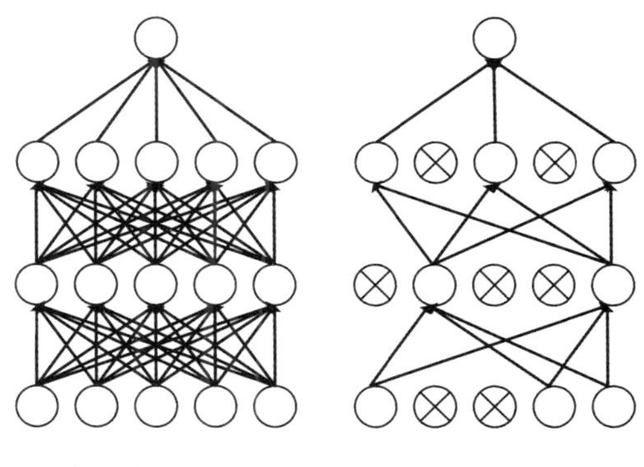

图3-13　标准神经网络（左）；添加Dropout后的神经网络（右）

设计是我们与整个世界互动的方式，一个好的设计会结合技术、认知科学、人类需求和美感创造出全新的东西。在这之中，设计与技术有着本质的联系，二者相辅相成、不可分割，和人类的日常生活息息相关。随着信息社会的快速发展和新技术的产生与运用，设计也经历着巨大的变革。以深度学习为代表的人工智能技术在计算机视觉领域发展迅速，通过人工智能来理解和创造艺术并进行设计，可以产生很多意想不到的作品。

目前，人工智能技术在设计中已有诸多运用。一方面，人工智能有着远超人类的记忆能力，能够调用大量的经验来辅助设计，以深度学习中的生成对抗网络（Generative Adversarial Networks，GAN）模型为例，它能通过大量图片数据的训练，获得生成对应图像的能力；另一方面，人工智能拥有超强的计算能力，能够在短时间内完成复杂的计算任务，例如，RNN模型凭借着处理时序信息的能力，在语音数据处理方面拥有独特优势，让产品设计中的语音交互体验得到飞跃性的提升。此外，相较于人类来说，人工智能对于设计的考量更加客观，不会受到情绪影响，以CNN模型为例，它能够精确、客观地提取图片信息中的主要特征，在风格迁移领域大放异彩，受到了艺术评估等领域的广泛欢迎（图3-14）。

由此可见，在设计中引入人工智能不仅可以持续积累并有效地利用经验，还能高效

图3-14　深度学习与设计的应用

地辅助、优化设计，不断地探寻最有效的设计方案。为了更好地理解人工智能模型在设计中的应用，下文会对一些常见的模型进行介绍。

第二节 卷积神经网络（CNN）

本节将介绍卷积神经网络（Convolutional Neural Networks，CNN）。CNN作为计算机视觉中使用最广的一种深度学习模型，在特征提取与图像分类方面有着广泛的应用。

一、CNN简介

（一）CNN的提出：图像特征提取

卷积神经网络的发展大致可以分为三个时期：①多层感知机奠定了神经网络的基础；②深度神经网络加深了网络的深度；③卷积神经网络构成了当今深度学习的基本框架。

1. 多层感知机MLP

20世纪50年代，感知机技术出现。感知机由两层神经元组成，输入层接受特征向量后传递给输出层，能够进行简单的“或、与、非”运算，但在复杂函数方面运算困难，其学习能力非常有限。经过多年的发展，到了20世纪80年代，出现了包含多层隐含层的多层感知机（Multi-Layer Perceptron，MLP）。一个最简单的多层感知机包含输入层、一个隐含层和输出层，输入层输入的特征向量通过隐含层的连接计算到达输出层，并在输出层实现分类。在结构上，除了输入、输出层，中间可以有多个隐含层，网络层数越多，感知机具备的模型拟合能力越强。

可是，随着网络层数的加深，MLP开始出现问题，优化函数容易因陷入局部最优解而偏离全局最优结果，导致无法进一步加深优化。另一个问题是激活函数和权重相互作用，产生了梯度消失的现象，进而导致收敛速度变慢，训练时间无限延长（图3-15）。

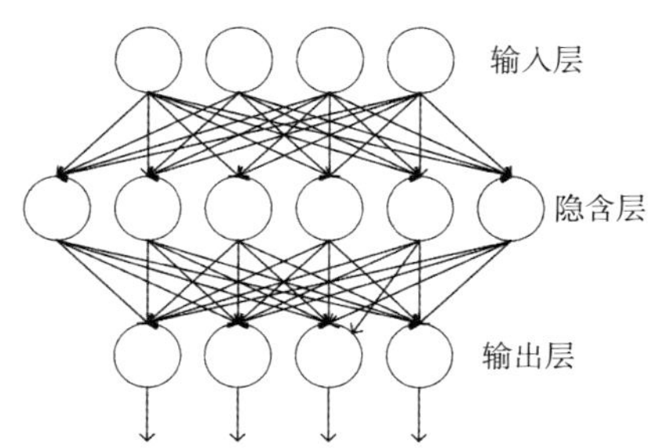

图3-15 多层感知机MLP网络结构示意图

2. 深度神经网络DNN

深度神经网络（Deep Neural Networks，DNN）是具有多层隐藏层的神经网络。杰弗里·辛顿（Geoffrey Hinton）利用预训练方法缓解了网络容易陷入局部最优解的问题。为了克服部分梯度消失问题，DNN使用ReLU、Maxout等激活函数代替了Sigmoid，并将隐含层堆积至7层，多层隐含层的结构使神经网络具备了“深度”。

在DNN全连接结构中，下层的神经元连接了上层的所有神经元，导致参数数量急速膨胀，带来的直接后果就是随着网络层数的不断增多，参数计算量会变得极大，而且容易使训练陷入过拟合和局部最优状态。由于神经网络的层数直接决定了其对信息的提取能力，而DNN在层数达到7层后不会进一步增加，因此，DNN的网络层数限制了它进一步的发展。

3. 卷积神经网络CNN

1998年，纽约大学的杨立昆（Yann LeCun）提出了卷积神经网络。CNN可以对图像特征进行提取，分离出图像的颜色、纹理、形状等高级特征。由于采用了局部连接和共享权值的方式，CNN不仅降低了模型的复杂度，还减少了模型的参数数量。其最重要的构建块就是卷积层，卷积层的神经元不会像全连接层一样连接到输入图像的每个特征向量，而是通过局部感知连接到感受野内的像素。另一个十分重要的模块就是池化层，它能够缩小输入图像，减少参数数量、计算量和内存使用量。

（二）CNN的早期发展

1. 计算机视觉与CNN

在过去的几年中，计算能力的提高以及训练数据量的增加，使CNN在计算机视觉领域有了广泛的应用。特别是在与视觉密切相关的设计领域，CNN具备超强的计算能力，能在短时间内完成各种复杂的特征提取任务。CNN正逐步成为设计师必不可少的设计辅助工具。例如，它能够提取图像特征、融合图像风格，为设计提供了更多的可能性。

2. CNN的发展历程

1980年，日本科学家福岛邦彦提出了一种称为“Neocognitron”的模式识别机制。Neocognitron能够构建一个像人脑一样将一些简单的感受野组合形成大而复杂的感受野，从而实现模式识别的网络结构。这便是现代CNN网络中卷积层和池化层的最初范例和灵感来源。

反向传播（Backpropagation，BP）算法是CNN训练权重中最成功的算法，BP算法基于梯度下降的策略，通过计算与隐含层的误差来对连接权重和阈值进行调整。BP算法成为推动深度学习发展的核心技术。

1989年是CNN发展历程的一个里程碑式的时间点，杨立昆开发了一个广泛用于识别手写支票号码的著名Yann LeCun架构。该架构除了全连接层和Sigmoid激活函数，还创造性地引入了卷积层和池化层，至此，基本的CNN架构初现雏形。

2012年，亚历克斯·克里泽夫斯基（Alex Krizhevsky）提出的AlexNet模型横空出世。AlexNet成功使用ReLU作为CNN的激活函数，验证了其在较深网络中的表现超过了Sigmoid，成功解决了Sigmoid在网络较深时梯度消失的问题。通过在训练时使用Dropout随机忽略一部分神经元，避免了模型的过拟合。AlexNet惊人的识别准确率掀起了深度学习的新浪潮（图3-16）。

图3-16　CNN的发展历程

二、CNN原理

CNN比DNN展现出具有更强的能力的原因就在于应用了卷积运算。卷积运算能通过三个重要的思想辅助改进DNN系统：局部感知、权值共享、下采样。

（一）卷积运算的三大核心思想

1. 局部感知

局部感知是CNN的一个重要特性。由于图像中临近的像素通常比离远的像素更具关联性，所以神经元只需对局部的信息进行感知，再通过更高层次的整合将局部信息转化为整体的全局信息即可。每个神经元只与上一层的部分神经元相连，只感知局部，而不是整幅图像，通过卷积操作便可以学习到模式的空间层次结构。浅层的卷积层学习到较小的局部模式，深层的卷积层再将浅层学习到的特征组成更大的模式，从而使CNN网络学习到复杂抽象的视觉概念。

2. 权值共享

权值共享是指在一个模型中的每个神经元均使用相同的参数，即在图像中共享同一个卷积核。权值共享在卷积神经网络中发挥了重要的作用。在传统的神经网络中，计算每一层的输出的权重矩阵只能够使用一次。与之相比，CNN对于图像中的所有范围，都可以使用相同的学习特征，这就意味着一部分学习到的特征能够应用到另一部分中。在CNN中，卷积核可以作用于输入的每一个位置。权值共享显著地降低了模型的存储和运算需求，提高了卷积的运行效率。

3. 下采样（池化）

下采样是基于局部相关性原理进行亚采样，在减少数据量的同时最大程度地保留有效信息。对于一个样值序列，间隔几个样值取样一次，这样得到的新序列就是原序列的下采样。一方面，下采样能够帮助输入的表示近似不变，当对输入进行少量的平移时，经过下采样的输出并不会发生改变。局部平移不变性可以不依赖细节的准确性得出准确的分类。例如，当判定一张图像中是否包含人脸时，并不需要知道眼睛的具体像素位置，只需知道一只眼睛在脸的左边，另一只在脸的右边即可。因此，CNN只需要很少的训练样本就可以学习到具有泛化能力的数据表示。另一方面，与基于卷积的降采样相比，下采样不需要参数，更容易优化，全局下采样可以大大降低模型的参数和工作量。

（二）卷积的工作原理

1. 卷积层

CNN隐藏层包含三类：卷积层、激活层、池化层，其中卷积层是CNN中的关键功能层。卷积层由多个特征图（Feature Map）组成，每个特征图又由多个神经元组成，它的每一个神经元通过卷积核与上一层特征图的局部区域相连。卷积层的关键目的是提取输入的不同特征，低级的卷积层提取较低级的特征，高级的卷积层提取复杂、抽象的特征。

2. 特征图

对于包含高度、宽度以及通道轴的3D张量，经过卷积操作得到的结果叫特征图。对于RGB图像，因为包含红色、绿色和蓝色三个通道，所以通道轴的维度等于3。对于黑白图像，深度轴的维度等于1。

3. 卷积核（Convolution Kernel）

神经元的权重可表示为一幅权重集的图像，被称为卷积核。卷积核是一个权值矩阵（如对于二维图像而言可为3×3矩阵），与上一层特征图的局部区域相连。从某种意义上来说，它可以被视作特征提取器。卷积核能够在特征图上移动，进行卷积运算，两个连续的窗口的距离叫做步幅，默认值为1，也可以使用步幅大于1的卷积（步进卷积）。特征图上的每一组数值与对应的卷积核的权重相乘后再相加，得到下一幅特征图中的数值。以图3-17的计算为例，$2\times(-1)+0\times5+1\times7+(-1)\times9+0\times3+1\times0+(-1)\times6+0\times5+1\times7=-3$。

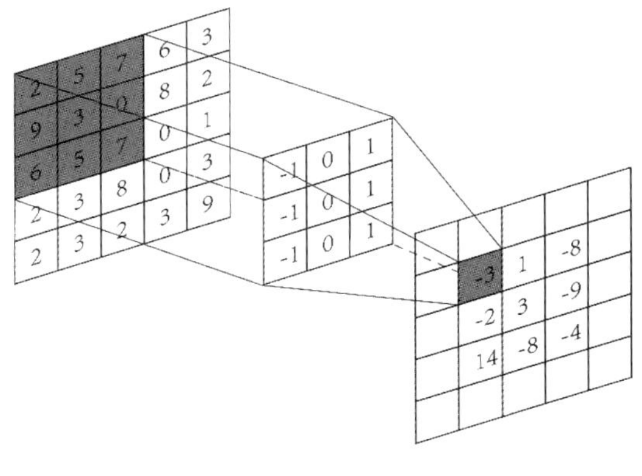

图3-17 卷积运算

4. 边际效应与填充（padding）

经过卷积后的特征图存在边际效应，输出的尺寸会比输入的尺寸更小。所以如果希望输出的空间维度与输入的维度相同，就需要在特征图的周边增添一定数量的行列，使得每个输入的方块都能成为卷积窗口的中心，这种做增添的手法被称为填充。填充有两种取值参数：SAME，越过边缘取样，取样的面积和输入图像的像素宽度一致；VALID，不越过边缘取样，取样的面积小于输入图像的像素宽度。

5. 卷积运算的输出公式

如果输入的体积大小为$H_1\times W_1\times D_1$，卷积核的数量为K，卷积核的大小为F，步长为S，零填充大小为P。则输出体积大小为$H_2\times W_2\times D_2$，以下为卷积运算输出式（3-3）。

$$
\begin{aligned}
&H_2=(H_1-F+2P)/S+1 \\
&W_2=(W_1-F+2P)/S+1 \\
&D_2=K
\end{aligned}
\tag{3-3}
$$

（三）卷积模块进行特征提取

1. 卷积模块

一个基本的卷积模块由卷积层、归一化层、激活层（激活函数）和下采样层（池化层）构成。一张大的特征图，经过一个卷积模块的操作后，其尺寸虽在逐步缩小，但是能够尽可能地保留原有的信息。

2. 归一化层/标准化层（Normalization Layer）

归一化是指将数据约束到固定的分布范围，也就是使数据符合以0为均值、1为标准差的分布，例如将输入的图像除以255，将其归到0到1之间。批标准化（Batch Normalization，BN）是指采用批梯度下降方法对深度学习进行优化，这种方法把数据分为若干组，按组来更新参数，一组中的数据共同决定了本次梯度的方向，减少了下降时的随机性。此外，因为批的样本数与整个数据集相比小了很多，所以减少了计算量。归一化层的设置能够防止梯度爆炸，加速网络的收敛。

3. 激活层（非线性层/激励层）

激活层又称非线性层或激励层，是CNN中最重要的部分之一。激活层是由激活函数（Activation Function）组成的，灵感来源于生物的神经元。信息是否能够被传递到相邻的神经元中取决于该神经元的阈值，一旦输入的信息超过某种阈值的程度，该神经元就会被激发并产生输出。激活层为CNN引入了非线性映射，增强了网络的表达能力。图3-18是一些典型的激活函数。

4. 下采样层（池化层，Pooling Layer）

下采样层也叫池化层，具体操作与卷积层的操作基本相同，可以在保持最重要的信

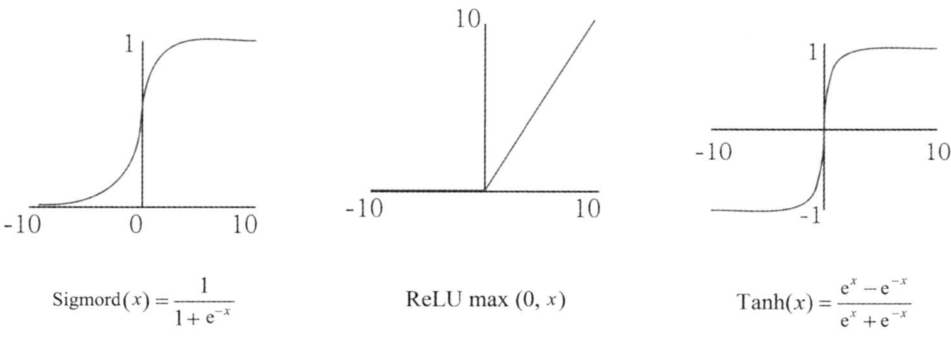

图3-18　典型的激活函数

息的同时降低特征图的维度，并且不经过反向传播的修改，起到二次提取特征的作用。而且，下采样可以忽略目标的倾斜、旋转等相对位置的变化。通过压缩数据和参数的量，可以在提高精度的同时降低特征图的维度，并且在一定程度上避免过拟合。下采样的池化操作是对相应位置的特征图进行最大值、平均值的运算。

池化的类型有平均池化（AveragePooling）和最大池化（MaxPooling）。一般情况下，最大池化能够更好地保留纹理特征，而平均池化往往能保留整体数据的特征，较好地突出背景信息（图3-19）。

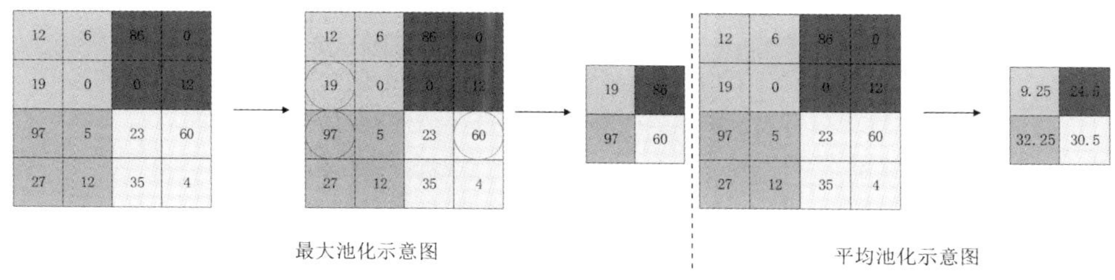

图3-19　最大池化示意图与平均池化示意图

以下为下采样的输出计算公式，该计算公式同卷积计算公式一样。具体内容参考式（3-4）：

$$H_2=(H_1-F+2P)/S+1$$
$$W_2=(W_1-F+2P)/S+1 \qquad (3-4)$$
$$D_2=D_1$$

例如，尺寸为224×224，通道为64条的图（224×224×64），窗口为2×2，步长为2。经过以上输出公式计算，其中H_2=（224−2+2×0）/2+1=112；W_2=（224−2+2×0）/2+1=112，输出的尺寸为112×112×64。

也就是说，一个完整的卷积模块，要先经过卷积层提取输入的不同特征，再通过批标准化减小计算量，接着经过激活层引入非线性，最后经过池化层二次提取特征后才完成一个卷积操作。

（四）CNN中的全连接层（Fully Connected Layer）

全连接层就是一个传统的多层感知器，它在输出层使用一个Softmax激活函数。全连接层的主要作用是将前面卷积层提取到的特征结合在一起，然后进行分类。Softmax函数可以将输入的一个任意实数、分数的向量变成一个值的范围是0～1的向量，但所有值的总和是1。

在CNN结构中，数据经过多个卷积层和池化层后，会连接到1个或1个以上的全连接层。与MLP相似，全连接层中的每个神经元都与其前一层的所有神经元进行全连接。全连接层可以整合卷积层或者池化层中具有类别区分性的局部信息，为了提升CNN网络性能，全连接层每个神经元的激励函数一般都采用ReLU函数。最后的全连接层在整个卷积神经网络中起到“分类器”的作用（如果全连接层作为最后一层，采用Softmax逻辑回归进行分类，则可以分别具有“分类器”或“回归器”的作用，该层也可称为Softmax层）；倒数第2、3层的全连接层起到信息融合、增强信息表达的作用。

（五）上采样和反卷积

上采样（Upsample）应用于计算机视觉的深度学习领域，由于输入图像在经过卷积神经网络提取特征后，输出的尺寸往往会变小，但有时需要将图像恢复到原来的尺寸以便进行进一步的计算（如图像的语义分割），这个扩大图像尺寸，实现图像由小分辨率到大分辨率的映射的操作，叫做上采样。

反卷积（Transposed Convolution），也叫转置卷积，并非完全是正向卷积的逆过程，而是一种特殊的正向卷积——先按照一定的比例通过补空来扩大输入图像的尺寸，接着旋转卷积核，再进行正向卷积（图3-20）。上采样有3种常见的方法：双线性插值（Bilinear Interpol）、反卷积、反池化（Unpooling）。

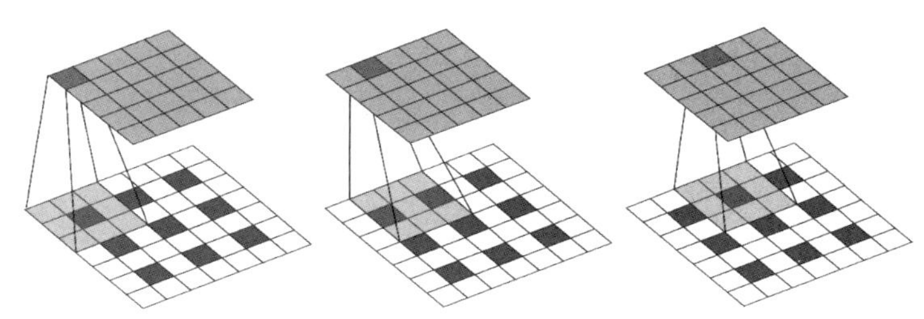

图3-20　反卷积示意图

三、CNN基本框架

（一）简单的CNN工作方式

典型的CNN架构是一种带有卷积结构的深度神经网络，通常至少有两个卷积层、两个池化层和一个全连接层，一共至少有5个隐含层。通过卷积操作，图像变得越来越小，分离出多层次的特征图，最后在全连接层输出预测（图3-21）。

简单的CNN处理手写数字的识别方法：

LeNet-5共有8层（包括输入层和输出层），输入图像大小为32 × 32。

①第一层输入32 × 32 × 1的灰度图像；

②第二层使用6个卷积核（大小为5 × 5）遍历图像，经过卷积操作得到28 × 28 × 6的特征图C1（卷积层）；

③第三层特征图经过步长为2的平均池化（窗口大小2 × 2）操作得到14 × 14 × 6的特

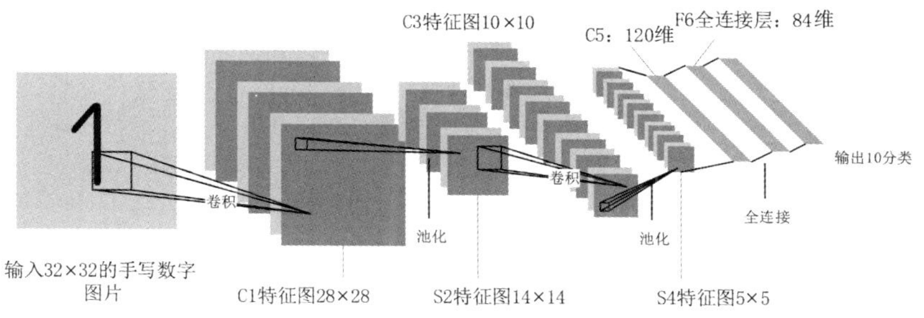

图3-21　LeNet-5手写数字识别结构示意图

征图S2（池化层）；

④重复相同的16核卷积和池化操作，分别得到第四层10×10×16的C3（卷积层）和第五层5×5×16的S4（池化层）；

⑤经过全连接得到1×1×120的C5（此处经5×5的120个卷积核处理，系多通道多核卷积层，也可以视作全连接层）；

⑥全连接得到84维F6（全连接层，神经元数量为84）；

⑦输出层对结果进行分类概率输出（神经元数量为10，对应10个数字类型）。

（二）CNN训练和优化

通常认为，没有无监督预训练的话，想直接对深度神经网络进行有监督训练非常困难，但CNN可以直接进行监督学习训练。CNN的训练包括信息前向传播和误差的反向传播两个阶段。

1. 前向传播阶段

首先，采用一些不同的小随机数对网络中的所有权值和偏置值进行随机初始化（此处使用“小随机数”能保证网络不会因为权值过大而进入饱和状态，进而导致训练失败），随机初始化的权值和偏置值的范围可为[-0.5，0.5]或者[-1，1]。

然后，输入图片，进行前向传播，也就是经过卷积层，经过ReLU和Pooling运算，最后到达全连接层进行分类，得到一个分类的结果，输出一个包含每个类预测的概率值的向量。

2. 反向传播阶段

计算误差，也就是代价函数，是用于衡量模型预测结果与实际结果之间差距的函数。代价函数可以有多种计算方法，比较常用的有平方和误差函数，参考式（3-5）：

$$Error=\frac{1}{2}\sum(\text{实际值}-\text{预测值})^2 \tag{3-5}$$

使用反向传播来计算网络中对应各个权重的误差的梯度，一般是使用梯度下降法来更新各个卷积核的权重值，从而尽可能地减小输出的误差。

模型将重复上述训练步骤，直到训练次数达到预设值。

四、经典CNN卷积网络

（一）CNN的四类发展趋势

CNN的发展趋势总体上可以分为网络加深、增加卷积模块的功能、任务的变化（从分类任务到检测任务）、增加新的功能单元四类，如图3-22所示。

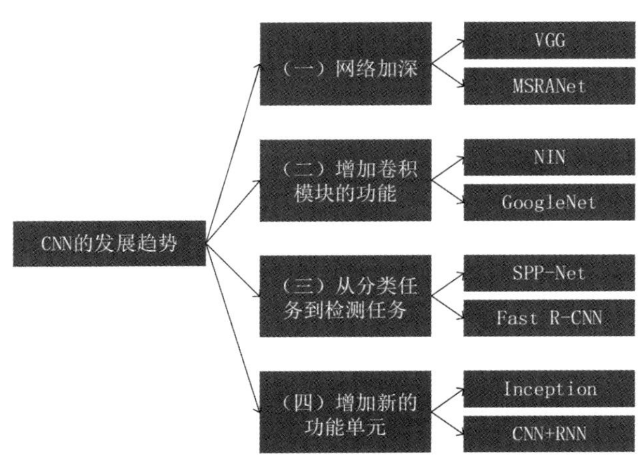

图3-22　CNN的四类发展趋势

1. 网络加深

从VGG16到VGG19，实验证明，不断加深的网络层数能够有效增强网络的性能，而现阶段的CNN模型普遍都具有较深的网络层次。为了防止网络层加深带来的梯度消失和爆炸问题，在原有的基础CNN模型之上，视觉几何组（Visual Geometry Group，VGG）提出的网络模型加入了各种手段（如增加残差模块、设置归一化层）来促进模型的收敛。

2. 增加卷积模块的功能

除堆叠网络层数外，不断增加卷积模块的功能也是增强网络性能的常用手段之一。Network In Network（NIN）提出了堆叠卷积过滤器来产生更高层的特征表示，在每个卷积层内增加一个微型网络，来计算和抽象每个局部区域的特征，使得网络可以在每个感受域获得更好的特征。

3. 任务的变化：从分类任务到检测任务

CNN网络多用于提取特征实现对象分类，但随着网络性能的不断改进，检测任务中也逐步引入了CNN模型。例如，SPP-Net模型在物体检测任务上表现得十分突出，只需要对一张图片运算一次特征图，就可以对任意尺寸的图片局部区域进行池化，得到一个固定尺寸的表示，整个表示可以用于训练检测器，避免了反复卷积运算。

4. 增加新的功能单元

传统的卷积操作都是在同一张特征图上进行反复地卷积，以获得多层次的特征表示，而一种新的发展趋势是将特征图通过拼接的方式得到一张深层次的特征图。以Inception模块为代表的新模型增添了新的功能单元，即将卷积核分成多个，使用不同的卷积核将输入图像并行地进行多个卷积运算或池化操作，得到输入图像的不同信息，获得更好的图像表征。此外，CNN和其他神经网络组合得到新的功能模块也是CNN发展的重要趋势，例如CNN与RNN结合的新模型网络，在视频标注等方面能够发挥重要的作用。

（二）VGG模型（Visual Geometry Group Network）

VGG是ILSVRC 2014挑战赛第二名的模型，由牛津大学的Visual Geometry Group开发。VGG探索了更深层次的网络结构图，整个网络由卷积层和全连接层叠加而成，可以看成是加深版的AlexNet。和AlexNet不同的是，VGG中使用了更小的卷积核（3×3），证明了小尺寸的卷积核在深度网络中能起到减少参数以及提升性能的效果。VGG展示出网络深度是模型优良性能的关键要素，其预训练的模型可以用于目标检测、图片风格化、图像检索等各种任务。

斯坦福大学李飞飞（Fei-Fei Li）教授主导开发了ImageNet，ImageNet数据集中包含了超过1400万张全尺寸的有标记图片。该数据集作为ImageNet大规模视觉识别挑战赛（ImageNet Large Scale Visual Recognition Challenge，ILSVRC）竞赛的数据集，在计算机视觉竞赛中具有重要的地位。VGG网络将ImageNet作为数据集进行训练和测试，其海量的图片对于测试和提升模型的性能有着巨大的帮助。

（三）ResNet（Residual Network）

ResNet是由何恺明人工智能团队开发的残差网络模型，获得了2015年ILSVRC挑战赛的冠军。ResNet通过使用残差模块（Residual Unit）成功训练了152层深的神经网络。理论和实验已经证明，神经网络的深度是表征网络复杂度的核心因素，深度在增加网络的复杂性方面十分有效。然而，随着深度的增加，训练会变得愈加困难，主要原因是在基于随机梯度下降的网络训练过程中，误差经过反向传播后非常容易引发梯度消失或者梯度爆炸的现象。为了避免在加深网络层数的同时发生梯度消失的问题，何恺明团队进行了大量实验并提出了残差模块。残差模块是将前一层的输出直接传送到后面层的输入中，即学习前一步的残差。它使得高层的梯度能够直接回传，并且让学习变得更简单，从而使训练几百层的神经网络变为可能。

残差网络通过添加一个短连接，将输入直接传递到非线性层的输出。这使得整个映射变为$y=H(X, W_h)+x$，其中$H(X, W_h)$是通过权重计算的非线性变换。一个具体的残差模块如图3-23所示：

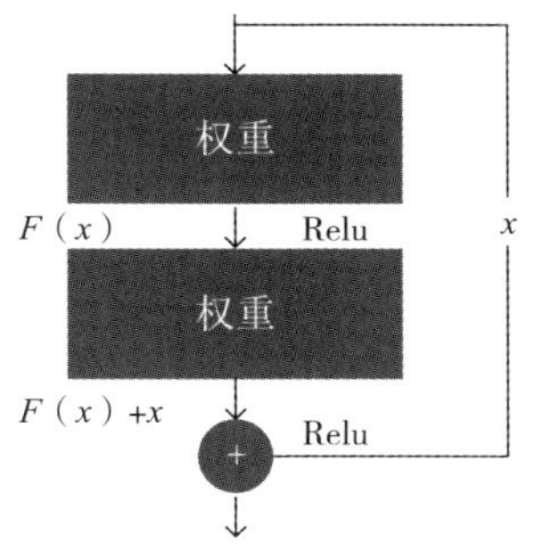

图3-23 残差模块示意图

宽残差网络（Wide Residual Networks，WRN）是谢尔盖（Sergey Zagoruyko）等提出的基于ResNet的变种网络。ResNet被证明能够扩展到数千层并且仍然具有改进的空间。然而，每提高1% 的准确率，层数会增加一倍，因此训练层数深的残差网络存在特征重复利用减少的问题，极大减慢了网络的训练速度。为了解决该问题，Sergey团队在此基础上提出了一种减少了残差网络的深度但增加了宽度的新颖架构，并将该网络结构称为宽残差网络。不论是训练精度还是训练速度，WRN都远超原始的ResNet。

第三节　生成对抗网络（GAN）

GAN（Generative Adversarial Networks）——生成对抗网络，近年来被广泛应用在图像生成等领域。目前，GAN的变种已经达到上千种，2019年计算机界的诺贝尔奖“图灵奖”得主、深度学习先驱之一的杨立昆也曾说：“GAN及其变种是数十年来机器学习领域最有趣的想法。”

一、GAN的简介

（一）图像生成

人工智能的出现及发展是为了使那些通常由人类来完成的智力任务自动化，人工智能模拟人类思维过程的可能性并不局限于被动性任务（如目标识别）和大多数反应性任务（如驾驶汽车），还包括创造性活动。计算机视觉（Computer Vision，CV）是一门研究如何使机器“看”的科学，人工智能的创造性在这一领域也得以展现。图像生成是该领域内的典型案例，也是目前创造性人工智能应用中最流行的部分。

图像生成是通过在图像的潜在空间（压缩数据的表示，是一个向量空间）中进行采样，以此创建新的图像或者是改变现有的图像。其核心思想是找到一个低维的潜在空间（Latent Space），以潜在点作为输入，通过映射将任意点转换为一张逼真的图像。对于GAN网络来说，实现这种映射的模块称为生成器（Generator），而在变分自编码器（Variational Autoencoder，VAE）中则称为解码器（Decoder）。

图像生成通常需要“编码—解码”两个步骤来实现。编码器（Encoder）将输入的图像转化成一个固定维度的稠密向量，多个卷积模块进行下采样，提取图像的潜在表示；解码器将这个潜在表示生成目标图像，通过多个反卷积模块进行上采样，从图像的潜在空间中采样生成新的图像。图像的潜在空间能够捕捉到关于图像数据集的统计信息，用深度学习进行图像生成，就是通过对潜在空间进行学习来实现的。通过对潜在空间中的点进行采样和解码，我们可以生成前所未有的图像。这种方法有两种重要工具：变分自编码器（VAE）和生成对抗网络（GAN）。VAE是在自编码器的基础上改良得到的，已成为图像生成的强大工具。首先介绍一下自编码器的概念，它是一种生成式模型，核心思想是将输入对象编码到低维的潜在空间再进行解码，适用于利用概念向量进行图像编辑的任务。VAE向自编码器添加统计方面的优化，得到的是高度结构化的、连续的潜在表示。因此，它在潜在空间中进行各种图像编辑的效果很好，比如换脸（将皱眉脸换成微笑脸等）。VAE制作基于潜在空间的动画效果也很好，比如，沿着潜在空间的一个横截面移动，从而以连续的方式显示出从一张起始图像缓慢变化为不同图像的效果。

（二）生成对抗网络（GAN）的提出

2014年，伊恩·古德菲勒（Ian Goodfellow）等提出了生成对抗网络模型。这个网络的设计思想是建立两个模块，一个负责生成，一个负责判断，通过不断地相互博弈进行学习，提升整体生成效果。GAN与VAE都是使用随机噪声生成数据，并且在建模分布时都需要度量训练数据和噪声的分布差异。不同的是，VAE的目的是学习建模数据分布及其隐含表示，而GAN采用生成对抗的方法来替代VAE学习图像的潜在空间，目的只是生成新图片。在图像生成任务中，最简单的一种VAE实现是假设图像的潜在空间是一组高斯分布的，它虽然能够达到很好的生成效果，但是不能够满足图像生成的多样性要求，因此在一些图像生成任务中，我们通常使用GAN来完成。

GAN的核心思想是生成对抗，可以这样理解：一方是造假方，另一方要辨别真伪，两者的对抗博弈表现为造假方为了尽可能骗过辨别方，从而不断提高自己的造假技术，使其看起来更像真的；辨别方要不断地学习真品是什么样的，提升自己的辨假能力，迎接造假方的挑战。想象有一名画作伪造者试图模仿一幅毕加索的画，在最开始，伪造者没有什么经验，仿出来的画作有很多纰漏，他将假画与真画混在一起交给画商，但画商轻易就认出了假画并指出在哪些地方与真画有出入。伪造者根据这些反馈弥补了这些纰漏，并在每一次碰壁后都更加钻研如何才能使画作模仿得更像，于是他的模仿能力越来越强，仿造的画越来越像真的。而另一边，画商为了不让自己被骗而买到假画，也不断地提升自己的辨别能力。多次循环之后，他们手上得到的便是一些优秀的毕加索画作赝品。

总的来说，GAN的原理就是一个造假网络和一个辨别网络为了战胜对方的最终目的从而不断训练（图3-24）。GAN有两个组成部分：

①生成器（Generator）：以潜在空间的随机向量为输入，并将它解码成一张合成图像。

②判别器（Discriminator）：以真实或合成图像为输入，判断其是真实图像还是生成器合成的图像。

生成器的学习是为了能够欺骗判别器，因此，随着训练次数的增加，生成的图像越来越趋于真实，以致判别器很难辨别是真实图像还是生成的图像。同时，判别器也在不断提高判别能力来区分越来越真实的生成图像，为图像的真实性设立更高标准。多次对抗后，生成器就能够生成以假乱真的图片。

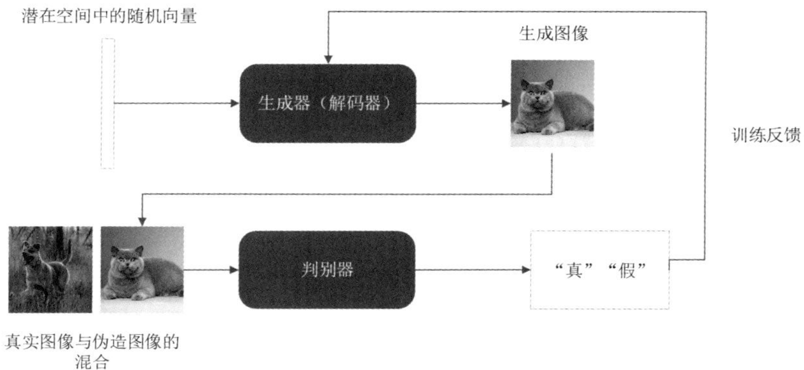

图3-24 GAN工作原理

在图像生成任务中，GAN网络具有一定优势。首先，GAN能够更好地建模数据分布，生成更清晰的图像；其次，GAN对生成网络的要求更宽泛，适用性更广；最后，GAN不需要利用马尔可夫链反复采样，省去了学习过程的推断，减少了计算难度。不过GAN也有一定的缺陷，比如想要获得好的训练效果，就必须保证生成器和判别器尽可能同步，然而这在实际训练中很难实现，训练过程常常不稳定；另外，训练过程可能会出现模式缺陷，导致样本重复，使得模型不能继续学习。

二、GAN的组成和基本框架

如图3-25所示，生成器从输入数据集中学习，生成尽可能真实的图片，再将生成器的输出图片与真实图片一同输入到判别器中。判别器实际上相当于一个分类器，对输入的数据进行真或假的二分类，见式（3-6）：

$$\min_{G}\max_{D} V(D,G) = E_{x\sim P_{data}(x)}[\log D(x)] + E_{z\sim P_z(z)}[\log(1-D(G(Z)))] \qquad (3-6)$$

G代表生成器，D代表判别器，x表示真实数据，P_{data}表示真实数据概率密度分布，z表示随机输入数据（高斯噪声）。定义输入噪声的先验变量P_z（z），学习生成器关于数据x的分布P_g，用G（z；θ_g）代表数据空间的映射。再定义多层感知机D（x；θ_d），输出单独标量来表示输入数据为真实数据的概率。训练过程中，我们交替进行以下两个步骤：

①固定G，$\max V$（G，D），训练D，让D具有更好的辨别能力，使其能够更准确地区分真实数据和生成数据。

②固定D，$\min V$（G，D），训练G，让G生成的样本和真实样本的分布更接近。

通过以上两个步骤的交替优化，生成器和判别器将共同提升。最终，生成器能够生成足够逼真的图像，使判别器难分真假。

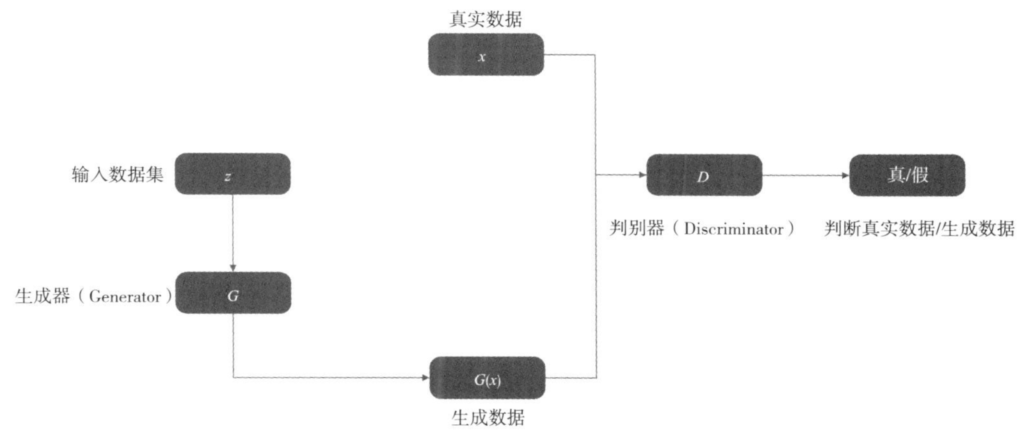

图3-25　GAN基本组成

（一）生成器

生成器以图片或低维数据作为输入，输出图片或图片的向量表示，通过在图像的潜在空间中进行采样来生成图像（图3-26）。

当输入为低维数据时，生成器由反卷积模块（仅Decoder）组成，当输入为图像时，生成器由卷积模块和反卷积模块组成（Encoder+Decoder）。生成器的目标是使生成出来的数据在分布上与真实数据相同，其优化目标则是使生成图像被判别器判定为真，输出的概率越来越接近1。

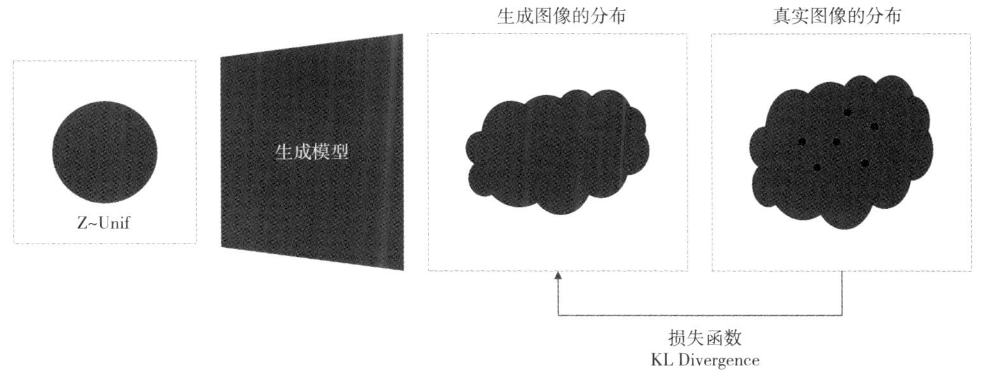

图3-26　GAN生成器

（二）判别器

判别器的输入是一组图片，这组图片由生成器生成的图像和真实样本数据集中的真实图像组成。其输出就是要对这两张图像进行真假分类，判定生成器生成的图像是否都为真，本质上是判断生成图像与真实样本是不是在分布上相同，真为1，假为0（图3-27）。

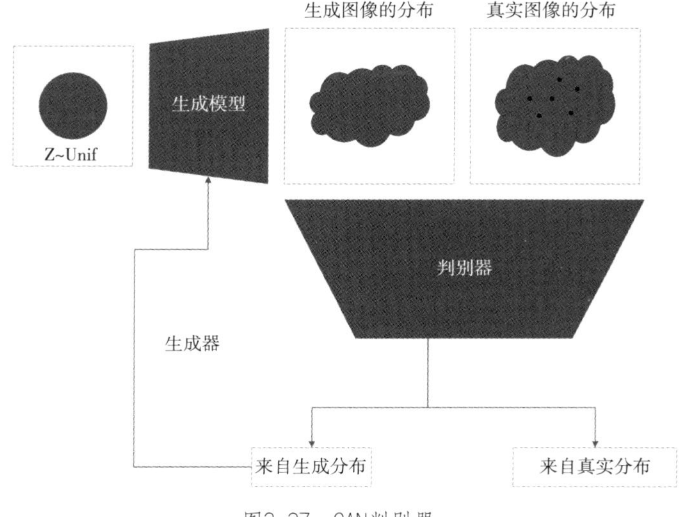

图3-27　GAN判别器

三、GAN的运行原理

在生成器中输入随机向量（Random Vector），输出得到一张生成的假图像（Fake Image），同时在训练数据集中索引获得一张真实图像（Real Image）。将生成图像与真实图像一同输入判别网络中，通过判别模型判断真假（图3-28）。在对抗网络中，生成器部分和判别器部分并不是一成不变的，它们可以由不同的神经网络构成。

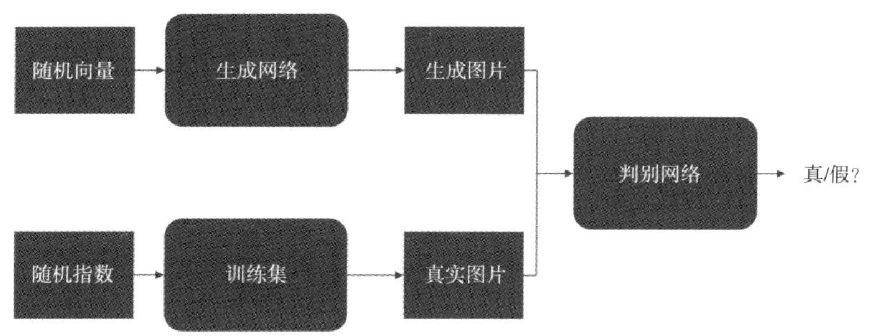

图3-28　GAN运行原理

（一）GAN的前向传播

已知生成器和判别器是在相互对抗中提升能力，生成器生成假数据，再输入判别器进行判断，这一阶段称为前向传播阶段。

模型的输入：①产生一个随机向量z，输入生成器，生成器输出一个新向量，作为假图片，记为$G(z)$；②随机选取数据集中的一张图片，将其转化为向量，作为真图片，记为x。

模型的输出：将生成器生成的假图片$G(z)$和真图片x作为判别器的输入，并分别标记为0和1，判别器的输入类型为$(G(z), 0)$或者$(x, 1)$。判别器输出一个范围在0到1之间的数字，输出越接近1，判别器越认为输入的是真图片；输出越接近0，判别器越认为输入的是假图片。

（二）GAN的反向传播

GAN的反向传播则是根据判别器的判断，优化判别器和生成器。优化D为式（3-7）：

$$\max_D V(D,G) = E_{Z\sim P_{data}(x)}[\log(D(x))] + E_{z\sim P(z)}[\log(1-D(G(z)))] \quad (3\text{-}7)$$

使真样本x输入时的结果最大程度上接近1；同时最小化$G(z)$，越接近0越好。在该公式中为了统一两者的计算，将第二项改为了$1-D(G(z))$，这样公式整体就是越大越好。优化G为式（3-8）：

$$\min_G V(D,G) = E_{Z\sim P_z(z)}[\log(1-D(G(z)))] \quad (3\text{-}8)$$

优化G时，由于G相关的只有假样本，希望假样本越真实越好，即得出的假样本标签为1，为了形式统一，则改写为$1-D(G(z))$。

整体优化函数为式（3-9）：

$$\min_G \max_D V(D,G) = E_{x\sim P_{data}(x)}[\log(D(x))] + E_{z\sim P_z(z)}[\log(1-D(G(z)))] \quad (3\text{-}9)$$

判别器模型的损失函数式（3-10）：

$$-((1-y)\log(1-D(G(z))) + y\log D(x)) \quad (3\text{-}10)$$

当输入为数据集中的真实图片时，计算第二部分，此时判别模型的输出是$D(x)$，x为真实数据的概率，我们希望使输出$D(x)$最大化接近1。当输入为生成数据时，计算前一部分，此时判别模型的输出为$G(z)$，我们希望最小化$D(G(z))$趋近于0。这样一来，将使判别模型的区分能力增强。

生成器模型的损失函数为式（3-11）：

$$(1-y)\log(1-D(G(z))) \quad (3\text{-}11)$$

对于生成器，我们希望$G(z)$产生的数据与数据集内的数据越像越好，数据分布相同。因此，最小化生成网络的误差，只将$G(z)$产生的误差传给生成网络进行更新。需要注意的是，判别网络的预测结果不同，生成器的梯度更新方向也会不同。判别网络判断正确或错误时，梯度更新方向需进行相应的改变。

最终损失函数为式（3-12）：

$$(1-y)\log(1-D(G(z)))(2\times\overline{D}(G(z))-1) \quad (3\text{-}12)$$

D为判别器的预测类别，根据输出概率数值进行取证，归为0或1，更改梯度方向，正常阈值为0.5。

四、GAN的经典衍生网络

生成器（Generator，后文简称G）和判别器（Discriminator，后文简称D）之间一直是一个对抗进步的状态，在过程中，G和D的进步速度要保持尽量同步，必须保证双方都可以从对方那里学到东西，或快或慢都会使训练不稳定。一般来说，G训练一次，D训练一次，在D没有更新的状态下，G不能进行太多次数的训练。即使如此，GAN的训练稳定性依然无法完全得到保证，并且目前的GAN网络仍很难生成分辨率高且清晰度高的图片。GAN在提升训练过程中的稳定性上，还有一段路要走。

GAN一经提出就被迅速应用到各个领域，并且产生了非常惊人的效果。但是，GAN本身也存在着一些局限性。正如GAN的提出者Goodfellow所说的那样，由于其结构特性，GAN在训练过程中会产生稳定性问题。在GAN的实际应用中，陆续出现了各种各样的新需求，因此，在现有研究的基础上，根据不同需求对GAN进行了优化，这里举几个例子：在使GAN按给定特征生成图片方面，出现了条件对抗生成网络（Conditional GAN，CGAN）；在提高GAN的稳定性方面，出现了以CNN（深度卷积神经网络）与GAN相结合的解决方法——深度卷积生成对抗网络（Deep Convolutional GAN，DCGAN）；在使生成图像更加真实的需求上，产生了VAE（变分自编码器）与GAN相结合的变分自编码器生成对抗网络（VAE-GAN）。

（一）CGAN条件对抗生成网络

在图像生成任务中，我们既希望生成的图像质量好，又希望生成的是我们想要的图片。在此任务上，原始的GAN的生成器只能根据随机噪声生成图像，模型经过生成器和判别器之间不断地博弈，生成了接近真实数据的输出数据。但是这个图像是什么，它有什么含义我们无从得知，判别器的唯一目标是判断该图片是否为真，是否为生成器生成的假图片，仅此而已。在很多情况下，我们对目标输出的要求不仅仅是“真实”这一项，我们还希望它能够以其他特征要求进行数据生成，即要求GAN能够根据我们给定的条件约束来生成数据，这就产生了CGAN。

CGAN是在GAN基础上的衍生改进，由Mirza和Osindero于2014年在题为“Conditional Generative Adversarial Nets”的论文中提出。CGAN的原理是给传统GAN的生成器和判别器添加一定的条件信息来训练生成模型，这些条件信息可以是类别标签或者其他辅助信息。假设图片为x，条件为c，在CGAN中，我们要做的不仅是要确保输出图片x尽量真实，也要让输出图片满足条件c。那么与GAN相比，CGAN的区别在于它的判别网络在进行判别时，要同时输入c和x，判断x是否真实，判断c和x是不是匹配（图3-29）。

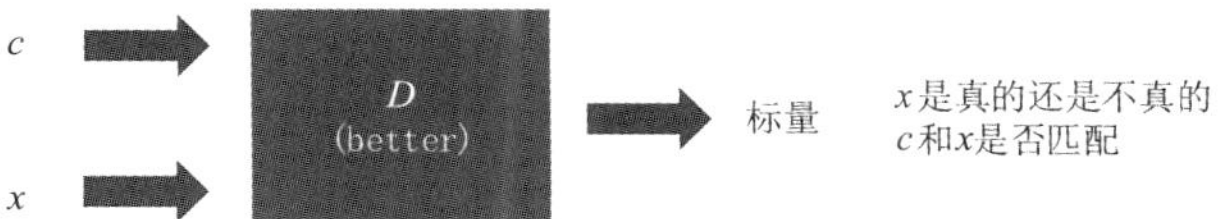

图3-29 判别器输入c和x

举个例子，我们向生成网络中输入一个条件c，是自行车（bike），那么我们希望得到的图片就是一辆自行车。如果生成器的输出确实是自行车图片，那么D的判断就会为1。

（bike，）——1

对于以下两种情况，判别网络都会判断为假，输出0：图片与条件不匹配，或图片本身不真实。

（bike，）——0；（bike，）——0

CGAN的原理与实现：

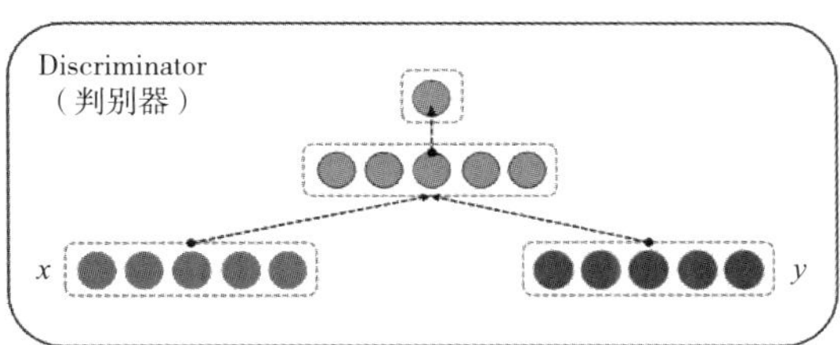

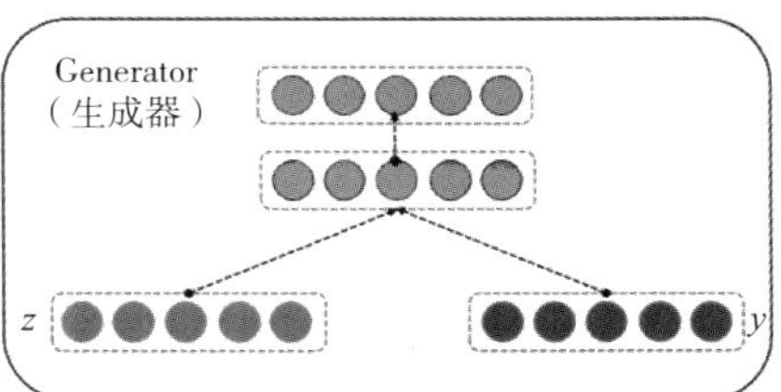

图3-30 CGAN工作原理

从图3-30中可以看出，CGAN的网络相较于原始GAN网络并没有什么变化，改变的只是生成器和判别器的输入层，添加了额外的图像标签信息。

CGAN核心就是判断什么样的（c，x）组合为真，什么样的（c，x）组合为假，体现在数值上就是一个分高一个分低。

判别网络的表达式为式（3-13）：

$$\tilde{V} = \frac{1}{m}\sum_{i=1}^{m}\log D(c^i,x^i) + \frac{1}{m}\sum_{i=1}^{m}\log(1-D(c^i,\tilde{x}^i)) + \frac{1}{m}\sum_{i=1}^{m}\log(1-D(c^i,\hat{x}^i)) \quad (3\text{–}13)$$

生成网络表达式为式（3-14）：

$$\tilde{V} = \frac{1}{m}\sum_{i=1}^{m}\log(D(G(c^i,z^i))) \quad (3\text{–}14)$$

CGAN最终表达式为式（3-15）：

$$\min_G \max_D V(D,G) = E_{x\sim P_{data}(x)}[\log D(x \mid y)] + E_{z\sim P_z(z)}[\log(1-D(G(z \mid y)))] \quad (3\text{-}15)$$

（二）DCGAN深度卷积生成对抗网络

CNN自被创造及应用以来，一直都是以有监督学习（Supervised Learning）的方式进行，而在无监督学习方面，CNN一直没有较大的突破。GAN虽然属于无监督学习，但是它的模型训练稳定性得不到保证，生成过程不可控，不具备可解释性，并且有时会生成无意义的输出。深度卷积生成对抗网络（DCGAN）结合了二者的优势，将原始GAN的生成网络和判别网络替换成了卷积神经网络，对卷积神经网络的结构进行调整，以此提高收敛速度和样本质量。

调整及改变：取消所有的池化层，将微步幅卷积（Fractionally Strided Convolution）用于生成网络中代替池化层，将步幅卷积（Strided Convolution）用于判别网络代替池化层；在生成网络和判别网络中同时使用批标准化；去掉CNN的全连接层，将网络变为全卷积网络；生成网络中用线性整流函数作激活函数，在最后一层用双曲正切函数（tanh）；在判别网络中用带泄露修正线性单元（Leaky ReLU）作激活函数。

生成网络的输入为100维噪声，经四层卷积层生成$64 \times 64 \times 3$的图片输出。在四层卷积层中，输入每通过一个卷积层，其通道数量会减半，长宽增大一倍。

生成网络的损失函数为式（3-16）：

$$E_{z\sim P_z}[-\log(D(G(z)))] \quad (3\text{-}16)$$

判别网络的损失函数为式（3-17）：

$$H(p,q) = -\sum\nolimits_x p(x)\log q(x) \quad (3\text{-}17)$$

DCGAN的表达式为式（3-18）：

$$\min_G \max_D V(D,G) = E_{x\sim P_x}[\log(D(x))] + E_{z\sim P_z}[-\log(D(G(z)))] \quad (3\text{-}18)$$

（三）VAE-GAN变分自编码器生成对抗网络

VAE-GAN是变分自编码器和生成对抗网络的结合，弥补了两者单独使用时存在的一些短板。自编码器网络由编码器和解码器组成，在特征提取上具有优势，它能生成结构化、连续的图像，但问题在于其中的decoder并不能作为一个很好的生成器，生成的图像很模糊；GAN由于有判别网络，生成的图像虽然相对清晰，但又存在生成图像缺乏解释性和不真实的问题。因此通过VAE与GAN的结合，我们能够生成清晰、结构化的、连续的图像。VAE-GAN于2016年发表的题为“Autoencoding beyond pixels using a learned similarity metric”的论文中提出。

VAE-GAN的原理与实现（图3-31）：

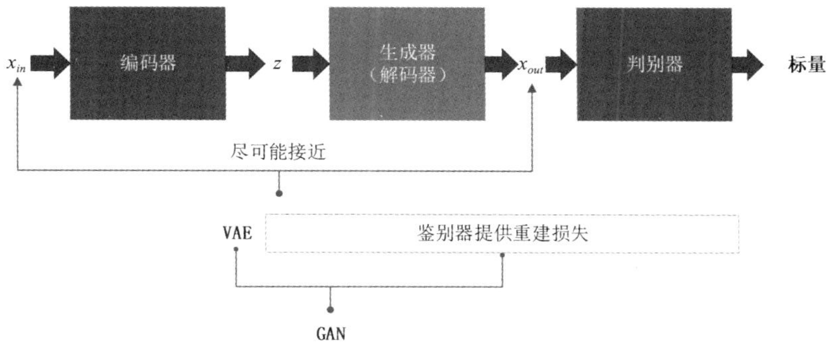

图3-31　VAE-GAN工作原理

输入真实图像x_{in}，通过编码器生成潜在表示z，将z输入生成网络，即解码器中，输出生成图像x_{out}。VAE希望最小化x_{out}与x_{in}之间的损失，但是损失小并不代表图片会清晰，因此x_{out}会被输入到一个判别网络中，再让判别网络去判断输入的图片是生成的还是真实的，这样就可以在保证x_{out}与x_{in}相似的同时，增强清晰度。

VAE的损失函数表达式为式（3-19）：

$$L_{VAE}=-E_{q(z|x)}\left[\log\frac{p(x|z)p(z)}{q(z|x)}\right]=L_{like}^{pixel}+L_{prior} \tag{3-19}$$

GAN的损失函数表达式为式（3-20）：

$$L_{GAN}=\log(Dis(x))+\log(1-Dis(Gen(z))) \tag{3-20}$$

第四节　循环神经网络（RNN）

本节将介绍循环神经网络，RNN是一类用于处理序列数据的神经网络，在语音识别、机器翻译、语言建模等相关的自然语言处理领域中有着广泛的应用。

一、RNN简介

（一）RNN的提出：处理序列数据

普通的算法（如卷积神经网络）大多只能够处理单个数据的输入输出，并且前后不同的输入之间没有相应的联系，尤其是处理涉及序列的特殊任务（如语言文本的处理）时，普通的神经网络难以胜任这个任务。RNN的提出正是为了处理类似的任务，更好地解决序列、相互依赖的数据流等相关问题。例如，在理解一个文段时，孤立地理解单个词汇难以把握整段文本所表达的含义，因此需要处理整个文本序列以获得相关的语义。

以一个简单自然语言处理序列任务为例，将“设计师”“学习”“人工智能”三个单词标注词性为“设计师/*n*”“学习/*v*”“人工智能/*n*”。输入数据：“设计师”“学习”“人工智能”，输出数据：“*n*，*v*，*n*”。显然，上一个词汇对于当前词汇的词性判断产生了较大的影响。如预测“人工智能”的词性，由于“学习”是一个动词，那么根据语法规则，“人工智能”为名词的概率就会大于为动词的概率，这时就需要RNN这类处理序列任务的网络来处理相关任务。

（二）RNN的早期发展

1\. 灵感来源

1933年西班牙神经生物学家拉斐尔（Rafael Lorente de Nò）提出了“反响回路”假设，他发现大脑皮层的结构允许刺激信号在神经回路中循环传递，该假设被认为是生物拥有短暂记忆的原因之一。随着神经生物学的进一步发展，人们发现大脑阿尔法节律调控着反响回路的兴奋和抑制，并在运动神经中形成循环反馈系统。这种循环反馈系统为RNN的设计带来了启发。

2\. Hopfield Network

RNN最早的雏形出现于1982年，美国加州理工学院的约翰·霍普菲尔德（John Hopfield）设计了一种单层反馈神经网络Hopfield Network，用于解决优化组合的问题。Hopfield网络是一种循环神经网络模型，它由一组互相连接的神经元组成。其中的所有神经元都互相连接且没有分层。每个神经元承担着输入和输出的任务，没有隐含层，并且不同神经元之间的连接权重是相互对称的。

3\. 简单循环网络（Simple Recurrent Network，SRN）

1986年，美国国家工程学院院士迈克尔·I. 乔丹（Michael I.Jordan）在分布式并行处理理论下提出Jordan Network。在Jordan Network中，每个隐含层节点都与一个状态单元相连，以实现延时输入，并使用logistic函数作为激活函数。1990年，美国认知科学家、心理语言学家杰弗里·艾尔曼（Jeffrey Elman）在Jordan Network基础上提出了第一个全连接的简单循环网络模型，该简单循环网络是只有一个隐藏层的神经网络，还增加了从隐藏层到隐藏层的反馈连接。

二、RNN原理

（一）RNN的结构

1\. 基本组成

从网络结构上来说，循环神经网络能够记忆之前的信息，并利用之前的信息影响后面节点的输出，即循环神经网络的隐含层之间的节点是有连接的。RNN的基本结构由三部分组成：输入层、隐含层和输出层。与CNN相比，RNN中的隐含层的神经元具有反馈的机制，隐含层的输入不仅包括输入层的输出，还包括前面隐含层的输出，所以能够实现前后文的信息传递，从而使RNN具备了处理序列任务的能力。图3-32是RNN的局部结构示意图。

其中，X_t为输入层，H_t为带有循环的隐含层，Y_t为输出层。其中，隐含层包含一个循环，展开后的网络结构如图3-33所示。

循环神经网络将一定长度的序列数据作为训练集，完成训练后，预测下一时刻的输出。网络在t时刻接收到输入X_t之后，隐含层的值是H_t，输出值是Y_t。值得一提的是，H_t的值不仅仅取决于X_t，还取决于H_{t-1}。

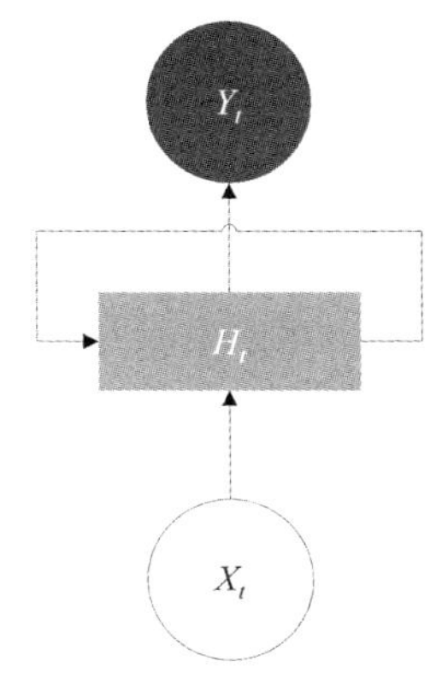

图3-32　RNN局部结构示意图

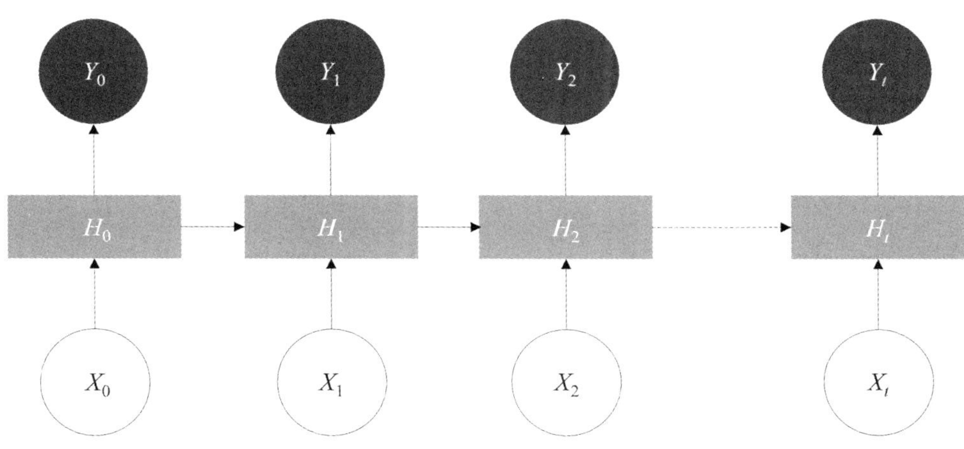

图3-33　RNN网络结构图

2. 公式表示

可以用式（3-21）来表示循环神经网络的计算方法。

$$
\begin{aligned}
O_t &= g(V \cdot H_t) \\
H_t &= f(U \cdot X_t + W \cdot H_{t-1})
\end{aligned}
\tag{3-21}
$$

t代表时间维度，H_t代表第t个时间维度的隐含状态，是同一个时间X_t的输入函数。U是权重函数，能够影响X_t。W是隐含状态矩阵，被称为转移矩阵。H_{t-1}代表t的上一个时间$t-1$的隐含状态。权重输入（$U \cdot X_t$）、隐含状态（$W \cdot H_{t-1}$）的和是激活函数$f(\ )$的变量，其中$f(\ )$为logistic函数或tanh函数，其目的是将极大或极小值压缩到逻辑空间中，并使梯度用于反向传播，调整权重，降低损失误差。反馈循环发生在序列的每个时间维度中，每个隐含状态H_t不仅包含前一个隐含状态，还包含了H_{t-1}前的所有的隐含状态。

（二）RNN的优势

1. 数据序列建模

RNN能够对具有序列特征的数据进行建模，挖掘数据样本中的序列信息和语义信息，特别是在描述连续时间状态的输出时，使其具有“记忆”功能。以文本翻译为例，一个句子经过向量化后，再经过RNN网络的传导运算，然后生成另一种语言的语句，在实现理解语言结构的同时，生成对应语言的翻译结果。相比传统的机械翻译，这种方式在翻译质量、语法规范上有了巨大的提升。

2. 模型结合

RNN在序列处理上的巨大优势，使其得以在多个领域与CNN等其他经典网络模型一起结合使用，让信息同时具有时间和空间上的特性。例如，RNN与CNN卷积层一起使用，可以扩展有效像素域、对图片进行标注或对视频行为分类等。

三、原始RNN存在的问题

（一）梯度消失、梯度爆炸

原始RNN存在的最严重的问题就是梯度消失和梯度爆炸。从数学模型上来看，随着时间序列的延长，权重w会产生长距离依赖，激活函数求导时会趋近于1或0，这便是导致梯度消失或爆炸的直接原因。

（二）训练速度

RNN训练的速度很慢，每个时间步的计算都依赖于对前一时间步的计算结果和输出。尤其是处理长序列时，训练时间长的问题会更加突出。与CNN能够堆叠几百甚至上千层不同，RNN模型能够堆叠的层数也因训练速度的问题而受到限制。

（三）长距离依赖

循环神经网络在训练过程中受梯度消失或爆炸问题的影响，很难建模长时间间隔的状态之间的依赖关系。RNN隐含层通过循环结构建立记忆，当下的隐含层状态包含前面的状态输入，这种特殊的设计使得RNN能够保存处理序列任务的复杂信号。当待预测信息和相关信息的间隔较小时，RNN能够准确地利用过去的相关信息处理当前的任务。例如，预测“循环神经网络属于深度学习”这句话的最后一个词“深度学习”时，由于“循环神经网络”与“深度学习”之间的间隔较短，所以很容易预测。

但是，当有效信息与待预测信息相隔较远时，RNN在文本预测上的性能就会急剧下降。例如，“循环神经网络是一个性能优异的神经网络，在自然语言处理上展现了优异的性能，从属于深度学习”，在这种较长的文本信息传递中，RNN较难建立相应的依赖关系。

四、RNN的改进算法——长短期记忆网络（Long Short-Term Memory，LSTM）

RNN在训练中存在梯度爆炸和梯度消失等问题，导致训练时的梯度不能在长序列中一直传递下去，从而使RNN无法获取长距离的信息。为解决RNN梯度消失等问题，德国计算机科学家于尔根·施密德胡伯（Jürgen Schmidhuber）及其学生塞普·霍克利特（Sepp Hochreiter）等在1997年提出了长短期记忆网络（LSTM）。

1. LSTM单元

LSTM使用门控单元及记忆机制大大改善了RNN训练的问题。LSTM将隐含层替换成了一系列包含循环连接的子单元，每个储存单元的LSTM单元包括输入门、输出门、遗忘门。

输入门——发现应该使用输入中的哪个值来修改内存。为了做到这一点，首先使用Sigmoid函数将输入的数值压缩到0和1之间，再使用tanh函数处理这些信息，使其映射至-1到1之间，最终数值决定了信息的重要程度。见式（3-22）

$$\begin{aligned} i_t &= \sigma(W_i \cdot [h_{t-1}, x_t] + b_i) \\ C_t &= \tanh(W_c \cdot [h_{t-1}, x_t] + b_c) \end{aligned} \tag{3-22}$$

输出门——块的输入和内存用于决定输出。Sigmoid函数决定让哪些值通过0、1。tanh函数为传递的值赋予权重，决定它们的重要程度，范围为[-1，1]，并与Sigmoid的输出相乘，见式（3-23）

$$\begin{aligned} o_t &= \sigma(W_o[h_{t-1}, x_t] + b_o) \\ h_t &= o_t \cdot \tanh(C_t) \end{aligned} \tag{3-23}$$

遗忘门——确定要从块中丢弃哪些细节。它通过Sigmoid函数决定。这个函数会根据前一个时间步的输出（h_{t-1}）和当前的输入（X_t），为细胞状态C_{t-1}中的每个数字生成一个介于0和1之间的数字，见式（3-24）：

$$f_t = \sigma(W_f \cdot [h_{t-1}, x_t] + b_f) \tag{3-24}$$

LSTM单元是简单RNN的一种变体，它能够跨越多个时间步传递信息，并且保存信息以便后面使用。序列中的较早的信息可以通过LSTM单元传送到更晚的时间步，从而防止较早期的信号在运行过程中逐步消失（图3-34）。

2. LSTM数据流动

在LSTM单元的所有门中，每个门都可以打开或关闭；在每个时间步中，所有门都将重新组合开合状态。首先，将数据序列输入LSTM单元中，数据由多个点进入记忆单元。在输入门中，当前的输入和上一单元的输出进行组合。其次，数据进入遗忘门后，遗忘门决定新的输入进入、遗忘当前的状态或在当前时间步影响网络的输出。最后，在输出门根据激活函数的状态决定最终的输出。

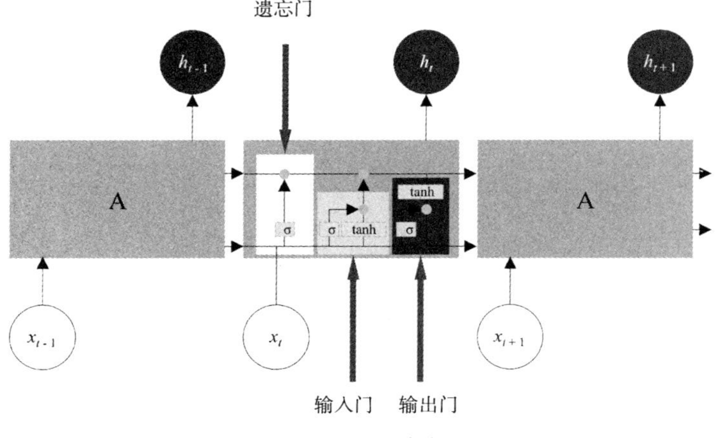

图3-34　LSTM结构图

3. LSTM的应用

LSTM在序列建模上的巨大优势，使其能够在自然语言处理、计算机视觉以及综合场景领域有突出表现：首先，在自然语言处理方面，LSTM能够进行语言建模、语音识别、机器翻译和文本生成等应用；其次，在计算机视觉上，LSTM在目标识别、图像生成和视觉追踪等方面有广泛的应用；最后，在图像标题生成、字幕生成等特殊的应用场景内，LSTM也能够发挥序列建模的优势，取得良好的效果。

参考文献

[1] HE K, ZHANG X, REN S, et al. Deep Residual Learning for Image Recognition[C]//Proceedings of the IEEE Conference on Computer Vision and Pattern Recognition. 2016: 770–778.

[2] KRIZHEVSKY A, SUTSKEVER I, HINTON G E. Imagenet classification with deep convolutional neural networks[J]. Advances in neural information processing systems, 2012, 25: 1097–1105.

[3] LECUN Y, BOTTOU L, BENGIO Y, et al. Gradient-based learning applied to document recognition[J]. Proceedings of the IEEE, 1998, 86(11): 2278–2324.

[4] TURKOGLU M O, THONG W, SPREEUWERS L, et al. A layer-based sequential framework for scene generation with gans[J]//Proceedings of the AAAI Conference on Artificial Intelligence. 2019, 33(01): 8901–8908.

[5] ODENA A, OLAH C, SHLENS J. Conditional image synthesis with auxiliary classifier GANs[C]//International conference on machine learning. PMLR, 2017, 70: 2642–2651.

[6] XU D, WANG Z. Semi-supervised semantic segmentation using an improved generative adversarial network[J]. Journal of Intelligent & Fuzzy Systems, 2021, 40(5): 9709-9719.

[7] LI Y, SWERSKY K, ZEMEL R. Generative Moment Matching Networks[C]//International Conference on Machine Learning. PMLR, 2015, 37: 1718-1727.

[8] ZHU J Y, KRÄHENBÜHL P, SHECHTMAN E, et al. Generative Visual Manipulation on the Natural Image Manifold[C]//European Conference on Computer Vision. Springer, Cham, 2016: 597-613.

[9] SALIMANS T, GOODFELLOW I, ZAREMBA W, et al. Improved Techniques for Training GANs[J]. International Conference on Neural Information Processing Systems, 2016: 2234-2242.

[10] LARSEN A B L, SØNDERBY S K, LAROCHELLE H, et al. Autoencoding beyond pixels using a learned similarity metric[C]//International conference on machine learning. PMLR, 2016, 48: 1558-1566.

第二篇

AI产品创新设计方法框架

本书的第四至六章主要介绍“人工智能+设计”中AI设计方法的实现，探讨了人工智能在实现生成内容与创作、智能交互与创新体验和计算机辅助设计方面的方法框架，以及相应的AI使用模式。

第四章
基于生成内容与创作的AI设计方法研究

本章包括以下内容：

- AI生成内容优势
- AI生成内容与创作类别
- AI如何生成内容与创作
- 典型案例

随着AI+时代的来临，下一代艺术设计创作将由人工智能驱动，AI将对艺术设计领域产生深远的影响。人工智能在算法的驱动下，在绘画、音乐、平面设计、参数化设计等专业领域中创造出了令人惊讶的作品。大规模生成内容的应用创作有希望重塑出一个全新的设计流程，探索潜在的设计空间。

本章首先分析了人工智能在内容与创作领域的优势，包括高效性与准确性、整合性与数据迭代性、探索性与创新性，均优于传统设计过程。其次，针对AI技术在绘画、音乐、平面设计和参数化设计领域的进展与应用，归纳总结AI改变生成内容设计流程的模式与方法。再次，探索了AI绘画生成、AI LOGO生成和AI椅子参数化生成的实现方式，构建AI生成内容模型框架。最后，通过介绍AI生成内容与创作的典型案例，进一步探寻AI技术在智能生成领域的应用可行性。

第一节　AI生成内容优势

在传统创意设计过程中，设计师凭借其专业设计知识、理解力、设计技能与设计技巧，能够成功地完成设计任务。但是这个过程通常周期长、效率低，并且易受设计师主观因素影响。如今，人工智能算法在艺术设计领域中有了一系列成功的应用案例，依托智能算法，AI生成内容在设计上具有区别于传统设计过程的诸多优势（图4-1）。

一、AI生成内容的高效性和准确性

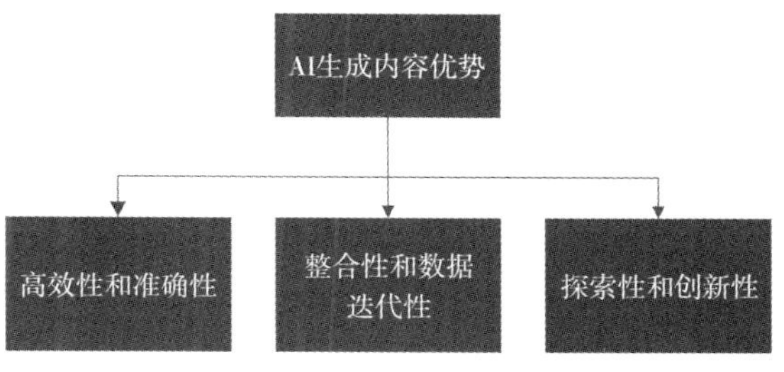

图4-1 AI生成内容的优势

AI最直观的优势就体现在高效性上，人工智能系统可以高效地、快速地处理大量数据，并能够以惊人的速度和效率生成设计创作的内容。在传统人力密集型设计中，人类设计师需要花费大量的精力去构思各种备选方案，而人工智能的出现克服了过去密集型设计在过程上的限制。设计实践中，传统人类设计师能够完成的设计任务被替换为AI自动化学习、生成和循环，并且超越了空间和时间的限制，在一定程度上显示了人工智能生成内容区别于人类设计师创作内容的典型特征。

AI生成的内容在准确性上也具有很大优势。AI在生成内容时以目标为导向，在解决特定问题方面变得越来越有价值，设计者可以调整输入图像内容的类型，以获得相应类型的目标输出，其创作过程不受人类干预，从而避免因主观情感等因素造成输出内容的不确定性。

二、AI生成内容的整合性和数据迭代性

人工智能系统的一个显著特征是它们能够在“外部”世界中主动“搜索”数据，并且整合外部数据不断迭代。大数据时代背景下，人工智能能够获取海量数据并能够根据不断更新的数据迭代变化，优化自身的算法模型，这个特性也提高了人工智能的探索性。基于收集到的不断更新的数据，人工智能系统可以通过接收反馈来改进结果，然后继续这个过程，也就是说人工智能在生成内容的过程中，不断接受外界的反馈，进而优化输出的结果。例如，苹果的Siri和谷歌翻译就是应用AI整合迭代功能的例子，新一代自主的以网络为中心的应用可以从不同的渠道收集数据。

三、AI生成内容的探索性和创新性

人工智能系统基于结合随机突变的算法，能够获得不可预测的结果，这种不受人类干预的生成结果不可预测，是AI探索潜在设计空间时的特有属性。例如，一个创作绘画的人工智能系统能够在学习大量作品后生成人们意想不到的设计作品，而不是简单地复制一个现有的作品。人工智能以目标为导向生成内容，处理数据并采取行动，探索潜在的设计方案。

第二节 AI生成内容与创作类别

AI生成的内容越来越多地出现在艺术设计领域，并逐步改变了设计的流程和方式。本节将概述AI在绘画、音乐、平面设计和参数化设计方面的案例，介绍AI在当前设计领域的进展和应用（图4-2）。

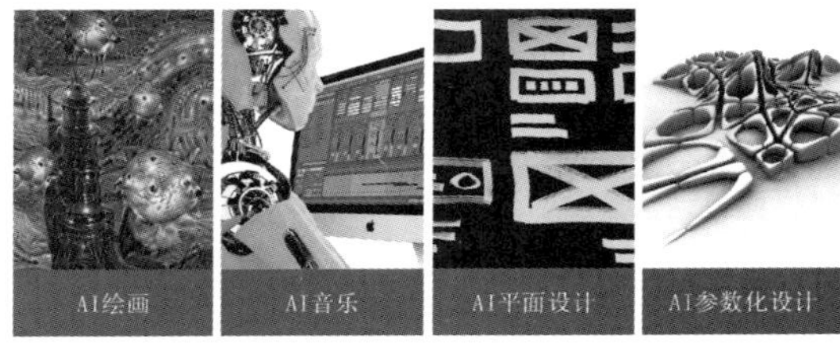

图4-2 AI生成的内容

一、AI绘画

随着人工智能技术在艺术领域的应用，AI绘画成了一个非常活跃的主题领域，是一种随着人工智能技术发展而出现的新兴艺术形式。与传统的人工绘画方式不同，AI绘画通过机器学习实现了生成全新绘画作品的目标。人工智能从诞生起就与绘画艺术创作有着密切的联系，二者相辅相成，密不可分。绘画创作具有人类思维活动的特性，创作时易受作者主观情感的影响，这种审美通常体现着作者的品位和当下的情绪，因此许多程序员对人工智能在艺术领域的应用产生了强烈的兴趣，越来越多的程序员尝试用人工智能技术自动创作绘画作品。

（一）绘画作品生成技术

1. 风格迁移

风格迁移是一种优化技术，它将一个内容图像和一个风格参考图像（如一个著名画家的作品）混合在一起，使输出的图像在风格上参考了指定图像风格并且看起来像内容图像。卷积神经网络（CNN）是风格迁移的主要算法之一。2016年，里昂·A. 盖茨（Leon A. Gatys）等提出了一个全新的模型，即使用卷积神经网络，将从目标图像生成纹理的模型用于训练。同年，Gatys等给出了风格转移的第一个例子，他们发现CNN的内容和风格是可以分离的。按照他们的方法，机器生成出综合了照片内容和艺术作品风格的新图像，即使用CNN从绘画和照片的组合中创建艺术图像。例如，将图像与梵高的《星月夜》的风格相结合（图4-3），生成了新的具有“星月夜风格”的绘画作品，得到

图4-3 风格迁移的生成流程

了良好的迁移效果。

2. 图像生成

图像生成是当前炙手可热的AI应用领域之一。通过开发和应用现有模型，AI可被训练用于生成新的图像。

图4-4 《艾德蒙·贝拉米肖像》

其中，一个成功且被广泛运用的做法是通过GAN技术，让AI在学习和模拟大量作品后生成全新的作品。AI从现有的艺术作品中学习生成图像，同时避免生成与现有艺术风格太相似的作品。GAN通常使用大量已有的绘画作品进行训练，还根据现有作品的标题为其作品创建标题。现阶段GAN生成的作品在一定程度上已经可以与人类艺术家的作品相媲美，《艾德蒙·贝拉米肖像》就是通过GAN算法创作的一件艺术品，2018年在佳士得拍卖行被高价拍出（图4-4）。

除了传统的生成对抗网络模型，还涌现出了一批新型的由文本到图像的图像生成模型，使AI绘画技术完成了指数级的飞跃。

DALL·E是由OpenAI于2021年发布的一个语言生成图像模型，与传统的图像生成模型不同，DALL·E可以根据文字描述生成图片。通过对DALL·E模型的升级，OpenAI推出了DALL·E 2，使模型生成的图像具有更高的分辨率和真实感。相较于其他模型，DALL·E 2的一大优势便是对文本描述的卓越理解能力，使其可以严格地把握图像的主题、风格、角度、内容等要素，生成符合用户需求的高质量图像。DALL·E 2的开发建立在对比语言图像预训练（Contrastive Language-Image Pre-training，CLIP）的基础上。CLIP同样由OpenAI开发，该模型在训练时对图像和文本进行对比学习，具有为输入图像输出最合理的标题的能力。然而，DALL·E 2的实际工作流程是一个unCLIP的过程。DALL·E 2会训练两个模型，包括接受文本标签并创建CLIP图像嵌入的Prior，以及接受CLIP图像嵌入并输出图像的Decoder。当用户输入文本（Prompt）时，Prompt会被转化为CLIP文本嵌入并被主成分分析降维，然后文本嵌入将创建图像嵌入并通过Decoder转化为图像，最后，图像经由卷积神经网络将其自身的分辨率放大。目前，DALL·E已经被应用于各类应用程序和产品中，如微软已在自己的搜索引擎Bing和浏览器Microsoft Edge中将DALL·E与Image Creator集成，允许用户在网络搜索没有结果时返回由DALL·E创建的图像，如图4-5所示。

Stable Diffusion也是一个近年出现的文本生成图像的模型，基于扩散模型（Diffusion Model，DM）实现。DM是基于Transformer的生成模型，它能够为自己采集到的数据不断添加噪声，直至难以识别。此外，DM会试图让图像回归到原始状态，并在此期间学习如何生成数据。然而，DM的训练存在GPU资源消耗大、推理成本高等问题，在保证

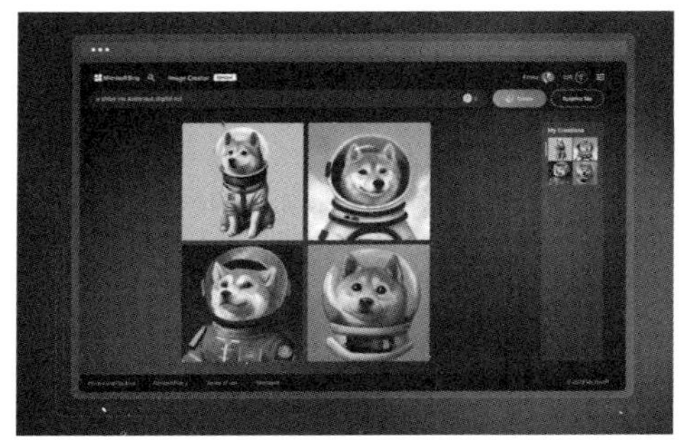

图4-5　在Microsoft Bing中使用DALL·E创建关于“一只柴犬宇航员，数字艺术”图像搜索结果

图4-6　使用Stable Diffusion生成的高质量图像

DM训练质量的前提下，为了减少资源分配，Stable Diffusion将其应用于预训练自动编码器，从而自动取舍复杂性和数据细节。Stable Diffusion还在模型结构中引入了交叉注意力层，使DM实现基于卷积的高质量文本图像生成。2023年7月27日，Stability AI宣布在GitHub上以开源的形式推出Stable Diffusion XL的首个正式版本，它包含35亿个参数，能在几秒钟内生成多种长宽比的、色彩鲜艳的、内容准确的高质量图像，如图4-6所示。

不论是在专业绘画领域，还是普通的业余创作领域，AI绘画正以一种全新的形式冲击着艺术设计的固有概念。

（二）人工智能绘画的应用现状

人工智能在艺术绘画领域已经有了诸多应用，区别于以前仅是作为辅助艺术家创作的工具，人工智能绘画已经开始转变为合作者或创作伙伴，并有可能成为自主创作的实体。

1. 绘画重构

基于原有的绘画作品进行再创作，要求创作者具备天马行空的思想和创新意识。相较之下，使用AI绘画可以不断重构原有的作品，最终得到令人惊叹的画作。DeepDream是由Google工程师亚历山大·莫尔德文采夫（Alexander Mordvintsey）创建的计算机视觉程序，该程序使用卷积神经网络，通过算法查找并增强绘画中的图案，从而在故意过度处理的图像中产生了类似梦境般的幻觉外观。

2. 人机交互绘画

普通大众的绘画创作受到自身技法等条件限制，很难创作出令自己满意的艺术作品。人机交互绘画的出现，能够辅助普通创作者创作出具有高度美感的专业画作。产品设计和开发公司Cambridge Consultants开发了“Vincent”，这是机器学习在艺术领域的又一新突破。Vincent基于人类素描作品自动生成完整作品，生成的“艺术品”将用户的素描与蕴含了各种风格的抽象艺术品相结合。基于多个生成对抗网络（GAN），Vincent能够创作出自文艺复兴时期起的各类风格的画作，并持续研究这些作品，加深对颜色、对比度和纹理变化的理解。经过训练，Vincent能够解读绘画中的重要边缘，并利用这种理解来产生完整的图片（图4-7）。

图4-7 Vincent的生成界面

3. 模仿绘画风格

受限于时间的跨度，绘画大师终其一生创作的精品数量都是有限的。随着人工智能算法在绘画领域的应用，AI在广泛学习大师的画作后创作出了带有类似风格的绘画作品。2016年，一幅名叫《下一个伦勃朗》的绘画作品在世人面前亮相（图4-8），这是一个模仿伦勃朗艺术风格绘画创作的项目，目标是将人类画家伦勃朗的绘画方法数字化。一旦算法学习了该画家的风格，它将独创出一个全新的伦勃朗艺术作品。为了确保项目的进行，来自不同领域的专家收集了大量关于伦勃朗的绘画、纹理、几何图形、构图模式、画笔类型的数据，并使用面部识别技术创建了一个深度学习算法来定位他绘画中存在的所有面部模式。AI算法在广泛学习伦勃朗的作品后，训练生成了令人惊叹的《下一个伦勃朗》这幅作品。

图4-8 《下一个伦勃朗》

（三）AI对绘画发展的影响

人工智能绘画的发展在一定程度上改变了大众对绘画创作的认知，就如历史上相机的发明，改变了传统绘画力求真实、还原原貌的创作特点，转而影响了绘画创作，使其朝着高度抽象化发展。AI绘画的出现和兴起或许也将推动绘画朝着新的方向发展。

1. 画作修复

大量的古代绘画由于保存不当等原因，造成了部分的损坏与缺失。例如，传世名画《富春山居图》，是元代画家黄公望的代表名作。数百年的流转使得画卷中出现了几处残缺，这些残缺让众多书画爱好者痛心疾首。浙江大学之江实验室推出的AI画家“墨染”，能够通过大数据深度学习算法，修复残缺的画作，在书画文物的修复上发挥巨大的作用。

2. 灵感借鉴

绘画创作通常是创作者在特定环境下的灵感迸发，持续性的创意输出对于创作者来说是一个不小的挑战。与人工创作不同，AI绘画的输出具有稳定、持续的特点，并且生成的作品与现有的作品不同，能够在人类创作者灵感枯竭时给予大量的借鉴素材。

3. 技法学习

技法的学习是传统绘画学习过程中的重中之重，大量地临摹名家作品，学习借鉴并融合各家所长，是一个优秀画家成长的必经之路。AI绘画将这一步骤由漫长的人工学习转变为机器学习，学习的效率和数量超过了历史上所有卓越的画家。AI绘画还能够帮助普通用户以多元的方式参与书画创作，拉近了艺术和生活的距离。

二、AI音乐

基于人工智能的音乐创作通常也被称为算法音乐创作。早在计算机出现之前，运用算法创作音乐的第一个有记录案例是莫扎特的《骰子音乐》，通过随机连接（投掷骰子的方式）预定风格（给定《奥地利圆舞曲》）的音乐片段来生成音乐作品。

在第一台计算机发明后不久，20世纪50年代末便出现了第一首由计算机创作的音乐。这是算法音乐创作的早期例子，它利用随机模型（马尔可夫链）进行生成，根据所需的属性提取生成音乐的规则。近十年来，人工神经网络第三次浪潮兴起，深度学习在音乐内容生成领域的应用日益增长，大规模应用AI并从现有的音乐库中学习生成音乐逐渐成为潮流，理解当前AI音乐的发展趋势以及背后的运行原理，能够为今后使用AI音乐作为创意工具奠定基础。

AI音乐更偏向于规律性强的音乐。对于规律性、结构性强的曲子，AI音乐更加容易学习到其内部的规律。例如，巴赫擅长创作的复调圣歌是基于路德教会的教义谱写，以四声部的方法合唱。这些曲目的创作过程都有明显的路径，和声与旋律之间存在着微妙的相互作用。

（一）基于AI算法的音乐生成

当前的AI音乐通常使用自动编码器（Autoencoder，AE）、生成对抗网络（GAN）和递归神经网络（RNN）架构来生成。

1. 基于AE算法的AI音乐生成

AE是由编码器和解码器两部分组成的人工神经网络。其中编码器学习如何将数据分布的样本压缩成更小的潜在表示，同时保留其结构。而解码器仅仅通过观察这个潜在的表示就学会了如何重构原始输入，并且稍后可以用来合成新的输出数据。法国索邦大学的让-皮埃尔·布赖特（Jean-Pierre Briot）利用AE架构生成新的凯尔特音乐。他首先将一段连续的凯尔特音乐旋律片段编码成连续的热点向量，然后将这些向量连接并直接输入至自动编码器，在训练过程中逐步调整神经元之间的连接权重，减少音乐重建过程中的误差。在输出端，每一个输出的节点元素生成了一个连续的音符序列，一首全新的凯尔特音乐就生成了。

2. 基于GAN算法的AI音乐生成

第一个用GAN生成音乐的是乐器数字接口（Musical Instrument Digital Interface，

MIDI）系统，MIDI系统旨在生成单轨道或多轨道流行音乐旋律。该架构遵循两种模式：对抗式（GAN）和条件式（基于历史和和弦来调节旋律生成），其中的生成器和鉴别器都使用了卷积网络。

MIDI通过使用新的条件机制来利用现有的先验知识，使得该模型可以通过跟随和弦序列，或者通过调节先前小节的旋律（例如启动旋律）生成音乐。这一机制使得MIDI模型可以被扩展，以生成具有多个MIDI通道的音乐（即音轨）。研究团队比较了MIDI和谷歌的Melody RNN模型的生成旋律（每次都使用相同的启动旋律），结果表明，MIDI在逼真度方面的表现与Melody RNN模型相当，但MIDI的旋律更加吸引用户。

3. 基于RNN算法的AI音乐生成

递归（循环）神经网络是用递归连接扩展的前馈神经网络，以便学习一系列项目（例如作为音符序列的旋律）。第一个使用RNN结构（LSTM长短期记忆网络）的音乐生成实验将蓝调和弦（和旋律）序列作为生成目标。在实验中，LSTM成功地学习了一种蓝调音乐，并且能够以这种风格创作出新颖的、令人愉悦的旋律，该网络一旦找到了相关的结构，就能持续借鉴并学习这种结构规律，创造出优美的布鲁斯音乐。

（二）AI音乐创作和评价

AI音乐正是为了满足不同人群的特定偏好需要而诞生的，以用户为中心是AI音乐创作的关键因素之一。用户若想参与AI音乐创作，通常分为以下两种方式：用户特征参数化以及用户辅助创作。

1. 用户特征参数化

在用户特征参数化的过程中，AI系统将用户通过一组特征（风格、情感目标、节奏等）限制为参数化的角色。例如，Amper公司基于各种技术（例如强化学习、深度学习），将用户的偏好变量作为参数输入到AI的创作数据中，以目标用户为导向，创作商业广告和纪录片的原创音乐（图4-9）。

图4-9 Amper的音乐生成选择界面

2. 用户辅助创作

用户辅助创作是将AI音乐作为创作的助手。在AI音乐系统中，生成是自动化的，用户可以辅助参与后期的合成制作。以FlowComposer为例，在这种高度交互性的系统中，用户在程序的帮助下能够轻松地完成音乐创作。

3. 生成内容主观评价

对于AI生成的音乐可以采用众包的方式进行评估，即将生成的音乐上传至互联网，让普通在线观众进行评估并给予反馈。当然，也可以让音乐领域的专家和从业者给出专业角度的评估建议。但是，在测试之前要注意避免告诉测试者这是由AI生成的音乐，以防用户受到主观判断的影响。

4. 独立系统评估

除了人类用户参与的评价方式，构造一个独立的评价标准系统会更加适合对大批量AI生成音乐进行评价。针对各种音乐的特性，分别创建不同音乐类型的评价标准，用基于学习的音乐听觉感知模型来评估。此外，评估标准将控制在一定范围内，以避免采用过度宽松的标准导致混乱或随机的行为出现，从而在理想状态下，形成一种可靠的评估机制，来应对日益增长的AI生成音乐评估需求。

（三）AI对音乐发展的影响

1. 音乐定制化

随着短视频的流行，个性化配音需求大量增加，传统的人工编曲无法满足大量的配音需求。因此，浙江大学人工智能团队开发了“余音”自动作曲和短视频剪辑平台。余音在学习乐理规则后，通过输入定制视频和照片，就可以根据素材自主生成与内容相符且节奏合理的音乐，自动创作出全新的Vlog，极大地方便了短视频的制作。

2. 批量生成

按照传统的乐曲创作方式，音乐创作人需要经过三个阶段来完成整个作曲流程。首先是前期准备，确定曲子的主题和结构；然后是动机阶段，寻找创作的灵感；最后是发展和完善，将旋律扩充为完整的歌曲。整个流程下来，曲子的完成周期长，不利于批量化、规模化创作。AI生成音乐在很大程度上压缩了创作的周期和时间，只需要输入相应风格的曲子，AI便能够在极短的时间内批量化生成相应主题的曲子，不仅提高了创作的效率，还提高了备选曲子的丰富度。

三、AI平面设计

平面设计是一项古老的设计实践活动，其历史甚至可以追溯至现代平面设计的前身——印刷业。人类一直致力于对设计工具的开发，目的是提高印刷效率，实现印刷排版自动化。谷登堡发明的活字印刷机极大地提高了印刷效率，甚至引发了一次媒体革命，其发明推动了西方科学和社会的发展。人类社会进入到数字时代后，以苹果

Macintosh图形界面为标志的个人计算机的出现，极大地降低了设计的门槛，使用户不再受时间、空间和材质的限制，让普通个体也能通过使用Adobe、Photoshop等平面设计工具，高效地进行设计和修改。近年来，以深度学习为代表的人工智能热潮涌现，同时也影响了平面设计的发展进程。

（一）人工智能在平面设计各领域的应用现状

1. 图像处理

在图像处理方面，Adobe公司于2016年推出了新一代基于深度学习的人工智能驱动平台Adobe Sensei，其目的是为设计师及普通用户提供开发和数字体验等一系列智能服务。利用长期积累的大量用户数据内容，Sensei平台将在图像分割、字体识别以及智能受众分割三方面，有效地帮助设计师和用户将重复的设计劳动转变为自动化设计（图4-10）。

图4-10 Adobe公司推出的Sensei智能平台

2. LOGO设计

在LOGO设计上，道森·惠特菲尔德（Dawson Whitfield）于2016年创建了人工智能设计网站Logojoy（现已更名为“Looka”），旨在帮助初创企业以及普通商户提供简单好看的LOGO。在设计LOGO的过程中，用户先填写品牌名称，选择网站提供的各种标志、颜色和品牌口号，在生成众多方案后，用户可以选择喜欢的LOGO设计方案，最后网站将经过偏好选择后的LOGO设计在名片等样机上予以展现（图4-11）。

3. 网页设计

人工智能也对网页设计产生了深远的影响，传统网页设计需要依靠设计师和程序员通力合作才能输出一个完整的网页设计方案，而由Uizard Technologies公司开发的Pix2code人工智能程序正在改变这一局面。Pix2code可以将设计师创建的图形界面截图转化成计算机代码，用深度学习的方法来训练模型，端对端地输入图像并自动生成代码，识别截图界面生成的代码准确率达到了惊人的77%（图4-12）。

图4-11 Looka的生成效果

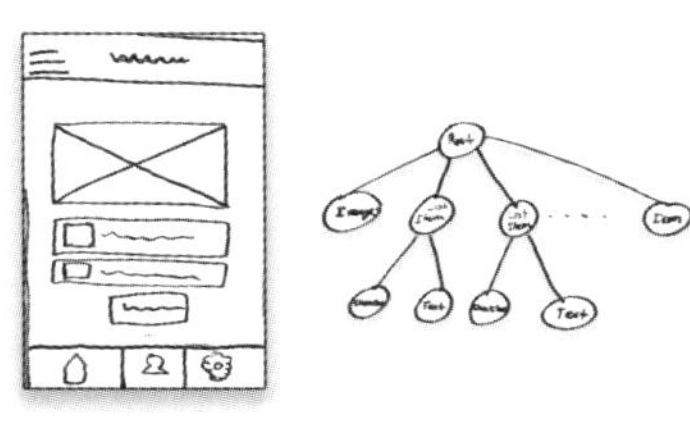

图4-12 Pix2code手绘图形界面输入

4. 包装设计

在包装设计上，人工智能发挥着越来越大的作用。对于产品来说，新颖时尚的包装能够有效吸引消费者。Nutella是一种意大利的榛子酱，广告公司Ogilvy & Mather Italia合作运用人工智能算法为Nutella生成了数百万种独特的包装设计外观，AI程序从数据库中提取出数十种图案和颜色，经过训练生成了数百万种图形包装版本。这些由人工智能生成的包装具有独特、时尚、极具美感等特点，使Nutella一经上市便引起了消费者的极大兴趣，产生了良好的市场经济效益（图4-13）。

图4-13　AI生成的Nutella外包装

（二）AI平面设计中的设计师与用户

1. 设计师素养

人工智能促进了平面设计从人力密集型设计向智能自动化设计转变，平面设计本身的设计内涵、设计流程和手段也随着人工智能的深入应用发生了深刻的变革。平面设计绘制的过程将大大缩短，平面设计师能够将更多的精力用在创新本身，这就需要设计师具备更强烈的创新意识与创新能力，低水平的重复设计劳动很快就会被人工智能完全取代。

2. 用户参与

AI平面设计工具高度智能化、封装化，让更多的普通用户也能够参与平面设计，横亘在专业设计师和普通用户之间的门槛将进一步降低。AI设计工具能够自主学习基本排版、色彩、构成等设计规律，普通用户只需具备创新的想法，便能够凭借AI平面设计工具迅速实现自己的创意。

（三）AI驱动平面设计

1. 自动化设计

在传统的平面设计流程中，设计师水平的高低直接影响着最终作品的产出，众多因素都会影响最终的产出效果。AI驱动的平面设计工具的出现，将带有明晰设计规则部分的设计工作完全自动化，同时能够取得较好的输出成果。例如，阿里巴巴推出的鹿班设计工具，将Banner（横幅广告）设计活动从人工完全转变为自动化，设计最终产出已经达到了中级设计师的设计效果。

2. 设计标准化

设计作为一种创造性劳动，导致设计师的工作价值一直难以被明确衡量。设计创作往往需要围绕设计任务产出多方案的创作劳动，如何衡量其价值是设计师与需求方争议的焦点问题之一。AI设计工具凭借其稳定的输出表现，为设计价值制定了相应的收费标准，促进了设计的标准化进程。

四、AI参数化设计

产品设计过程中最重要的、耗费时间最长的阶段就是方案设计的迭代与开发。对于设计师来说，设计一个具有创新性的方案，意味着要进行漫长的草图方案的绘制与持之以恒的方案更新。AI参数化的发展可能给传统的设计流程带来革命性的变化。AI参数化生成设计系统能够产出大量设计方案，设计师凭借自己的专业知识从众多的设计方案中挑选合适的、高质量的设计方案进行深入设计，即可高效率地完成设计任务。

（一）三种设计生成系统

在现代设计的发展中，各种辅助设计的创新理论和技术推动了设计本身朝着规范化、智能化方向发展，从而衍生出了三种设计生成系统，分别是传统人工设计生成系统、参数化生成系统和数据驱动的AI生成设计系统。

1. 传统人工设计生成系统

在人类设计师全程参与的传统设计系统中，需要先确定设计问题，然后运用一些设计方法理论和手段探索解决方案。在设计方案的探索中，设计师通常需要发散思维、寻找灵感，绘制大量的草图以供后续的方案选择，草图的绘制过程通常也是一个耗时的设计部分，占据了设计流程中的大量时间。

2. 参数化生成设计系统

在探索参数化设计的过程中，自动生成系统可以说是AI参数化设计的前身，它可以自动生成一些潜在的设计方案，探索潜在的设计空间。其中，设计空间也被称为状态空间，它表示“通过任何给定的动作序列从初始状态到可实现的所有状态的集合”，一旦设计的目标对象发生变化，设计者就需要更改应用程序中的相应参数。这意味着设计者需要根据对问题的理解和生成解决方案的策略，选择重构一个新系统。在这个过程中，生成系统的参数会与设计空间的大小直接相关联。

3. 数据驱动的AI参数化生成设计系统

在AI+时代下，基于机器学习的数据驱动的生成设计系统逐步进入设计师的视野，极大地拓展了设计空间。数据驱动的设计空间，不是从设计者给定的参数中输入，而是从一个潜在的大型数据集中不断地学习和探索，具有自主性和独立性。在设计方案生成的过程中，配置了可能作为备选设计方案的范围，并且这个范围能够随着数据集的更新不断地扩充和拓展，这些特性是与自动生成系统相比最大的不同。

三种系统的对比如图4-14所示。

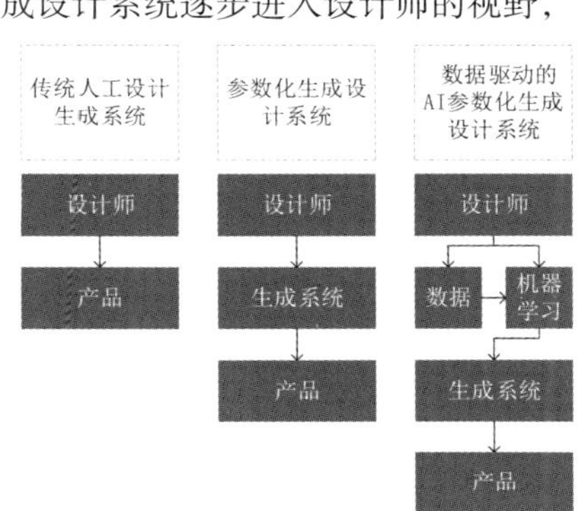

图4-14　三种不同的设计生成系统

（二）AI参数化设计的尝试

1. AI生成汽车设计

印度学者斯里达尔·拉达克里希南（Sreedhar Radhakrishnan）的团队开启了使用GAN算法自动化生成汽车设计方案的尝试，他们使用GAN来学习图像，训练样本的分布，在汽车设计的特定领域创建新的解决方案。在他们的工作中，GAN算法学习了100000幅汽车图像以及相对应的草图，然后生成了大量类似设计师在快速原型制作过程中所绘制的草图，并且还能对这些草图进行上色等操作。这种上色方式对于汽车设计师来说，需要花费较长的工作时间才能达到类似的效果。此外，人工智能还能对一个给定视角的汽车草图，生成这辆汽车的全新视角，例如，输入右前视角的图，系统能够输出前视图、左视图等。AI生成汽车设计方案系统减少了设计师从草图到图像的处理时间，并且增强了设计过程的可视化。

2. AI生成座椅设计

来自西安交通大学的刘之博团队利用AI辅助座椅的设计，他们的目标是生成大量座椅设计的备选方案，以减轻设计师在方案探索阶段的工作量。AI生成座椅设计大致分为三个部分：首先是图像合成部分，通过合成模块训练学习座椅图像数据集的底层分布，生成拟合分布规律的数据图像；其次，通过超分辨率模块提高生成座椅方案图像的质量；最后，设计师从生成的众多方案中选择一个备选方案作为设计的原型，并在此基础上制作一个现实中的座椅。借助AI座椅生成系统，团队在极短的时间内就完成了从设计方案的生成、选择再到原型的制作。对比耗时的传统座椅设计过程来说，人工智能生成的座椅设计方案在保证原创性的同时，大大加快了设计的流程。

3. AI生成模型

卡内基梅隆大学推出了一款名为DeepCloud的数据驱动模型生成系统，它由前端和后端两个部分组成。在前端中，设计者创建了一个用户图形界面，使得操作人员能够有直观的工具来操作高维度的潜在空间；在后端中，由自动编码器（AE，在AI音乐中有相应的介绍）架构和点云（在逆向工程中，通过仪器得到的产品外观表面的点数据集合被称为点云）构成。用户通过前端界面操作，就能够操作潜在的空间表示，生成新的点云，然后将点云的数据输入自动编码器中，输出新的数据模型。DeepCloud结合了基于网络的用户界面、模拟输入设备和点云自动编码器架构，为数据驱动的设计模型方案生成提供直观的体验。

（三）AI驱动的参数化设计

1. 方案探索

人类设计师在进行设计方案探索时，常用思维发散的方式来寻求方案的各种可能性。发散的思维具有跳跃、散点的特点，无法列出所有用特定的思维想到的想法。AI驱动的参数化设计工具接受输入并提供输出，对应的神经网络可以处理所有可能输入的集合，并输出在特定领域的几乎所有的解决方案。

2. 自主学习

传统的参数化设计模型从识别特征开始。例如，在图像识别中，由模型开发者从图像中提取相关特征。然后，这些特征被用来创建一个模型，并用来对图像中的对象进行分类。一旦设计的目标对象发生变化，开发者就需要更改应用程序中相应的参数。在深度学习中，相关特征是从图像中自主提取的。深度学习执行“端对端学习”，即向网络提供原始数据和预期任务。随着数据的增多，深度学习算法的性能会不断提高。当提供额外的训练数据时，机器学习算法通常会在一定的性能水平上稳定下来。

第三节　AI如何生成内容与创作

在AI生成内容的过程中，通常应用了许多不同的算法，每种算法适合不同种类的生成内容。本节将着重介绍一些当前AI生成内容过程中的重要算法，来加深读者对于相关技术的认知。

一、AI绘画生成

绘画创作需要深厚的美术功底，如何能让没有美术基础的普通用户参与到绘画的创作过程，感受绘画创作的乐趣？在人工智能时代，这个问题有了新的解决方案——AI绘画生成。

基于绘画GAN的生成方法如下。

（一）数据集

首先，构建一个由大约4000幅绘画组成的数据集，其中包含了素描和中国水墨风格的画作。然后，在构建的数据集中提取一组数据的特征，描述其颜色模式，包括五色组合、饱和度、对比度、亮度、冷暖色以及亮色或暗色。最后，通过检测技术从绘画作品中提取人物。

（二）网络架构

首先构建将素描转换到山水画的模型CycleGAN。这个模型包括两个生成器（G和F）和两个鉴别器（D_X和D_Y）。生成器G生成类似山水画风格的图像$G(X)$，而鉴别器D_Y旨在区分生成的山水绘画$G(X)$和真实绘画Y。这种对抗性的损失表示为$L_{GAN}(G, D_Y, X, Y)$。同样，另一个对抗性损失$L_{GAN}(F, D_X, Y, X)$是针对映射函数$F: Y \rightarrow X$及其鉴别器D_X。此外，增加了循环一致性损失$L_{cyc}(G, F)$，见式（4-1）：

$$L(G,F,D_X,D_Y)=L_{GAN}(G,D_Y,X,Y)+L_{GAN}(F,D_X,Y,X)+\lambda L_{cyc}(G,F) \quad (4-1)$$

（三）模型训练

CycleGAN模型用于从素描到山水画的转化，整个网络用CycleGAN模型实现，从头开始训练，学习率0.0002，batch size=1。

在训练过程的每次迭代中，都需要来自草图域（X）和绘画域（Y）的样本。对于每个素描样本$x \in X$，从绘画领域数据集中随机选取另一个山水绘画样本$y \in Y$，不需要提前准备配对样本。所以，从学到的素描到山水画的映射，实际上代表了将Y域的山水画风格转移到一幅选定的作品中的过程。训练结束后，在提出的交互系统中，生成器G被用作草图到山水的翻译。两个生成器的结构相同，包含3个卷积层、9个剩余块和3个反卷积层。对于这两个鉴别器，使用一个70 × 70的PatchGAN和4个卷积层，它将图像中的每个70 × 70的PatchGAN分类为真或假，然后将所有结果平均，作为鉴别器的最终输出。

（四）生成结果

生成的绘画文件展示了中国山水的风格，突出地描绘了山水自然景观。表明模型很好地学习了山水画的风格（图4-15）。

扫码看
图4-15原图

（a）真实画作

（b）生成器F生成的素描

（c）生成器G生成的画

图4-15 真山水画与生成画的比较

二、AI LOGO生成

对于客户和设计师来说，为新品牌设计LOGO通常是一个漫长的过程。在设计过程中，设计师要给出大量的设计草图方案，客户在这一系列的方案中选择一个合适的进行深入设计和迭代，这也就意味着大量的备选方案会被舍弃。近年来，为了满足设计师的需求，基于StyleGAN方法的AI LOGO生成在学术研究中有了初步的尝试，并且取得了一定的进展。具体的LOGO生成方法和步骤如下。

（一）环境搭建

LOGO生成需在深度学习框架平台上运行，其工作原理是将各种格式的文件转换为N维数组矩阵，以类似画流程图的形式编写网络模型结构。根据用户的不同使用目的，可以选择CPU或GPU的工作模式。

（二）数据集的搭建

关于LOGO的数据集搭建，可以采用网络上开源的数据集进行训练，例如LLD-LOGO大型图标数据集；也可以运用爬虫技术，从相关图标网站爬取下载LOGO图像制作数据集，例如使用爬虫技术抓取相关网站的图像。

（三）模型构建

映射网络通过前馈神经网络将初始潜在向量z转换成w；生成器在所有层同时接受潜在向量和噪声输入；判别器随着生成器的增大而增大，并且返回一个损失值，该损失值被反向传播到两个网络。StyleGAN模型的架构如图4-16所示，其中“A”代表映射网络，“B”代表逐步生成的生成器。

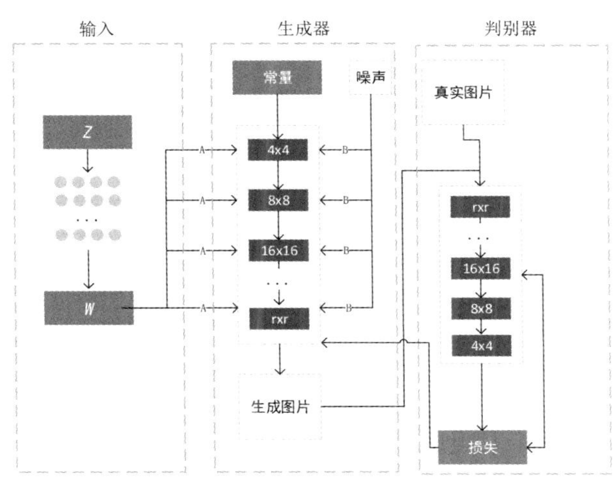

图4-16 StyleGAN模型架构

（四）模型训练

在构建完数据集后，下一步开展StyleGAN模型的训练。

1. 设置基本参数

设置LOGO数据集的存储路径、生成LOGO的路径和GAN网络的学习率等参数。

2. LOGO数据预处理

设定LOGO数据集中的尺寸大小，并进行抗锯齿处理。然后，把图像的数据转换成三维矩阵，将经过预处理的LOGO图像转变成张量（储存在多维数组中的数据），以便进行矩阵运算。最后对LOGO数据进行噪声处理，确保LOGO样本的随机分布性，得到多样化的数据分布情况。

3. 建立生成网络和判别网络

生成网络为多层反卷积函数，接收噪声和条件标签作为输入，生成新的图标。其中，噪声的输入相当于设计师在设计初始过程中的不同灵感。判别网络为多层卷积函数，接收样本图标、生成图标和条件标签作为输入，输出概率数值。

整个生成网络的运作原理，类似于设计师在进行艺术创作时，会先获取不同的灵感（即噪声），然后再从图标的外形轮廓（第一层网络）着手，经过深入的思考和描绘（第二至第五层网络）后增添设计细节，最后得到完整的图标设计作品。

4. 定义损失函数

生成网络的损失函数仅与生成图标及其概率值有关，而判别网络的损失函数则需要对样本图标、生成图标及各来源的概率值进行平均运算：

判别网络的损失=0.5×（生成图像的判别损失+真实图像的判别损失）

5. 权重更新

展开循环，每个循环结束时使用反向传播算法更新网络权重值。

6. StyleGAN模型训练完成

（五）LOGO合成

1. 采样

在训练过程中，该潜在向量的每个分量都是从均匀分布或高斯分布中随机采样的，因此生成器被训练为对从相同分布中采样的任何随机向量产生合理的输出。在GAN生成模型中，图像是从高维潜在向量（通常在50～1000维）中生成的，通常也称为z向量。这些潜在向量所跨越的空间称为潜在空间，通常是高度结构化的，从而可以有意地操纵潜在向量，以便在输出中实现某些属性。

2. 插值

在两个潜在空间中的两点之间进行插值，形成输出图像的平滑变化。

3. 锐化图像

需要锐化生成的LOGO图像，因为该数据集中大约一半的徽标是从较低的分辨率放大的，所以一些生成的图标是模糊的。

（六）生成结果

生成LOGO图像如图4-17所示。

图4-17 LOGO生成结果

三、AI椅子参数化生成

（一）数据集准备

选用Aubry等公开的3D椅子模型集作为训练生成网络的数据集。这个数据集包含1393个椅子模型，每个模型从62个视点渲染：31个方位角（步长为11度）和2个仰角（20度和30度），还有一个固定大小的椅子。

（二）数据预处理

在删除重复、低质量模型后，最终得到了一个包含809个模型的简化数据集。通过裁剪渲染，将图片调整为128×128像素，必要时填充白色以保持高宽比（图4-18）。

图4-18　数据集中的模型

（三）模型描述

这一训练的目标是为了训练一个从深层次描述生成椅子图像的模型，这些深层次的精确图像包括类别、角度、颜色以及亮度等附加参数。数据集D={（$c1$，$v1$，$\theta 1$），…，（cN，vN，θN）}，目标O={（$x1$，$s1$），…，（xN，sN）}，输入元组由三个向量组成：c是一次编码中的类标签，v是摄像机位置的方位角和仰角（由它们的正弦和余弦1表示），θ是应用于图像的附加人工变换的参数。其目标是得到RGB输出图像x和分割掩模s。

其中，还包括由随机生成的参数向量θ描述的人工变换$T\theta$，以增加训练数据中的变化量并减少过拟合，类似于判别性CNN训练中的数据增加[18，7]。每个$T\theta$都是以下变换的组合：平面内旋转、平移、缩放、水平或垂直拉伸、改变色调、改变饱和度、改变亮度。

（四）模型的构建

基于CNN模型构建训练网络，该模型能够在给定椅子类型、视点以及可选的其他参数（如颜色、亮度）的情况下生成2D投影，CNN接受这些输出值产生RGB图像，使用反向传播对这些图像进行训练，以最小化损失函数生成图像（图4-19）。

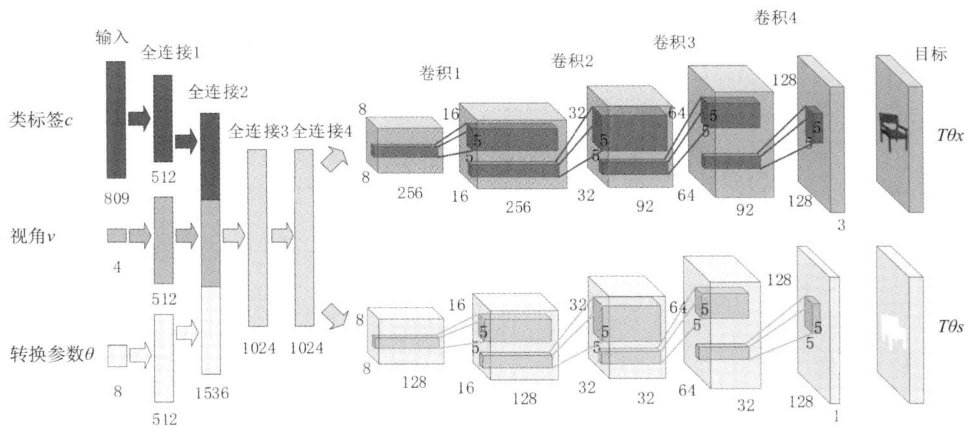

图4-19　CNN反卷积生成椅子设计

（五）模型的训练

1. 生成训练

通过最小化重构分割出的椅子图像，来训练由所有层权重和偏差组成的网络参数W，如式（4-2）所示（其中λ是加权项，分别在图像的精确重建和分割掩模之间进行权衡，在所有实验中设定λ=10）：

$$\min\sum_{i=1}^{n}\lambda\|uRGB(h(c^i,v^i,\theta^i))-T_{\theta^i}(x^i\cdot s^i)\|_2^2+\|u_{segm}(h(c^i,v^i,\theta^i))-T_{\theta^i}s^i\|_2^2 \qquad (4\text{-}2)$$

训练时，首先在CNN的基础上使用了固定动量为0.9的随机梯度下降，然后以0.0002的学习率对整个数据集进行500次训练，并进行300次额外的训练，每100次后将学习率除以2，用正交矩阵初始化网络的权重。最后，用训练好的64×64的网络权重化128×128网络的权重，缓解初始的训练值。

2. 插值

模型能够在训练数据中存在的视图之间进行插值，从而生成以前看不到的视图。这表明，网络在内部学习椅子的表示，使它能够判断椅子的相似性，并使用已知的例子来生成以前看不见的视图。

3. 生成结果

图4-20是不同椅子变形的例子。训练集中包含的是每排最左边和最右边的椅子，所有中间的椅子都是由网络生成的。

图4-20 座椅生成结果

第四节 典型案例

了解了AI在各个艺术领域中应用的基本情况，以及AI在其中发挥作用的机制后，本节将从Midjourney、谷歌Doodle、阿里巴巴鹿班、传统纹饰迁移这四个案例出发，了解当前在生成内容与创作领域应用AI的落地方式。

一、Midjourney

人工智能模型使一系列的AI绘画软件得以开发，其画作的精细度与画面质量近年来得到了迅速的提升。Midjourney是一款当前热门的人工智能图像生成工具，它能基于用户输入的提示（Prompt），生成符合描述的图像。

（一）Midjourney介绍

不同于以开源“模型”形式开发的Stable Diffusion，Midjourney是一款集成型的AI图像生成“工具”，用户对Midjourney的调用只能通过官方的Discord机器人实现。当用户对AI服务器发送请求时，Midjourney通过机器人接收指令，并直接在Discord上执行操作，然后向用户传输结果。此外，在图像风格上，Midjourney生成的图像更接近于画作，而非具有真实感的照片。

在使用方式上，Midjourney简洁、易于操作。由于其采用的是云端服务器的运算，因此在Midjourney上，用户无需下载模型或搭建框架，只需在Prompt输入框中输入对所需图像的描述，即可在一段时间后获得符合描述的图像。针对特定的风格与主题，Midjourney还支持用户使用“垫图”或“图生图”的功能，生成风格化或内容限定的特殊图像。

Midjourney凭借自身的易用性与高质量的生成图，受到了大范围的追捧。在仅有11名成员，其中8名研发人员，且从未融资的前提下，Midjourney在成立的三年内便收获了千万用户，仅靠会员模式便做到了年盈利1亿美元。Midjourney堪称AIGC创业的典范，凭借着这份传奇履历，该平台更是进一步得到了跨行业的应用。近期，一段由Midjourney和Gen-2生成的预告片《芭本海默》被广泛传播，预告片通过Midjourney将原子弹之父奥本海默的纪录片风格和《芭比》的解构主义流派相结合，生成了一系列颇具韦斯·安德森风格的片段，令人赞叹（图4-21）。

图4-21　Midjourney生成的预告片《芭本海默》片段

（二）什么是Prompt

与其他文本生成图像模型相同，Midjourney在生成图像时也需要输入一段Prompt

（提示），指的是对于一个自然语言处理的模型，给定输入文本或问题，以引导模型生成相应的输出。Prompt对于保证输出结果的质量和准确性起着重要的作用，通过对Prompt的巧妙设计和调整，可以影响生成结果的风格、内容和准确性。因此，在使用Midjourney时，仔细构思和设计Prompt是非常重要的一步。

（三）AI在Midjourney中的作用

作画长期以来被认为是人类专属的主观创造性活动，近年来，以Midjourney为例的AI作画工具的出现扭转了这一局面。凭借AI大规模的数据处理能力和学习能力，Midjourney在训练深度学习算法的过程中能够在短时间内处理大量的图像，并快速生成结果。相较于由人类自己进行的传统的手工作画，AI虽然在图像内容设计上不具备主观能动性，但通过学习和模仿大量的图像样本，AI也可以从人类创造的图像中得到启发，产生别具想象力的图像，同时不会受到主观意识或情感因素的影响，生成的图像将更加客观且符合描述。

（四）AI技术实现

Midjourney主要使用深度学习技术——“生成对抗网络”（GAN）——训练图像的生成能力。我们已经在本书第三章第三节详细讨论了GAN的工作原理，简单来说，便是由生成器生成图像，判别器评估生成器生成的图像，通过反复的对抗性训练，提高模型生成图像的质量。Midjourney同样使用了大量的图像数据进行训练，并在这些图像数据中寻找类似的特征和元素，以匹配对应的输入信息，最终生成满足用户给定Prompt的图像作品。

二、谷歌Doodle

人工智能已经广泛地应用于算法音乐领域，真正地参与到乐曲的创作中去。Bach Doodle是谷歌公司开发的一款人工智能驱动的作曲程序，该程序可在网页端操作和运行，用户可以使用Bach Doodle来调和自己创作的音乐，生成带有巴赫风格的音乐作品。

（一）谷歌Bach Doodle介绍

Bach Doodle由两个部分组成，分别是前端输入以及后端的AI模型处理。在前端中，设计者开发了一个手动点击的乐谱输入界面（图4-22）；在后端中，经过训练的机器学习模型Coconet发挥曲子调和、补充的作用。用户在乐谱界面输入旋律后，点击“调和”按钮，将生成请求发送至Coconet，当调和旋律完成后，它会将声音呈现给用户，并列出“女高音”“女低音”“男高音”“男低音”的声部编码（图4-23）。通过直观的乐谱输入界面，Bach Doodle让初学者和音乐家都能参与到人机交互的作曲中。最后，用户可以对其创作的作品给予评价，并将此曲贡献给公共数据集，用于不断训练AI作曲的能力。

（二）AI在Bach Doodle中的作用

巴赫的作品极具规律性，他的曲子总是有四个和弦，每个和弦都有自己的旋律，并

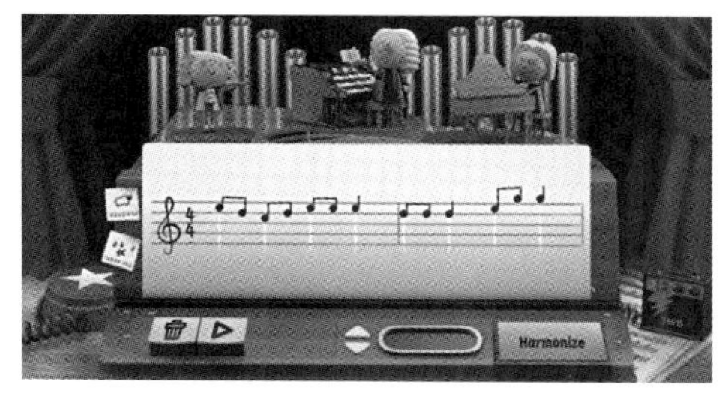

图4-22　Doodle的前端用户界面

图4-23　用不同颜色标注的和声

且演奏时会包含丰富的和声。巴赫这种极具规律性的曲子结构，为开发者提供了良好的训练机器学习模型的数据，并且使AI在训练过程中更容易掌握曲子的潜在旋律。

（三）AI技术实现

该项目使用了巴赫的306个合唱和声的数据集，从中提取了一部分片段并随机擦除一些音符，然后让模型尝试从上下文的学习中重建出丢失的音符，并以此训练，建立了一个能将不完整的乐谱填写完整的通用模型——Coconet，用以在Doodle上辅助生成巴赫风格的和弦音乐。具体来说，为了训练Coconet，开发人员要先随机擦除乐谱中的一些音符，然后以残缺的部分为基础构建网络，再通过卷积的方法重建整个乐谱并与原来的乐谱进行对比，从而逐步提升模型的学习性能。最终，Coconet可以做到对任意不完整输入的乐谱进行补全，并且基于此功能执行大量的音乐创作任务，例如调和旋律、创建曲目间的平滑过渡、重新生成现有曲目，甚至创作全新的曲子。

三、阿里巴巴鹿班

（一）鹿班介绍

在2015年双十一购物节中，阿里巴巴首次尝试基于算法和大数据为用户大规模地推送个性化商品，不同的消费者会在会场界面中看到不同的产品内容。这次尝试增强了推荐商品信息流的多样性，也提高了流量的分发效率。

从“千人千面”的Banner设计需求出发，阿里巴巴开始推动Banner的自动化设计进程。鹿班正是由阿里巴巴智能设计实验室自主研发的一款自动化设计产品。基于图像智能生成技术，鹿班可以改变传统的设计模式，在短时间内完成大量Banner图、海报图和会场图的设计，提高工作效率。用户只需输入想达成的任意风格和尺寸，鹿班就能代替人工自动完成素材分析、抠图、配色等耗时耗力的设计项目，实时生成多套符合要求的设计解决方案（图4-24）。

鹿班拥有一键生成、智能创作、智能排版、设计拓展四种智能设计能力。基于淘宝的大数据和用户行为分析，同时依靠与阿里巴巴生态的紧密联系，鹿班可以自动为不同用户合成包含不同商品的个性化横幅。在鹿班网站上，商品图片是个人用户唯一需要准

图4-24 阿里巴巴鹿班的设计界面

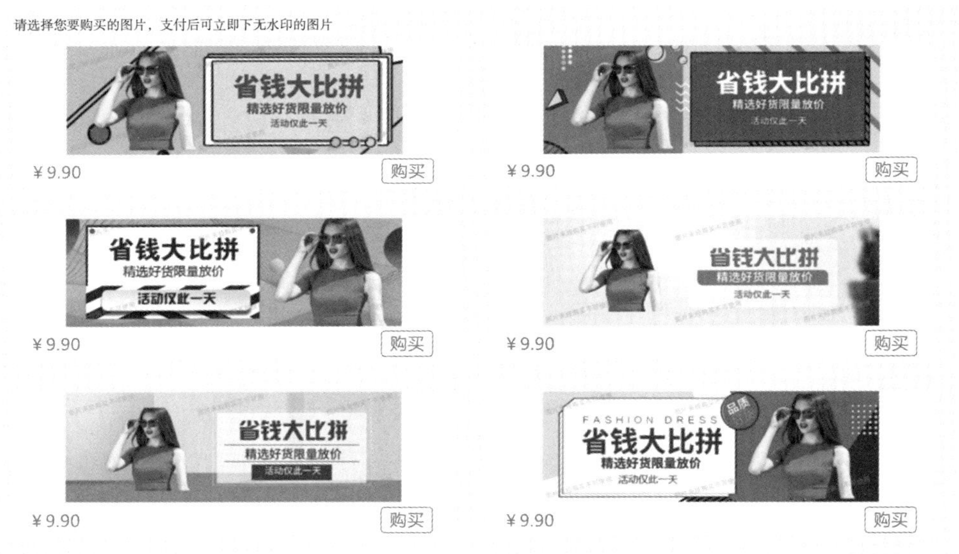

图4-25 鹿班生成的Banner效果展示

备的材料。在简单地选择所需的横幅比例及该产品对应的领域后，鹿班就可以在几秒钟内制作出几种不同风格的Banner，用户可以选择自己喜欢的Banner进行下载或者直接在线发布（图4-25）。

（二）AI在Banner生成中发挥的作用

对于没有设计基础的普通用户来说，想要设计出一张合格的商业Banner，需要购买昂贵的设计软件并接受专业的设计培训。此外，图片、字体的版权问题也困扰着用户。

鹿班的出现使低门槛的Banner设计成为了可能。

鹿班拥有简单的可视化界面，用户可以随时调用鹿班的专业化设计技能，将图片配色原理、图文搭配规则、视觉组合结构等设计原理全部进行数据化处理，再由系统根据算法进行调用，生成符合专业设计规则的高质量Banner设计。

对商家用户来说，他们能随时调用鹿班的接近专业设计师的设计能力，只需配合上自己的个性化文案以及素材图片，便能生成不同颜色、不同版本、不同尺寸的多种设计方案，这完全打破了过去一对一的低效设计工作模式，直接以成百上千倍地生产效率完成了图片产出。对设计师来说，以往自己的设计作品或许只能服务几十位用户甚至几位用户，现在通过鹿班能瞬间生成上百个版式和尺寸，为数十万客户提供服务，这是传统设计模式难以企及的。

（三）AI技术实现

深度学习在图像领域的快速发展是智能设计技术的基础，阿里巴巴智能设计实验室依托达摩院机器智能技术，通过对人类过往的大量设计数据的学习，训练出了一个设计大脑——鹿班。鹿班的整体架构有三个核心单元，分别是设计规则学习单元、行动器单元和评估网络单元。其中，设计规则学习单元使鹿班通过深度学习网络从高维度的海报数据中学习隐含的特征和设计规则。行动器单元则在收到设计需求后，从庞大的设计素材库中索引相关的元素，用来匹配和替换与需求相关的海报元素，再经过大量的计算迭代生成新的Banner。最后，评估网络单元的作用就是用输入的大量Banner设计和打分数据训练鹿班，使其能够判断生成的Banner是否符合设计的要求和标准。

四、传统纹饰迁移

优秀传统文化的传承一直是国家关注的重点之一，也是建设文化强国、树立文化自信的重要内容。在中国传统文化的发展过程中，传统纹样作为传统文化演变的重要烙印之一,一直备受关注。如何继承传统纹样，同时结合当今的社会生活和科学技术，使其重新焕发生命活力，是当今艺术设计研究的重要课题。

（一）中国风纹饰生成App介绍

针对纹饰设计的痛点，浙江工业大学AI设计团队面向普通消费者以及专业设计师开发了一款关于中国风传统纹饰迁移的智能App，并创造性地提出了传统纹饰与人工智能结合的新应用场景。该App可通过CNN模型实现对传统纹饰的快速风格迁移，它能够将传统纹样映射到相应的传统服饰上，并且自动对照片中人物的衣服风格进行替换。这款App充分发挥了人工智能在寻找图像数据分布规律上的优势，将不同纹样的分布与原有的图片内容相融合，生成令人眼前一亮的不同款式的衣物。

在该App的使用中，用户首先选取相应的内容图和想要的风格图，再调用训练完

扫码看
图4-26原图

图4-26 使用风格迁移模型生成的设计方案

成的风格迁移模型，完成内容图和风格图的混合，生成兼具理想风格的内容图片，最后将生成的图片叠加到模特的服饰图层中，完成设计方案（图4-26）。作为一款消费级App，它让普通用户也能体会到人工智能技术与传统文化相结合的魅力，唤起他们对传统文化的兴趣，推动传统文化在现代社会生活中的“活化”与再创作。在专业设计领域，纹饰生成App也可以为中国传统服饰厂家的纹饰设计与生成提供理念方法与技术支持，促进传统服饰设计的创新。

（二）AI在纹饰迁移中的作用

在传统服饰纹样设计中，手绘效果图是将平面纹饰风格应用到服饰设计中的常用手段之一。设计师融合相关元素进行手绘表现，这一过程通常需要花费相当多的时间。相比之下，AI在处理相关元素时更具优势。AI风格迁移通过CNN深度学习框架能够快速提取相应风格图中的高级特征，并将风格图和内容图巧妙融合，实现快速、大量产出设计方案的目标，为设计师节省了融合风格的工作时间，从而将精力放在寻找适合的目标意向图和内容图上。

除了提高工作效率之外，AI风格迁移也在创意上为设计师提供了多种借鉴。人类设计师可以通过改变风格的权重，生成不同的风格效果，其中有许多效果往往超出了人类设计师的预期。设计师可以在众多的生成效果中选择最合适的方案进行深入优化，为设计方案的最终选择提供了更多的参考。

（三）AI技术实现

在纹饰的风格迁移过程中，主要使用了VGGNet19卷积神经网络模型。VGGNet19通过优化的方式不断地迭代，求全局最优解。其原理是把图片当作可以训练的变量，对像素点进行迭代更新，通过多次的迭代训练来优化图片，使生成图片与内容图片的内容一致，同时与风格图片的风格一致。

五、绘声绘影

人工智能已经被广泛地应用于绘画创作，并且参与到绘本的创作中。绘声绘影是浙江工业大学AI设计团队开发的一款人工智能驱动的绘本创作App，该App基于Disco Diffusion进行儿童故事创作，解决了目前市场上同类产品缺乏儿童创作过程、沉浸感较差的问题，鼓励儿童在创造性的故事中成长。

（一）绘声绘影介绍

“绘声绘影”的设计理念是“儿童创造故事、儿童讲述故事”，是一款为儿童设计的用来创作故事及讲故事的工具（图4-27）。该App的主要功能为：①通过语音或文字输入，将儿童的描述转化为图画，并且提供作画的平台；②将儿童的声音录下，为故事的人物和剧情配音；③进阶版能够提供视频生成功能。该App的系统中提供预设的人物形象和故事背景，儿童可以在此基础上修改，也可以完全抛弃它们，从头开始创造一本交互性的电子故事书，包括创造场景、创造角色，并且赋予角色独特的配音，最终完成个性化的叙事（图4-28）。该App旨在为儿童提供丰富的情感体验，当儿童看到自己

图4-27 绘声绘影的前端用户界面

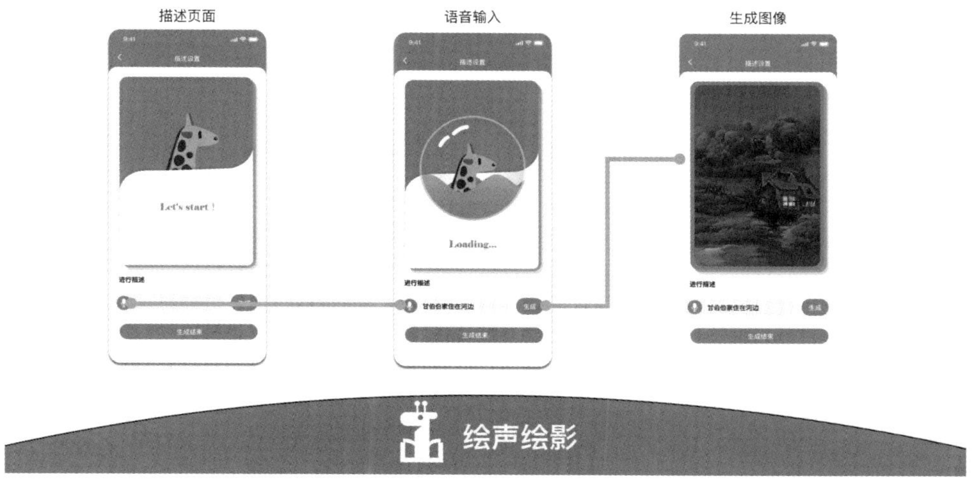

图4-28 绘声绘影操作流程

的故事被展现的时候，他们也将发现自己的创作与参与使得故事更加生动立体、独一无二。同时，还可以将创作的作品分享到社区。

（二）AI在绘声绘影中的作用

一方面，AI扮演着内容的生成者。AI能根据给定的主题、情节或要素生成绘本的内容，使新的故事情节、角色和场景都可以根据输入的信息和上下文自动生成。这样既可以自动扩展已有的故事，也可以为特定的读者（如处于特殊的年龄段）设计定制化的专属绘本。

另一方面，AI扮演着插图的创作者。通过学习现有的绘本插图样式和艺术技巧，AI可以生成符合要求的插图。因此，它可以根据故事情节或描述来绘制合适的场景和角色，为绘本增添视觉元素。

（三）AI技术实现

数据收集和准备：首先，需要收集大量的绘本插图数据集（包含各种风格和主题的插图），这些数据集中应包含标记过的图像，以便用于监督学习。

深度学习模型的训练：采用监督学习的方法，使用图像生成模型进行训练。一种常用的生成模型是GAN，由生成器和判别器组成，通过对抗训练的方式生成逼真的插图。其中，生成器接受随机向量或其他形式的输入，并输出生成的插图；判别器用于评估生成的插图是否真实。

风格转换和多样性控制：想要生成不同风格和主题的插图，可以通过风格转换技术或在生成器中引入条件信息来实现。风格转换技术可以将输入的风格特征应用于生成的图片，以产生特定风格的插图。条件生成模型则是通过接受额外的条件信息（如风格标签或文本描述）来生成符合条件的插图。

评估和优化：需要对生成的插图进行评估和优化。可以利用人类评估者的意见进行主观评估，或者使用客观指标（如图像质量指标）进行客观评估。根据评估结果，可以对模型进行调整和优化，以改进生成插图的质量和多样性。

目前该设计想法是以Disco Diffusion为核心的AI技术实现的。这是一款发布于Google Colab平台的利用人工智能深度学习进行数字艺术创作的工具，也是基于麻省理工学院许可协议的开源工具。Disco Diffusion既可以在Google Drive（谷歌网盘）里直接运行，也可以部署在本地运行，它的基本工作就是把给出的Prompts（提示/描述）由文字信息变成图像信息。

六、SKY TOUCH

（一）SKY TOUCH介绍

该App名称为SKY TOUCH，意为“触碰天空，操控天空，改变天空”（图4-29），是由浙江工业大学AI设计团队设计的一款人工智能驱动的视频创作App。该App基于

点击元素替换——替换天空

图4-29　SKY TOUCH

选择“梵高 油画”风格进行替换

图4-30　风格选择操作界面

CNN技术，实现了对视频元素和风格进行替换的功能，解决了以往在拍摄条件和拍摄环境限制下所导致的视频形式单一的问题。现在，用户可以通过SKY TOUCH对自己的视频进行元素的更改和风格的定制，摆脱了过去无法改变视频元素和风格的困扰（图4-30）。

（二）AI在SKY TOUCH中的作用

该App主要应用了一种基于计算机视觉的AI技术，能对视频中的天空进行替换与调整，让视频自动生成具有可控风格的、逼真生动的天空背景。这种效果完全是基于计算机视觉生成，对拍摄设备和网络环境没有任何要求。这一技术可以实时运行，运行过程中，用户与计算机之间不需要进行任何交互。

（三）AI技术实现

数据收集与预处理：首先，需要收集具有不同天空背景的视频数据集（包含不同时间、不同天气条件下的天空背景）。然后，对这些视频进行预处理，包括帧提取、去噪和图像校正，以确保后续处理的准确性和稳定性。

目标检测与分割：接下来，利用计算机视觉技术，如目标检测和分割算法，对视频中的主要目标（例如人物、物体）进行识别和提取。这一步骤的目的是将天空与其他前景元素分离，以便后续进行替换处理。

天空识别与替换：使用AI技术（例如深度学习模型）对天空进行识别和分析，可以通过训练一个能够学习天空特征和背景的模型来实现。然后，将选定的天空图像与视频中的天空区域进行替换，以达到更改天空背景的效果。这可能涉及图像合成与融合技术，以确保替换后的天空与原始视频的其他部分协调一致。

光照和色彩调整：为了使天空替换后的视频看起来更加真实，可能需要对整个视频进行光照和色彩的调整，使天空与前景元素之间的光照和色彩保持一致，可以通过自动调整算法或手动调整来实现。

视频稳定和平滑：在天空替换后，视频中的摄像机运动可能会导致画面不稳定或抖动。为了解决这个问题，可以应用视频稳定算法，如光流法或图像对齐技术，对视频进行稳定和平滑处理，以提高观看体验。

具体技术实现框架如图4-31所示。

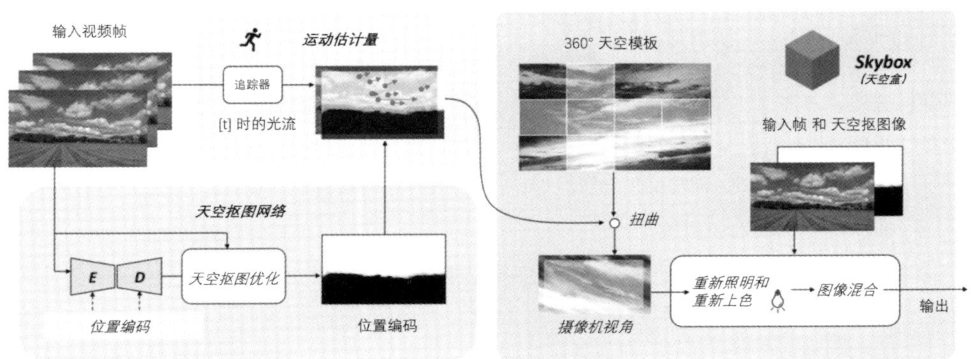

图4-31　技术实现框架图

参考文献

[1] CROPLEY A. Creativity-focused Technology Education in the Age of Industry 4.0[J]. Creativity Research Journal, 2020, 32(2): 184-191.

[2] KUSIAK A. Convolutional and generative adversarial neural networks in manufacturing[J]. International Journal of Production Research, 2020, 58(5): 1594-1604.

[3] YAO Y, SCHERTLER N, ROSALES E, et al. Front2back: Single view 3D Shape Reconstruction via Front to Back Prediction[C]//Proceedings of the IEEE/CVF Conference on Computer Vision and Pattern Recognition. 2020: 528-537.

[4] AKIZUKI Y, BERNHARD M, KLADEFTIRA M, et al. Generative Modelling with Design Constraints-Reinforcement Learning for Object Generation[C]//5th Conference on Computer-Aided Architectural Design Research in Asia. 2020.

[5] ZHU J Y, KRÄHENBÜHL P, SHECHTMAN E, et al. Generative Visual Manipulation on the Natural Image Manifold[C]//European Conference on Computer Vision. Springer, Cham, 2016: 597-613.

[6] ZHOU L, WANG Q F, HUANG K, et al. An interactive and generative approach for Chinese Shanshui painting document[C]//International Conference on Document Analysis and

Recognition (ICDAR). 2019: 819–824.

[7] DOSOVITSKIY A, TOBIAS SPRINGENBERG J, BROX T. Learning to generate chairs with convolutional neural networks[C]//Proceedings of the IEEE Conference on Computer Vision and Pattern Recognition. 2015: 1538–1546.

[8] 唐智川，王董玲，夏丹，等．“人工智能+设计”——设计学专业产品设计类课程教学实践新探索[J]．装饰，2020，(01)：120–123.

第五章
基于智能交互与创新体验的AI设计方法研究

本章包括以下内容：

- AI交互的优势
- 智能交互与创新体验的分类
- AI如何实现产品的智能交互与创新体验
- 典型案例

智能时代背景下，计算机技术广泛地应用于人类生活各个领域，新型的人机交互方式也逐渐兴起。例如，脑机交互方式帮助残疾人通过大脑直接控制机器，虚拟现实的兴起提供了沉浸式的虚拟数字世界。除了人与计算机的交互之外，新的智能交互场景和对象（如智能家居和无人驾驶汽车）也正在不断地涌现，给用户带来了与以往不同的产品体验。可以发现，人工智能技术正在不断扩展产品交互领域的应用边界，给用户带来更加自然、高效、智能的交互方式与新型的用户体验。

本章首先分析了AI在智能交互领域的优势，包括有效实现多通道交互、精确理解用户意图等。其次，针对AI技术在脑机交互、动作交互、语音交互、虚拟现实交互领域的进展与应用，归纳总结AI提升交互体验的模式与方法。然后，探索了产品智能交互与创新体验的实现方式，构建AI交互模型框架。最后，通过介绍AI交互的典型案例，进一步探寻AI技术在智能交互领域的应用可行性。

第一节　AI交互的优势

人机交互作为产品设计中的重要一环，其发展影响着产品的质量。随着人工智能技术的发展和部署成本的降低，人工智能可以更好地与人机交互相结合，智能人机交互就是二者结合并不断发展的产物。相较于传统的人机交互方式，利用AI技术的智能交互拥有多种优势，例如，单一交互通道性能的提高；实现多模态的交互变为可能；根据数据分析用户的意图等。这些新型的交互方式能够给产品带来更多功能和应用潜力，并且提供全新的用户体验，其优势主要体现在两个方面：可以给用户带来多通道的交互方式，以及让机器能够理解用户的操作意图。

一、多通道的交互方式

（一）AI让多通道的交互变为可能

多通道的交互可以给用户带来更沉浸的体验感受，但这种交互的实现要求每个通道的性能精准度都要达到较高的水平，否则交互方式虽然自然，但是在使用过程中可能会出现识别错误等问题。在机器处理交互数据时，AI技术能够根据以往的数据记录和算法组合自行学习并提取数据的特征。这些特征的提取可以让机器在对数据的分类上达到更高的准确度，例如，AI技术能够有效地挖掘脑电信号的深度特征信息，并实现了比传统分类器具有更高的准确率，从而使得脑机接口的性能大大提高。同时，也可以通过提取人体边缘、端点等一些视觉特征，实现明确的、有意义的人体动作识别。AI技术帮助机器提高了单一交互通道（方式）的性能，也使多通道结合的人机交互方式变为可能。

（二）多通道交互的优势

智能交互是一种或多种交互方式的混合，这种混合的、多通道的交互方式对用户来说更加自然。其优势在于可以实现人与机器之间的无缝连接，并且更加接近人与人之间的交互模式。同时，让机器拥有更多类型的数据去理解用户的意图，去判断用户想做什么和正在做什么，并根据用户的意图和情况做出特定的反馈。相较于传统的键盘、鼠标、触摸屏等交互方式，这种智能交互扩充了多种新型的交互通道（如：语音识别、人脸识别、手势识别、情感理解等），给用户带来更加沉浸、新奇的操作体验。

二、理解用户的操作意图

（一）AI帮助机器理解人类意图

人工智能可以在用户数据的基础上建立用户的行为模型，帮助机器更好地理解用户的操作意图。本质上，这种意图可以理解为用户的操作目标或请求，例如购买、退订、咨询等。AI技术通过多种传感器或者互联网获得用户数据后，结合环境的数据，能够分析出用户的意图与行为习惯，理解用户做出决定的场景与意图。这类数据通常为用户的输入文本或者语音，以及一些非语言类的信息（如人的脸部、肢体动作等）。无论用户想要进行何种操作，这种方式都能使AI产品及时根据用户意图做出反馈和调整，给用户带来更好的聊天体验。

（二）理解用户意图的优势

以用户为中心的产品会根据用户的意图提供及时的响应，同时从用户的话语中提取有用信息并加以理解，例如对自然语言的理解、情绪的理解、肢体动作含义的理解等。在与用户交互的过程中赋予机器情感，从而优化用户的体验。此外，机器还可以根据用户的模型进行个性化的推荐，这种针对不同的用户数据提供个性化推荐与服务的功能，正是人工智能技术赋予AI产品的优势所在。

第二节　智能交互与创新体验的分类

一、人工智能与脑机交互

脑机交互是通过脑机接口技术实现大脑与外部设备交互的一种方式。这种新型的交互方式让那些有严重残疾的人群拥有了购物、娱乐和学习的机会，例如，有运动障碍的残疾人可以通过脑机接口来控制光标，进行学习、上网等活动，或者直接操作家用设备（如控制电灯开关）。这种新型的交互方式促进了大脑和外部智能设备的结合，具有很广泛的应用前景。人工智能技术刚好擅长处理脑机交互中设备复杂、数据量大的问题，因此脑机交互与人工智能的结合可以很好地推动该交互领域的发展。

（一）脑机接口的流程与研究现状

脑机接口（Brain-Computer Interface，BCI）的工作流程主要分为五个步骤：首先，BCI设备从大脑中捕获神经元信号（步骤①），这一步被称为信号采集；BCI系统在信号采集后将这些模拟信号转换成数字信号（步骤②）；然后，利用信号处理对特征进行提取并分级（步骤③和步骤④）；最后，信号被传输到BCI应用程序（步骤⑤），具体流程如图5-1所示。

在以上脑机交互的工作流程中，信号采集的方式可分为“侵入式”和“非侵入式”两类。“侵入式”需要将芯片植入人脑，属于“有创”操作，因而主要是为了帮助患有严重运动残疾的病人康复或提高他们的生活质量，以医用为主。“非侵入式”的装置方便人体佩戴，其操作相对简便，因此被广泛地应用于娱乐等领域。典型的“非侵入式”

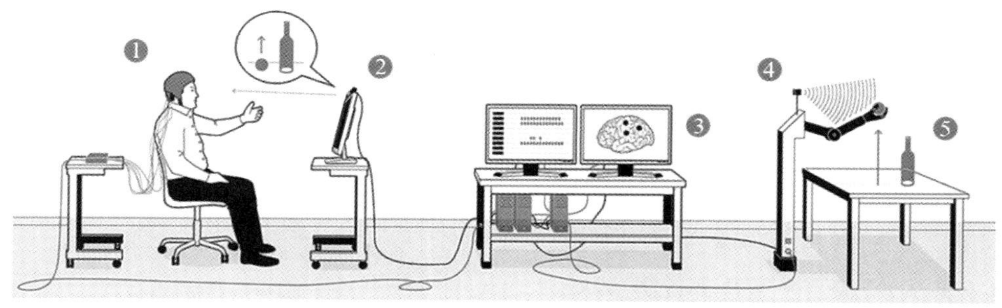

图5-1　脑机接口工作流程

脑机接口采用的信号主要有脑电图EEG、脑磁图（Magneteencephalography，MEG）、近红外光谱（Near-Infrared Spectroscopy，NIRS）、功能磁共振成像（Functional Magnetic Resonance Imaging，fMRI）等。其中EEG信号具有良好的时间分辨率，采集设备易用、便携，价格也相对低廉，因此被广泛使用。

（二）脑机交互的行业应用

在现有的BCI技术中，基于脑电图的BCI仍然是最受欢迎的。近年来，该技术已广泛应用于许多领域，如教育、医疗、发展、营销、安全、体育、娱乐、读心术和通信等。其中在医疗领域和娱乐领域的发展最为迅速。

医疗领域：大部分脑机交互的应用都集中在医疗领域。例如，BCI系统可以让身体残疾或有其他运动障碍的患者通过大脑的活动来控制穿戴式的康复外骨骼机器人，帮助肢体运动障碍患者进行日常的生活和康复训练。BCI系统也可以监测驾驶员的大脑状态，通过脑电监测让机器帮助用户规避遇到的危险，防止因疲劳驾驶等情况导致交通事故的发生。

娱乐领域：BCI系统在非医学领域应用的代表就是娱乐和游戏软件。在BCI游戏中，用户通过大脑的精神指令（如大脑的运动想象）来控制游戏中的人物执行推、拉、跳等动作。其原理是BCI系统将收集的脑电图信号处理并转化为计算机命令，从而控制游戏人物的动作。

（三）脑机交互发展难题

脑机交互过程中最重要的一步是通过BCI系统处理脑电信号。从电极获取的脑电信号可能包含由神经活动和生物外部来源产生的噪声，这会导致生成的脑电信号图像出现信噪比低（Signal-to-Noise Ratio，SNR）的现象（信噪比是信号和噪声功率的比值，高信噪比意味着由于噪声导致的信号失真最小），此外，受试者的不同亦会导致脑电图的信号特征不同。因此，让BCI系统将具有高可变性和非平稳噪声的大脑电活动解码为有意义的信号非常困难。

（四）深度学习在脑机交互中的应用

脑电图数据集由2D（时间和通道）矩阵组成，该矩阵记录的是头皮上与特定任务条件相关的大脑部位所产生的电位。这种高度结构化的数据形式使得附带大量参数的深度学习模型能够直接学习。同时，深度学习在数据的特征提取和分类上普遍比传统的处理方式更加出色。相较于手动提取特征和机器学习，深度学习的神经网络在特征提取上，可以自行挖掘更具代表性的高级特征和潜在的数据关系。在数据的分类上，深度学习方法通过增加训练数据来提供更好的分类性能，拥有比传统分类器（如线性分类器和向量机）更好的分类效果。这些使深度学习成为处理BCI系统中信号的绝佳选择。因此，利用深度学习模型可以提高脑机交互中的BCI系统性能，扩展脑机交互的应用领域。

二、人工智能与动作交互

动作交互作为一种新型的交互方式，转变了人们对传统的产品交互方式的认识。近年来，随着AI技术的发展，动作交互中的传感器数据处理、肢体运动感知与识别等，都运用了深度学习的模型并提高了数据分类和识别的准确率。因此，与AI结合的动作交互系统能够获得更好的性能，为用户提供更好的互动体验。

（一）动作交互的发展现状与过程

动作交互目前可以分为两类：自然动作交互与智能动作交互。自然动作交互强调交互方式要顺从人的日常习惯（包括行为习惯和认知习惯），例如，通过双指操作放大或缩小一张图片，这类手势和触摸等都属于自然动作交互。而在智能动作交互中，产品通过预测需求给用户提供个性化的服务，人则更多扮演的是一个被动的角色。这类产品具有感知环境的能力，能够与周围的场景进行交互，通过AI技术建立用户行为模型，预测用户行为并进行智能的反馈。例如，当人走进拥有智能家居的房间时，房间的灯会自动打开。

动作交互实现的主要过程分为目标获取、交互意图感知与识别和交互意图确认。其中，最为重要的是交互意图感知与识别。由于肢体动作表达的是神经肌肉和心理活动的瞬间变化，机器需要通过识别才能明确其真实的含义。因此，提高动作识别的效率并将肢体动作转变为肢体语言的信号能够让机器感知到用户动作的意图，从而优化用户的体验。

（二）动作交互的行业应用

游戏：动作交互常用于游戏领域中。在构建的虚拟三维场景中，游戏玩家可以通过肢体动作控制游戏中人物的动作，从而“全身”投入游戏当中并获得全新的互动体验。例如，Xbox One是由微软（Microsoft）公司出品的体感游戏机，需要玩家通过调动全身的动作进行游戏，在不同的游戏中使用不同的身体动作进行控制，使自己真正置身于游戏情境中。

智能驾驶控制系统：在智能驾驶领域也有动作交互的影子。例如，宝马汽车iDrive系统中的手势识别功能，它能通过3D传感器检测手势动作，以更加直观便捷的方式实现娱乐等功能。

医疗：在手术过程中，医生往往需要查阅一些重要的医学图像（CT扫描图片、核磁共振图片等），以了解病人的身体状况。动作交互技术的应用可以使医生在不接触未消毒的键盘的前提下，通过手势控制电脑中的医学图像，免去了反复脱戴手套、消毒的烦琐步骤，提高了手术时效性和洁净度。

（三）动作交互的发展难题

动作交互需要让机器理解人类肢体动作所表达的含义，并且在线地理解人与周围环境之间的交互行为。常规的方式是通过分析视觉信息获取人体在三维空间中的位置等动态信息，然而，准确识别视频数据中的动作是一个困难的问题。首先，机器获取的人体动作数据涉及高层次的数据关联，该数据在时间维度上处理起来较为困难，所以大多数动作识别方法仅利用人体关节信息提取局部视觉特征，导致识别的准确度不够理想。其次，捕获3D骨骼数据的深度传感器（如Microsoft Kinect）仅限于室内环境使用，这些传感器的测距精度较低并且对遮挡识别不强，经常导致收集的骨架数据出现噪声。

（四）深度学习在动作交互中的应用

深度学习模型能够准确、快速地从传感器数据中获取三维人体姿态信息。卷积神经网络等深度学习模型能从摄像机收集的彩色与深度图像中提取人体边缘、端点等视觉特征，并对彩色图像进行2D人体姿态估计。同时，模型会将处理后的结果映射到深度图像上。利用这种方法得到的三维人体信息，可以实现明确、有意义的人体动作识别（如手势的识别）。除此之外，深度学习模型也可以提取肢体生理数据（例如手部肌电序列数据、手部骨骼序列数据）的分类特征，从而拟合多模态的肢体数据。例如，3D卷积可通过提取多个维度数据特征的方式实现更高的肢体动作识别准确率。

针对有噪声的骨架数据，深度学习模型中的时空LSTM神经网络通过应用门控机制来学习骨架序列中的真实数据。

三、人工智能与语音交互

作为人工智能中最为典型的应用交互系统，智能语音系统赋予了产品更好的交互方式，推动了各个领域产品的发展。语音交互具有操作简单自然、学习门槛低、设备要求低等优点，因此成为产品交互中重要的一环。人工智能技术在语音识别、自然语言理解等过程中发挥了重要作用，提升了语音交互的体验感。

（一）语音交互的过程与发展现状

一个完整的语音交互过程包括：唤醒（Keyword Spotting，KWS）、自动语音识别（Automatic Speech Recognition, ASR）、自然语言理解（Natural Language Understanding, NLU）、自然语言生成（Natural Language Generation, NLG）和文字转语音（Text to Speech, TTS），顺序如图5-2所示。

第一步，用户通过点击按钮、说出特殊的激活词等方式激活语音交互系统，让交互系统进入工作状态。第二步，产品通过自身搭载的麦克风收集用户所说的语音数据并进

图5-2　完整语音交互过程

行分析，得到对应的文字信息。第三步，产品将前一步的文字信息转为结构化的、用户可以理解的语言，让机器能够理解用户想要表达的意思。第四步，产品处理用户的意图（包括对用户命令的反馈等），并将反馈生成文字语言。第五步，产品将生成的文本转为语音，以语音的方式播放给用户听，或者执行相关的操作。

语音交互的发展现状主要集中在语音识别和自然语言处理（包括自然语言理解和自然语言生成）这两个方面。在语音识别方面，CPU和GPU的发展提高了计算能力。同时，智能芯片、深度神经网络和算法等基础技术不断突破，为智能语音技术在能力和效率方面的提升提供了强力的支撑，也让机器能够训练更加强大复杂的语音模型，从而降低了语音识别的错误率。在自然语言处理方面，机器需要大规模的数据集来对文本的上下文建模。如今，大规模社交文本数据以及语料数据的不断积累大大缓解了机器对于数据集的需求，让自然语言处理技术有了飞跃式的发展。同时，深度学习的算法更新也使语法、语义和语用有了新的突破。

（二）语音交互的行业应用

智能语音交互早已融入生活中的各个方面，以语音交互为主的产品正全方位地进入应用落地及投入生产的高峰。利用了人工智能技术的语音交互具备更好的性能和交互体验感，这类产品涵盖了生活中的众多领域，如汽车驾驶、智能家居、医疗产品等。

智能家居：目前在物联网系统中，控制智能家居设备的交互方式大部分依赖于语音交互。例如，“小爱同学”是小米推出的控制米家物联网智能设备的智能语音交互系统；“讯飞语点”是科大讯飞推出的智能语音交互系统。这些语音交互系统配备于各个智能家居设备，让用户可以通过语音控制智能电视的频道切换、播放暂停，控制智能音响搜索歌曲、进行音频播放，或者设置备忘录、闹钟等。

汽车驾驶：汽车驾驶的核心是安全、便利。驾驶员的手和眼睛在驾驶的过程中都在执行与驾驶有关的动作，因此语音交互是最自然、安全和便利的交互方式。语音交互帮助驾驶者实现了与汽车之间的交互，让驾驶员可以控制汽车的多媒体播放、车辆设备调试、智能导航等。

（三）语音交互所面临的问题

用户会在各种复杂的环境下进行语音交互，一些嘈杂的环境会影响机器对用户语音信息的识别，因此机器需要将用户的声音和环境的噪声分离开来才能实现语音的识别。但这种分离提取的操作在使用传统技术的情况下比较难实现。此外，将机器提取的用户语音数据与声学模型相匹配的过程也直接影响着语音识别的准确性，从而影响着用户的语音交互体验。因此，训练良好的声学模型、语言模型是提高语音识别准确性所面临的问题之一。

自然语言处理也面临着不同的技术问题。不规范的输入数据（如口语化的语音数据）在被语音识别转化后会生成很多无用的信息，如何从这些信息中提取关键信息是当前的技术问题之一。同时，一些不确定性的语句会导致歧义，最终导致机器判断错误。因此，提高机器对于语言的理解也是当前发展自然语言处理的问题之一。

（四）深度学习在语音交互上的应用

深度神经网络可以替代传统的无监督学习方法，弥补无监督学习在各种现实声学环境中的缺点，帮助机器从未进行过预处理的嘈杂语音信号中获取标签序列。在建立声学模型上，深度神经网络可以表达非线性的结构特征，能够从复杂的音频数据中提取出音频段的多种特征，然后融合这些特征对数据进行分类。

此外，RNN等神经网络模型通过建模来对包含了无用信息的数据集执行顺序处理，捕获语言中固有的顺序性质，根据上文理解词语语义，从而筛选出有意义的信息。CNN等模型也可以从文本中提取更高级别的特征，并将这些抽象功能应用于多种NLP任务。

四、人工智能与虚拟现实交互

虚拟现实（Virtual Reality，VR）是新一代信息技术融合创新的典型领域，在大众消费和垂直行业中拥有广阔的应用前景。AI技术能够将虚拟现实中的虚拟对象和交互方式智能化，给用户带来全新的体验。同时，AI技术也能提升虚拟现实制作工具的性能，提高开发平台的智能化、自动化水平以及建模效率。

（一）虚拟现实交互的发展现状

目前，虚拟现实的发展方向主要是3D物体渲染、内容制作和感知交互等几个方面。在渲染方面，云渲染、人工智能以及利用眼动技术进行动态渲染等技术手段，优化了VR的渲染质量，并且提高了渲染的效率。在内容制作方面，利用WebXR、OS、OpenXR等工具缩短了VR内容的制作周期，结合六向自由度视频技术，提升了虚拟现实的社交性、沉浸感和个性化水平。在感知交互方面，动作交互、眼动追踪、沉浸声场等技术使虚拟现实交互更加自然化、情景化。

（二）虚拟现实的行业应用

医疗行业的应用：在医疗健康领域，针对医生短缺、医疗资源分布不均、诊疗方式单一等问题，虚拟现实的高沉浸性、高可重复性、高定制化性、远程可控性等特点，有助于丰富教学和诊疗手段、降低治疗风险、提高设备利用率、促进高素质人才和医疗资源下沉，为医患双方创造便利条件，推动医疗准确性、安全性与高效性的持续进阶。虚拟现实+医疗广泛应用于模拟医学、医疗工具和诊疗方案方面，主要涉及医学教育培训、心理精神疾病治疗、强化临床诊治、医学康复护理和远程医疗指导等业务场景。

教育培训的应用：在教育培训领域，针对传统教学过程中的部分课程内容难于记忆、难于实践、难于理解等问题，虚拟现实有助于提升教学质量与行业培训效果。依托虚拟现实技术，学生可以与各种虚拟物品、复杂现象、抽象概念进行互动，从而获得身临其境的体验感受。这种现实世界中难以实现的“实操”机会，能够激发学生的学习热情，提高他们的注意力水平，提升知识保留度，同时降低潜在的安全风险。

文娱休闲：在文娱休闲领域，传统文娱体验有互动性有限、社交性不足、体验形式单一等问题。社交方面，虚拟现实通过手势识别、虚拟化身、表情识别等技术，提供了更加个性化、更具表现力、更加沉浸的互动形式。智慧旅游方面，AR（Augmented Reality，增强现实）实景导览与VR行前预览丰富了景点的游览方式，提供了沉浸式的互动体验。例如，华为河图将莫高窟景区文物与风景融合呈现，通过自动识物的技术实现了自助讲解、文物复原、场景再现等功能。

（三）虚拟现实的发展难题

现阶段虚拟现实技术面临着多重挑战，主要体现在渲染计算和3D的数据处理上。在渲染计算方面，由于VR具有高度的开放性，因此如果采用实时渲染技术来渲染一些无预定脚本的交互应用，会导致传统的VR渲染方式为了保证渲染速度，而在一定程度上对渲染画质做出权衡妥协。在3D数据的处理方面，VR在交互过程中会产生大量的3D数据，而传统的数据表达会导致计算太过复杂。和图像、视频这些表达不同，如何有效设计一个通用的针对3D图形数据的深度学习模型（就像是专为图片设计的深度卷积神经网络）？如果把这个三维的规则网格直接用CNN做，运算的复杂度会很高，分辨率一旦稍微提高一点，训练的速度和内存开销都会无法承受。

（四）深度学习在虚拟现实中的应用

深度学习技术能够帮助虚拟现实在保证渲染速度的基础上提高渲染质量。在渲染质量方面：以先用较低分辨率渲染图像再经AI算法填充像素的方式，显著提升了画面的精细程度。持续优化深度学习算法，从而以较低渲染分辨率进一步提升了体验分辨率与帧率的性能表现。在渲染效能方面：为了在移动终端平台加载高质量的虚拟现实沉浸式体验，业界结合深度学习与人眼注视点特性，积极探索在不影响画质感知的情况下，如何进一步优化渲染效能的技术路径。在图像预处理方面：预先对图像进行降噪处理，有助于提升后续图像分割、目标识别、边缘提取等任务的实际效果，与传统降噪方法相比，深度学习降噪可获得更优的峰值信噪比（Peak Signal-to-Noise Ratio，PSNR）与结构相似性（Structural Similarity Index Measure，SSIM）。例如，英伟达OptiX 6.0采用人工智能加速高性能降噪处理，从而减少高保真图像的渲染时间；利用CNN结合半监督学习，挑战表面材质生成难题等。

深度学习技术也能够处理虚拟现实交互过程中产生的大量3D数据，优化体验。在数据采集方面，基于RGB-D（Red-Green-Blue-Depth，红绿蓝-深度）相机的动态语义化重建技术逐渐成熟。针对人体形状、运动、材质不易描述等难点，基于参数化人体模型和人体语义分割的语义化分层对人体表达、约束及求解的方式，在提升人体三维重建精度的同时，实现了人体动态三维信息的多层语义化重建。在数据处理方面，随着AI

能力的渗透释放，2019年，学界出现较多基于单目RGB进行深度估计、人体建模、环境建模的学术论文，并开始快速进行技术产业化推进。AI与三维重建技术的融合创新使从二维到三维的图像转化及三维场景理解成为可能。通过对海量真实三维重建数据的训练，能够实现单目深度图像估算，再通过二维照片估算出真实空间的三维深度数据，从而生成准确的3D模型。例如，基于八叉树的卷积神经网络，降低三维形状分析计算量等。

第三节　AI如何实现产品的智能交互与创新体验

一、基于EEGNet的脑机交互

（一）脑电信号的计算

脑电信号是大脑皮层内众多神经元细胞自发性、节律性的电活动所产生的电信号，通过检测脑电信号的不同频率、幅值和波形的变化可以获得人体的生理、心理信息。通过设备采集到脑电信号之后，需要对脑电信号进行计算分析，以获取数据中潜在的信息。特征的提取与分类是计算与分析的重点，通过深度学习可以提取出很多常规时域和频域中隐藏的特征，并根据这些特征进行分类。例如，深度学习之类的神经网络算法通常以标记过的样本数据来训练神经网络模型，修正模型中的参数权重。最后，利用训练好的感知器进行分类，具有更好的分类准确率。

（二）脑电数据计算的实现

运动图像分类是基于EEG的BCI范例之一。用户通过想象运动（如左/右手运动）会在大脑皮层运动区域中产生感应活动，并自动对所得EEG信号进行分类。其过程一般包括四个部分，如图5-3所示。

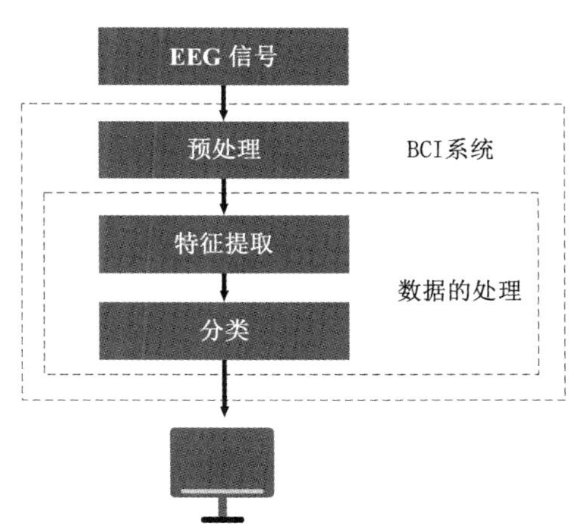

图5-3　EEG信号处理过程

特征提取在脑电运动图像分类中起着重要的作用。因此，接下来以深度学习模型CNN提取脑电运动想象数据特征作为案例，描述利用深度学习进行脑电信号的计算过程。实现的主要步骤包括：训练集的准备、模型的构建与模型的训练。

数据集以及数据的预处理：EEG数据采用BCI竞赛Ⅳ数据集2a。该数据是在九个实验对象上使用了22个电极采集的四类运动想象数据，包括左右手、脚和舌头这四类运动想象，然后将数据以250Hz采样并在0.5～100Hz间进行带通滤波，参数如下表5-1所示。

表5-1　BCI竞赛Ⅳ数据集2a

数据集	对象	通道数	周期	频率/Hz
Competition Ⅳ dataset 2a	9	22	400	250

模型的构建：我们使用TensorFlow上的Keras API构建了一个CNN的架构模型来准确分类不同BCI范式的EEG信号，并尽可能地减少模型的层数和参数数量。CNN参数的训练采用监督学习算法，CNN处理可以表示为一个函数：$f\left(X^{j};\theta\right): R^{E.T} \rightarrow R^{K}$其中$\theta$表示功能参数（权重和偏差），$E$表示电极，$T$是时间步长，$K$是实验$j$的输出标签。同时，每个类别标签的输出将通过softmax函数转换为特定于主题的条件概率，表达如式（5-1）：

$$p\left(l_{k} \mid \left(f\left(X^{j};\theta\right)\right)\right)=\frac{e^{f_{k}\left(X^{j};\theta\right)}}{\sum_{k=1}^{K} e^{f_{k}\left(X^{j};\theta\right)}} \quad (5-1)$$

通过最小化损失并将最高概率作为输出标签来训练网络。可以表示为式（5-2）：

$$\theta^{*}=\arg\min \sum_{j=1}^{N} loss(y^{i}, p(l_{k} \mid f_{k}(X^{j};\theta))) \quad (5-2)$$

构建后的模型结构如图5-4所示。

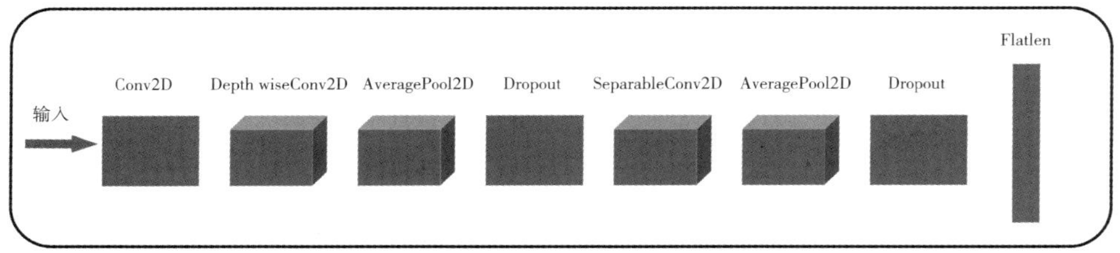

图5-4　模型结构

该模型的优势在于不仅可以应用于几个不同的BCI范式，而且比普通的手动或机器学习具有更好的分类效果。同时，它对训练的数据量要求不高，所用的拟合参数更少。

模型的训练与结果：拟合模型的优化器使用Adam，损失函数使用最小化分类交叉熵函数。使用CUDA 9.0和cuDNN v7.0的NVIDIA Quadro M6000 GPU上进行了500次的迭代训练，让模型权重的验证集损失降到最低。训练后的模型对脑电数据的处理分类准确率，与传统的手动分类和机器学习相比有了较高的提升。

二、基于计算机视觉的手势识别

自然动作交互中，最具有代表性的就是手势交互。手势交互过程为手势的目标获取、手势的识别和手势交互确认。其中，手势的识别的准确度最能影响手势交互的体验。这种动作的识别一方面可以根据计算机视觉的技术，通过肢体动作的图像数据获取人的肢体与环境的视觉特征，另一方面，可以根据人体的生理信息（如肌电信号）来推断肢体动作的意图。接下来简述这两种识别方式的实现过程。

（一）基于计算机视觉的手势识别

基于计算机视觉的手势识别是根据手势的图片、视频等数据进行特征提取与分类。对使用RGB-D摄像机拍摄的视频进行识别。我们分别利用残差神经网络（Residual Neural Network，ResNets）来训练深度数据模型，利用卷积长短期记忆网络（Convolutional Long Short-Term Memory，ConvLSTM）来处理时间序列连接，以此让模型学习手势表达。具体的实现步骤如下。

实验数据集与数据的处理：数据集选用公共的RGB-D手势数据集IsoGD，该数据集使用Chalearn手势数据集中生成的大量独立数据集，由21个不同的主体通过执行RGB-D的两种规模手势序列组成，并被手动标记了249个手势的类别。这些RGB-D的视频中只包含一个手势实例。同时我们将数据集分成训练集、验证集和测试集三个子集。训练集由17个人执行的35878个手势数据组成；验证集包含2个人的5784个手势数据；测试集包括2个人的6271个手势数据。为了规避数据过拟合的风险，通过对视频数据进行随机裁剪、沿着x轴、y轴翻转、缩放等方式扩充数据。

模型的构建：该框架主要由两个核心模型组成，3D深度颜色卷积网络（3D Convolutional Deformable Convolutional Networks，3D-CDCN）和2D运动表示卷积网络（2D Multi-Region Convolutional Networks，2D-MRCN）。这两个模型都是基于ResNets，利用权重的共享减少卷积层中训练的参数，同时，能找到稳定特征，避免获取重复特征。识别框架图如图5-5所示。

其中的3D-CDCN由3D ResNet和ConvLSTM组成，如图5-6所示。

3D ResNet用于提取时空特征，分别针对视频的深度信息和RGB三通道进行学习。例如，给定一个固定尺寸的$w \times h \times l$视频剪辑的长方体，表示为V，并将其输入到卷积

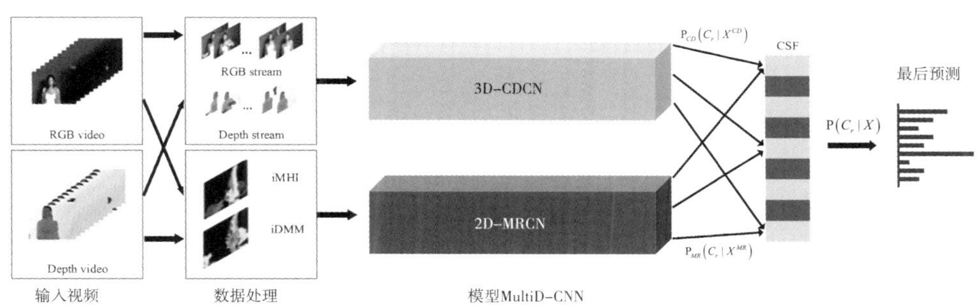

图5-5 模型识别框架图

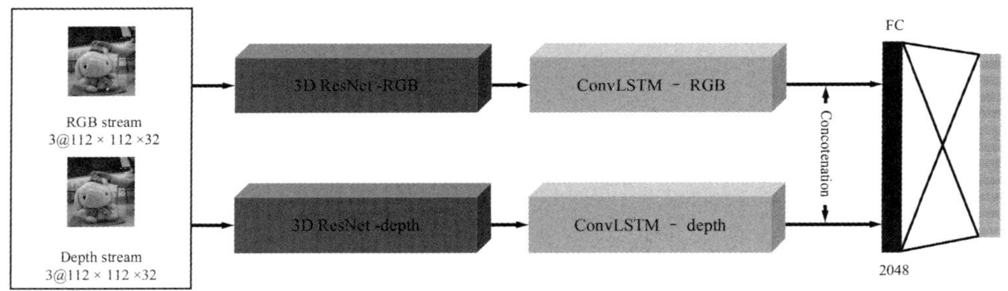

图5-6　模型的结合图

模型W_s中。其中s是过滤器集合的索引。位置（x，y，t）上的特征值Φ_s通过W_s进行计算，如式（5-3）：

$$\Phi_s(x,y,z)=\sum_{m=0}^{k-1}\sum_{n=0}^{k-1}\sum_{p=0}^{d-1}V(x+m,y+n,t+p)\cdot W_s(m,n,p) \tag{5-3}$$

x和y代表t帧内的像素位置，并且3D卷积的输出仍然是三维的。同时，构成这些的ResNet网络为一组堆叠的残差块，也可以表示为式（5-4）：

$$z_g+1=z_g+F(z_g) \tag{5-4}$$

在3D ResNet之后使用ConvLSTM进一步提取特征之间的空间相关性。采用2D-MRCN从运动表示数据中学习高级特征，并用于手势的预测，最后通过连接层融合两个模型的输出。

模型的训练与结果：识别框架是由两个模型组成，需要分别对两个模型进行特征的学习。将每个输入的数据重新采样成32帧的片段，并将大小调整为112×112。之后，使用梯度下降（Stochastic Gradient Descent，SGD）的算法训练，基本学习率为0.001，每训练5000次迭代降低90%，权重从正态分布中取随机数。而2D-MRCN的训练同样基于Caffe框架，采用梯度下降算法进行，最小批次量为16，初始学习率为0.1，每1500次迭代降低10%。利用深度学习的模型可以实现对手势多个维度的特征融合，提高手势识别的准确率。

（二）基于肌电信号的手势识别

肌电信号是对肌肉收缩产生的电活动的检测，而基于表面肌电信号的手势识别问题可以表述为一个使用神经网络的图像分类问题。其中，输入的肌电图像大小为$H\times W\times l$（高度×宽度×深度），然后通过各种方法来构建表面肌电信号图，并将肌电信号图导入到CNN等深度学习网络中提取特征。一般来说，基于深度学习的方法相较于传统计算学习拥有更高的识别能力。具体实现步骤如下。

数据集及数据的预处理：数据集是由六个双极氯化银电极从18名健康男性的手部记

录表面肌电信号。数据集记录的肌电类型标签包含10种上肢运动，例如手张开、闭合，手腕的伸展，前臂的旋转等。这种信号以8000Hz的采样频率进行采集，为了能让CNN模型更容易识别，需要将数据分割成6×1200的矩阵，其中的6是通道数，1200是150毫秒的每个窗口中的样本数（8000Hz×0.15秒）。

模型的构建：该网络的框架由15层构成，其中包括一个输入层和三个卷积层，卷积层分别拥有16、64、32（3×3）滤波器。还有三个归一化层和两个池化层，池化层区域为2×2和3×3，步长为2。还有3个ReLU层、一个全连接层、一个Softmax分类层和一个输出层，如图5-7所示。

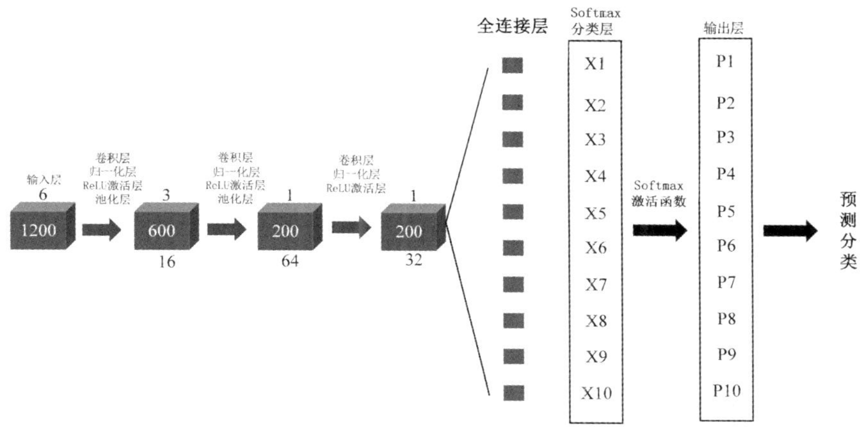

图5-7　模型结构图

模型的训练结果：该模型的训练采用随机梯度下降算法进行训练，验证的频率为每周期两次，最小批次量设置为128（较低的批次量会增加训练时间），每次训练后都会根据随机梯度下降来更新参数。如式（5-5），其中的L为损失函数，ε_t是学习率。

$$\theta^t = \theta^{t-1} - \varepsilon_t \frac{\partial L}{\partial \theta'} \tag{5-5}$$

然后，以20为增量进行20～100次训练迭代，学习率选择在0.00001至0.1之间。设置好参数后，在一台四核CPU、16GB内存和8GB的NVIDIA GTX 1070M GPU的笔记本上训练。经过训练后的模型，在手势识别上比传统识别方法有着更高的精准度和更低的延迟。

三、基于RNN的语音识别和自然语言理解

智能语音交互中，最重要的模块为语音识别和自然语言理解模块，接下来将对这两个模块进行介绍。

（一）语音识别模块

语音识别是人机语音交互的第一步，主要作用是将用户的语音转换为文字等机器可以处理的结构化数据。将采集的语音通过麦克风转换成数字信号，再对数字信号进行预处理，然后根据人类语音的声音特征建立模型，对输入的语音信号进行分析，提取出想要的特征。在识别过程中，根据语音识别模型，将输入的语音信号特征与语音模板进行比较，通过一定的搜索和匹配策略，找出一系列与输入语音相匹配的最优解。最后，输出识别的结果。具体流程如图5-8所示。

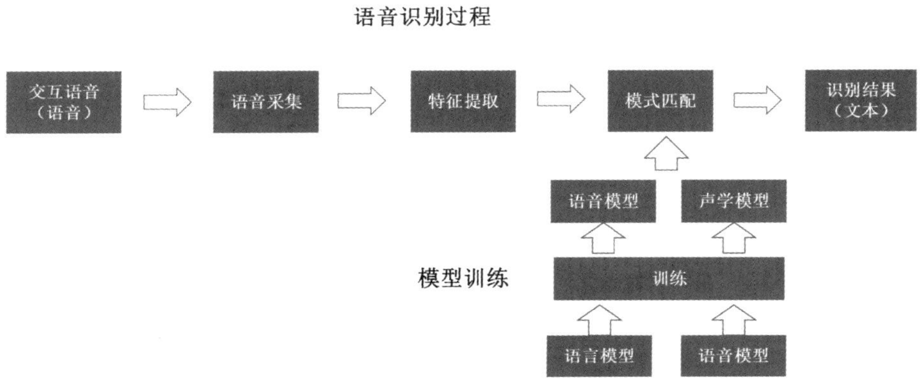

图5-8　语音识别具体流程图

利用深度学习技术训练其中的声学模型和语言模型能够获得更好的效果。深度学习中的RNN模型是语音识别模块中经常使用的深度学习模型之一，而LSTM是一种经过修改的RNN网络，可以有效地处理时间序列中的长期依赖问题。因此，使用RNN中的LSTM来进行语音模型的训练能够获得不错的效果。我们通过构建LSTM深度学习网络来训练声学模型，可以分为三个步骤：数据集的准备、声学模型的构建、模型的训练。

数据集的准备：数据集采用TIMIT语音库，并将该语音库分为训练集（70%）和测试集（30%）。语音库中数据的具体参数如表5-2所示。

表5-2　TIMIT语音库参数

分类	说话人数	句子	时间
训练集	462	3696	3.14
测试集	189	1532	0.97

声学模型的构建：CTC（Connectionist Temporal Classification，连接器时间分类）是RNN的顶层设计，用于解决语音识别中时间序列的输入特性和输出标签长度不一定相

等的问题。通过向LSTM顶部的Softmax向量输出插入CTC模型，并使用CTC解码方法减少训练出来的声学模型在整个序列上的损失，然后可以利用LSTM正确地预测语音的序列标签。

模型的训练：CTC训练的过程类似于传统的神经网络，在构造损失函数后根据反向传播算法进行训练，然后衡量整个序列与正确标签之间的差别。声学模型训练的CTC损失函数定义如下，其中$p(z|x)$是条件概率，如式（5-6）：

$$L(s)=-In\prod_{(x,z)\in S}p(z\mid x)=-\sum_{(x,z)\in S}Inp(z\mid x) \quad (5-6)$$

在LSTM模型的训练过程中，使用的是梯度下降法训练，并且使用了分批次训练的策略，即将训练样本分为多个批次，根据每一批次的训练更新模型的参数。这种策略通过每批次中的数据确定当前批次梯度传输的方向，因此，将批量大小设置为20，学习率设置为0.003对LSTM进行批次训练。

（二）自然语言理解模块

自然语言处理（NLU）是一种理论驱动的计算技术，用于自动分析和处理人类语言。自然语言理解旨在理解问题和文档的含义及含义之间的关系。在语音交互中，输入的用户语音指令在经过语音识别模块后转化为文本，并作为数据输入到自然语言模块中，让机器进行分词，即将文本按照“词语”的粒度进行切分（可以利用一阶马尔可夫模型、隐马尔可夫模型、条件随机场、循环神经网络等进行分词）。之后进行文本表示，将文本转换为数值让计算机可以理解和计算（通过隐含狄利克雷分布、循环神经网络等方法）。最后，利用转化的数据进行分类并理解其表达的含义或情感，如图5-9所示。

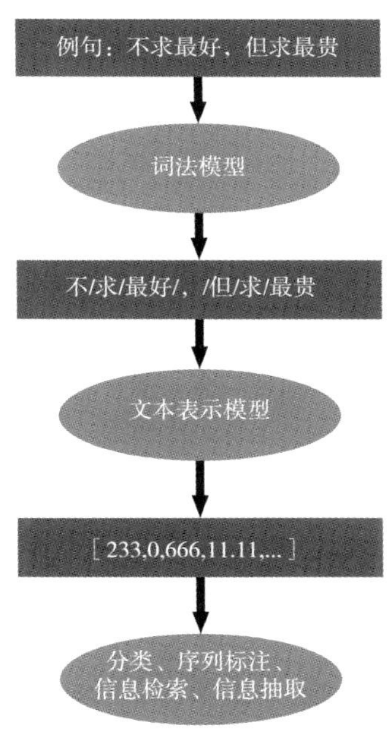

图5-9　NLU数据处理过程

因此，我们通过构建一种Bi-LSTM-CNN模型来实现对自然语言的处理，并应用在新闻文本的分类中。主要过程分为三步：数据集的准备、模型的构建与模型的训练。

数据集的准备：本实验中使用的数据集是用于培训和测试的THUCNews，它从体育、金融、房地产、家庭、教育、技术、时尚、政治、游戏和娱乐这十个类别中选择新闻作为实验数据。该数据集共有65000条语料，其中训练集包括50000条语料，验证集包括5000条语料，而测试集包括10000条语料。

模型的构建：将单向LSTM层更改为双向LSTM层作为其递归神经网络。前向LSTM

是指顺序处理语料库中数据，而后向LSTM是指以相反顺序处理语料库中数据。这样的结构不仅考虑了正向语义，还考虑了逆序语义，极大地改善了对文本语义的表达。每个位置的单词向量具有从LSTM两个方向上获得的表达式，并且每个单词的左右上下文表示为式（5-7）。

$$c_l(x_i)=g\left(w_l c_l(x_{i-1})+w_{sl}E(x_{i-1})\right)$$
$$c_r(x_i)=g\left(w_r c_r(x_{i+1})+w_{sr}E(x_{i+1})\right) \quad (5-7)$$

模型的训练与结果：采用随机梯度下降算法的训练方式来更新参数。每个实验每次使用128个样本，初始学习率均设置为0.8，dropout率为0.5，对模型进行训练。

四、基于智能仿真的虚拟现实交互

基于3D数据处理的虚拟现实渲染技术全方位影像（Omni-Directional Images，ODIs）可以在用户佩戴VR头盔时提供身临其境的用户体验。这种ODI数据表现为一个球体，并且包含一些显著性模型所依赖的特征图，这些特征图突出一些分解图像的结果特征（包括全局特征、面部检测特征、位置偏差特征等）。虚拟现实技术在进行环境渲染时通过计算得到每个环境的一系列权重，将这些特征图进行线性组合，生成用户所看到的虚拟环境。

虚拟现实交互过程中会产生大量的3D数据，通过深度学习技术可以更快地利用ODI技术处理，生成更加准确的环境数据，产生更好的渲染效果。其实现过程分为以下三步：

（1）数据集与数据的预处理：数据集采用ICME（International Conference on Multimedia and Expo，国际多媒体及博览会议）2017大会上的ODI数据（总共40个），以显著图的形式给出了头部和眼睛跟踪的地面真实数据。由于训练数据仅包含40张图像，数据量不足以正确训练CNN。为了解决此问题，使用视场角（Field of View，FOV）将ODI分生成一百个大小相等的部分（成对的彩色图像和地面真实显著图），从而生成4000个图像，包含地面图像的显著性（ground truth saliency）和球体坐标的数据集。即使只有少量的ODI可用，这种数据增强策略也可以提供足够的数据进行训练。之后，将数据集分成两组，即用于训练的3200张图像和用于测试的800张图像。

（2）模型的构建：整体的网络模型（图5-10）是将ODI图片作为输入，通过预处理分割成六个部分，经过SalNet360处理后进行合并。SalNet360中间的处理部分是由基础CNN模型和优化架构两部分组成。结构如图5-11所示。

基础CNN模型经过训练后用于检测传统2D图像的显著性图，并在基础CNN之后添加了优化框架，该优化框架以CNN输出的显著性图和每个像素的球坐标这两个通道作为输入。每一个卷积层后都有一个ReLU的激活函数，并通过池化层减小后续卷积层中特征图的尺寸，同时增强模型的平移不变性。为了让最终的特征图与输入的图像具有相同尺

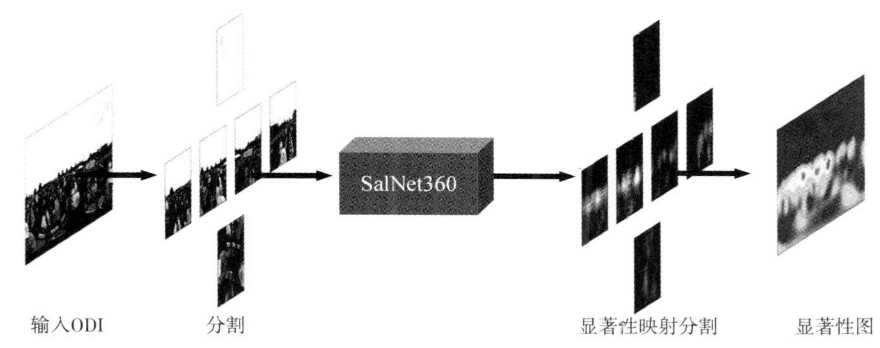

图5-10　整体网络模型

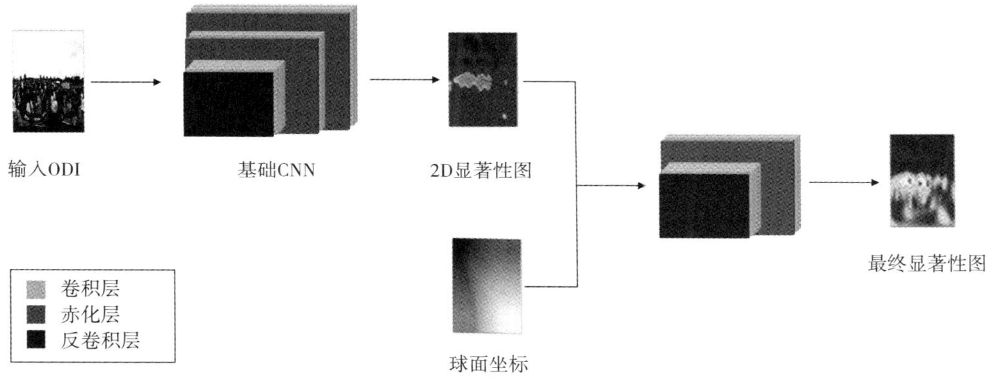

图5-11　基础CNN模型和优化框架结构

寸，在末尾还添加了反卷积层，通过欧式损失函数在传统2D的图像上训练基础CNN。

（3）模型的训练与结果：训练分为两个阶段，第一阶段是对基础CNN模型的训练。将输入的图像缩放到360×240分辨率，通过随机梯度下降的方法对神经网络进行2000次的迭代训练，训练批次大小为4。在训练的第二阶段，先使用与第一阶段相同的技术对图像进行预处理。同时，CNN的初始权重采用第一阶段训练后得到的权重。训练批次大小设为5，进行22000次迭代训练。通过深度学习能够大幅提高机器对于3D数据的处理能力，提高了虚拟现实的渲染速度和质量，让虚拟现实的沉浸感更强。

第四节　典型案例

一、Google Nest智能管家

（一）Google Nest的介绍

Google Nest是由Google公司开发的一系列智能扬声器产品。这类产品能够根据用

户说出的语音命令，通过产品内部的虚拟助手Google Assistant与云端设备进行交互，这些命令可以让用户控制音乐的播放、视频的播放、打开一些软件等。同时，用户还可以通过语音命令控制智能家电设备，甚至能够自定义语音类别，实现自定义对话等功能（图5-12）。

图5-12 Google Nest语音音箱

（二）语音交互——Google Nest会话设计

Google Nest通过Google Assistant使用会话系统来处理用户的语音命令，完成语音交互。这种会话设计是基于人类对话的语言而设计诞生的，它是几个设计学科的综合，包括语音用户界面设计、交互设计、视觉设计、动作设计、音频设计和UX（User Experience，用户体验）写作。对话设计师的角色就像是一个建筑师，在考虑用户需求和技术限制的同时，还需要确定用户可以在空间中做什么。他们在规划对话时，需要根据详细的设计规范来定义流程及其基础逻辑，使用户获得完整的用户体验。可以说，会话设计的核心就是谈话的流程及基本逻辑，如图5-13所示。

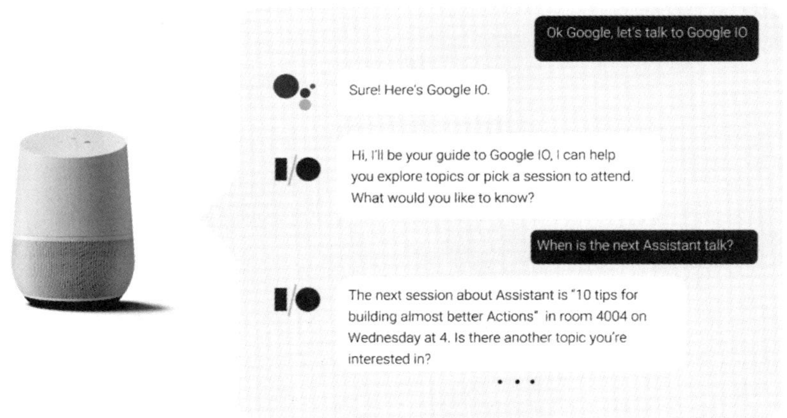

图5-13 与Google Nest音箱对话咨询助理谈话安排

（三）Google Nest的会话过程

会话在用户准备使用产品时开始，一直持续到用户选择退出（使用预设短语）时结束。在会话期间，Google Assistant语音助手将用户的语音输入打包成JSON（JavaScript Object Notation，JS对象简谱）数据，以请求的方式发送给服务器进行自然语言处理，这些请求会携带JSON数据发送到云端的会话实现模块（对话系统）。会话模块将用户的语音命令解析为结构化数据，并通过部署在云端的模型对数据进行语音识别、自然语言理解等操作，然后将响应返回给Google Assistant。最后，语音助手会处理响应，并且将处理结果呈现给用户，如图5-14所示。

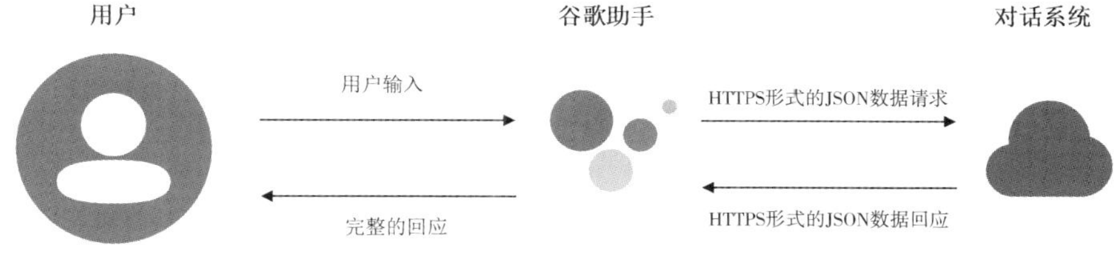

图5-14　Google Nest会话过程

会话的设计定义了用户在发出语音命令之后机器应如何与之进行交互，即定义一些有效的用户输入，并设计了机器在获得该输入后的处理逻辑及对应提示，以此来响应用户。图5-15介绍了Google Nest执行一个完整会话的四个步骤：

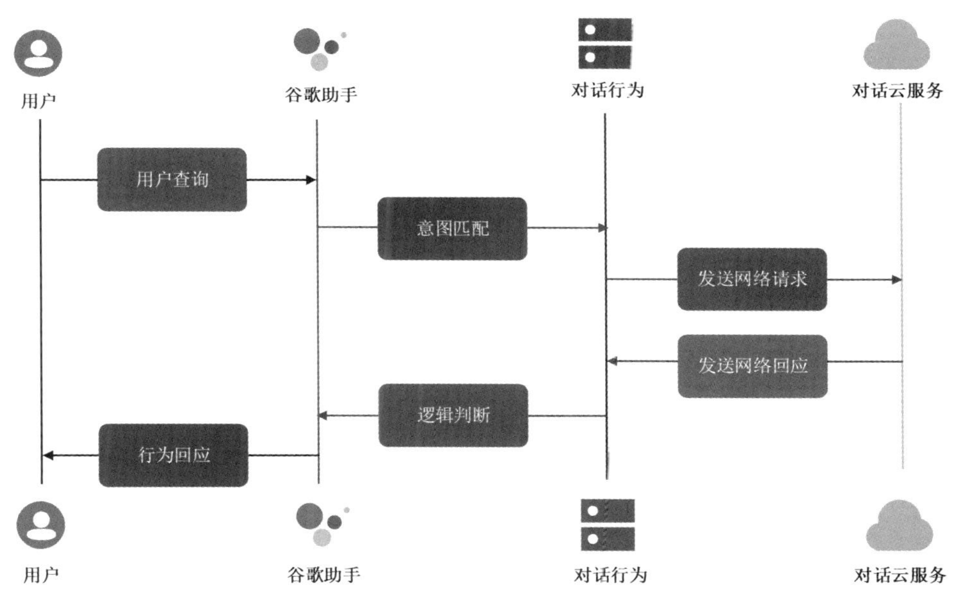

图5-15　Google Nest数据交互过程

机器执行语音识别与意图理解的流程为，当用户发出一些命令之后，搭载的Google Assistant会将数据传给会话模块，该模块将识别输入的语音，并通过自然语言理解让机器理解用户的意图。在获取用户的意图时，Assistant还可以从输入的语句中提取特定的参数，如日期或数字这类性质特殊的词。然后，Google Assistant会结合提取的参数进行判断，匹配用户的使用场景，并根据设定的场景逻辑，执行对应的用户反馈操作，例如设置备忘录或闹钟（根据所提取的时间参数）。场景执行完毕后，Google Assistant通常会向用户发送提示以继续对话，或者在适当情况下结束对话，例如，通过询问“是否继续添加闹钟”来继续对话，或者报告“已经成功添加闹钟”来结束对话。

（四）Google Nest语音识别的AI技术实现

Google Nest所采用的是多通道的语音识别系统。该语音识别系统中的声学模型的框架如图5-16所示。每个通道的声学数据经过快速傅里叶变换（Fast Fourier Transform，FFT）后，被传递给自适应WPE（Weighted Prediction Error）前端（WPE是加权预测误差算法，其作用是去除混响）。经过WPE处理后，数据的FFT特征被馈送到fCLP（factored Complex Linear Projection）层进行多通道处理并产生时频表示。经过fCLP处理的输出被传递到Grid-LSTM模型（Grid Long Short-Term Memory）。最后，输入到标准的LDNN声学模型，输出模型的判断结果。

图5-16　Google Nest语音识别的AI技术实现

二、微软Xbox游戏机

（一）Xbox的介绍

Xbox是由微软开发的一款家用视频游戏主机，用户不仅可以用它玩游戏，还可以用它听音乐、看视频。它拥有多款外部设备，例如，无线控制器、扩展硬盘、Kinect运动感应摄像头等。Kinect传感器让Xbox可以识别玩家的动作并将其投射在电视屏幕上，使玩家可以在游戏中使用动作进行交互控制，如操纵角色跳舞、运动、对话等，将用户从控制器中解放了出来（图5-17）。

图5-17　Xbox设备（左）；Kinect传感器（右）

（二）Kinect传感器的介绍

Kinect传感器包括RGB彩色摄像机、红外发射器（Infrared Emitter，IR发射器）、麦克风、倾斜马达等。其中，RGB摄像机用于获取房间中物体和人的图像信息，IR发射器将红外光投射到房间中，4个麦克风能够确定声音和语音的来源，倾斜马达能够检测前方人的大小，从而对Kinect进行位置的调整。这些传感器能够给AI提供大量的数据基础，如图5-18所示。

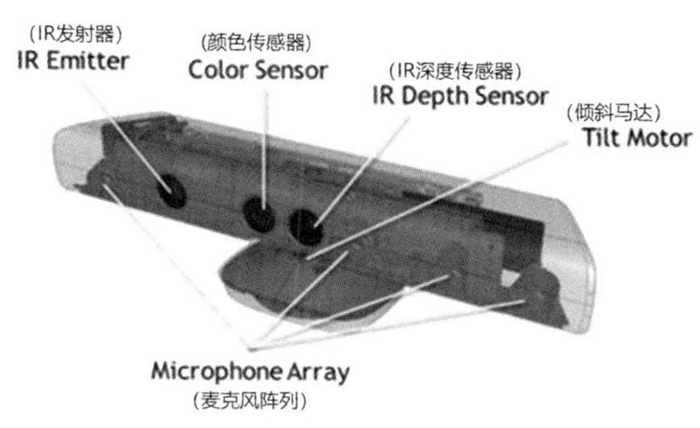

图5-18 Kinect传感器内部结构

Kinect带有内置摄像头等传感器，用于采集用户的数据。这些数据通过AI技术进行处理，让Xbox能够对场景中的不同对象进行分类。例如，Kinect的传感器通过收集用户的人体识别数据来控制游戏中的角色（如通过骨骼追踪来获取人体关节的数据，并将其信息保存在游戏机控制的临时服务器中）。Kinect也可以收集和使用用户的身份数据，让用户通过面部识别直接登录游戏账号。同时，Kinect也可以记录语音、照片和视频，让用户和游戏机进行语音交互，并在游戏过程中自动拍摄图片。

（三）基于Kinect的手势交互

在激活Kinect的光标后，可以利用图5-19所展示的五种手势来控制Xbox的应用。

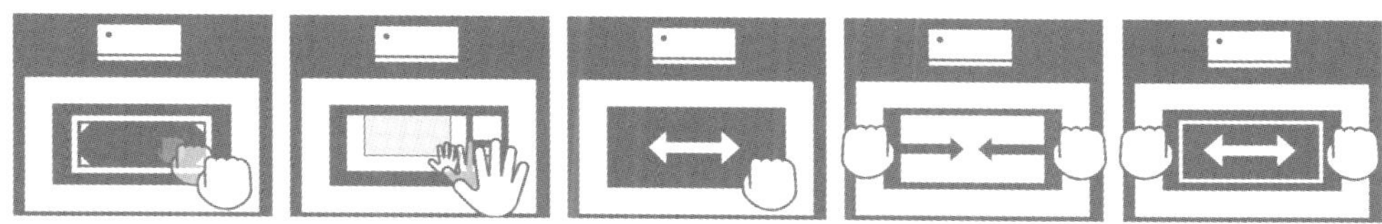
图5-19 五种控制Xbox的交互手势

下面将按照图片从左至右的顺序依次介绍这五种操作手势：

1. 放大与缩小

用一只闭合的手来“握住”互联网浏览器或其他的应用程序，当手移向屏幕时，会将内容推开或缩小；当手向靠近身体方向移动时内容会放大。

2. 通过按下并释放来选择想要的内容

将张开的手放在想要选择的内容或项目上，向前推进，直到光标移动到想要的位置，通过轻轻向后拉完成选择。

3. 抓住并移动

伸出手放在Kinect面前然后握住手，当Kinect光标从张开的手变成闭合的拳头时，可以通过水平移动手来移动页面，甚至可以在一些支持手势操作的浏览器中上下滚动页面。

4. 返回主页面

双手平举张开后会看见屏幕上出现提示，之后将双手握紧并合在一起就可以缩小当前窗口并返回到主页。

5. 将游戏或应用设为全屏

双手抓住窗口的两边后向外分开，可以让应用或游戏全屏显示。

（四）动作交互AI技术的实现

用户的手势动作交互通过Kinect设备的骨骼追踪功能实现。Kinect设备在进行骨骼追踪时，最多可以同时追踪两个与设备进行交互的人员，并通过20个关节的集合将每个ID（Identification，身份标识）都关联在一起。为了更加准确地识别用户的动作，Kinect设备的摄像机角度必须完全覆盖用户的身体，若部分骨骼关节不可见，Kinect设备则会尝试在该部分插入一个虚构的位置。关节的位置可以通过公式（i=1，2，3，…，I；t=1，2，3，…，T）表示，即第i个关节点在第t帧的位置，P（t）i表示该点在X，Y和Z轴上的位置。通过这种方式计算出末端的运动轨迹，以此来描述肢体的运动特性，并通过局部或全局的运动来描述肢体的运动信息。由Kinect获取了3D骨骼关节的坐标后，选择关节点和所选线之间的距离来建立人体骨骼模型，以这种数据的方式对LSTM模型进行训练，从而让设备对肢体动作的识别能力大幅提高。

此外，微软研究院的Handpose也是基于Kinect传感器的一种手势识别算法，它大幅提升了Kinect手势追踪的精度，并将手势骨骼的万亿种可能降低为200种可能，同时提高了算法的速度，增强了计算机对手势的识别能力。

三、宝宝跟随摄影仪

（一）宝宝跟随摄影仪的介绍

宝宝跟随摄影仪是由浙江工业大学AI设计团队设计的一款智能摄影机器人，用于捕捉记录宝宝的日常生活和成长变化。家长可能会想要记录宝宝的日常活动和成长变化，但是由于工作忙碌或拍照角度不合适（2岁以下的宝宝喜欢爬行，大人俯视角度的拍照有时并不适合记录）等原因，往往错过了很多美好瞬间。基于此背景设计的“宝宝跟随摄影仪”（图5-20）能通过内置的智能技术，将镜头锁定在宝宝的身上并进行跟踪拍摄，帮助家长记录宝宝日常生活中的美好瞬间。

（二）设计过程

宝宝跟随摄影仪主要有两个功能，一是将镜头始终对准宝宝并跟踪拍摄，二是决定什么时候进行拍摄。将镜头对准宝宝的第一步是让机器明确需要关注的目标，通过目标检测模型让机器能够从家庭环境中识别出宝宝，并且获取其在空间中的x、y、z坐标，让机器能够根据宝宝的不同的位置来同步调整自身位置。

想让机器自主决定什么时候进行拍摄，需要先让机器学会管理自己拍摄的大量照片，筛选出有意义的照片，删除无意义的照片。为达成该目的，需要利用AI技术训练模型，让其明白什么是糟糕的图片，比如，拍摄孩子的时候家具挡在了镜头前、镜头抖动了或没有

图5-20　宝宝跟随摄影仪的产品效果图

聚焦等。通过这种方式排除无意义的照片，能让机器拍摄的照片质量直线上升。同时，机器还需要明白什么是有意义的照片，比如记录了家长和宝宝之间亲子互动的照片。

（三）技术实现

摄影仪在工作时，采用基于CNN的人脸识别模块来识别宝宝的人脸。同时，摄影仪会识别特定物体在屏幕中的坐标，并将其蓝牙传输至Arduino UNO开发板，通过对坐标的分析来控制小车的速度和转向等移动条件，控制摄影仪跟随拍摄。通过对深度学习模型的训练，机器不仅可以对拍摄的素材进行筛选，还可以根据设定的拍摄张数和拍摄间隔时间自动下达拍摄命令，实现自动拍照。蓝牙模块的引入让手机与摄像头连接起来，实现了实时监控的功能，也使拍摄的照片或视频能自动存储到SD（Secure Digital Card，安全数字卡）卡上（图5-21）。

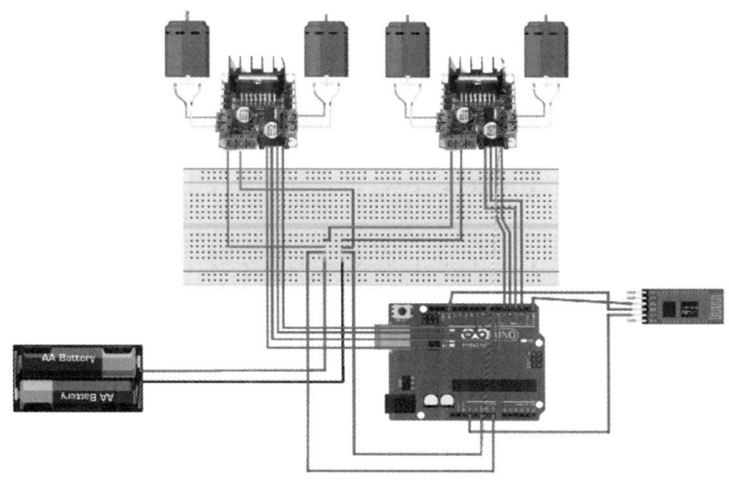

图5-21　识别跟随元器件

四、智能分类垃圾桶

（一）设计介绍

智能分类垃圾桶由浙江工业大学AI设计团队设计，用于垃圾的智能分类（图5-22）。其内置的智能技术使系统能够利用目标检测算法，即通过图片识别一个或多个垃圾并对其进行分类。同时，结合基于深度学习算法的文本分析，系统能够充分理解各种物体名称的具体含义，提高识别效率，方便对垃圾进行精准分类。

图5-22 智能分类垃圾桶产品效果图

（二）主要功能介绍

基于图片进行垃圾分类：系统能够对图片中的多个物体进行检测并进行垃圾分类，最终返回待分类垃圾的物体名称及其所属的垃圾类别。

基于文本进行垃圾分类：系统对接收到的文本进行检测后，会返回待分类垃圾所属的垃圾类别。

（三）技术实现

首先，将垃圾投入垃圾桶，随后垃圾会通过识别口落入对应的识别区域。为了方便垃圾落入正确的识别区域，该垃圾桶设计了倾斜的坡面。其次，该智能垃圾桶采用基于卷积神经网络的垃圾分类图像识别系统和基于深度学习算法的文本分析技术，用以准确识别垃圾的类型。最后，垃圾桶会自动旋转，打开相应的分类区域，使垃圾正确投放到对应的垃圾分类区域（图5-23）。

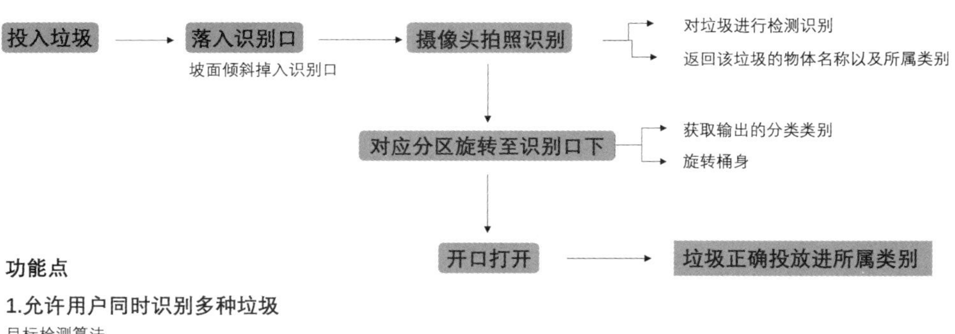

图5-23 智能分类垃圾桶的技术实现原理

五、皮影交互软件

图5-24　皮影交互软件界面

（一）设计介绍

皮影艺术始于西汉，兴于唐朝，盛于清代，距今已有2000多年的历史，蕴含着深厚的文化底蕴。但由于受到大众媒体的冲击，传统皮影表演慢慢消失在人们的视野中，对于大部分人来说，都没有接触到它的机会。源于“通过趣味的交互方式吸引大家去接触、了解皮影艺术”这一想法，浙江工业大学AI设计团队设计的皮影交互软件应运而生。这是一款旨在传承和发扬皮影文化的应用程序，借助科技手段把皮影制作的繁杂过程清晰地展现出来，并通过趣味互动的形式介绍皮影人物及表演，激发大众兴趣，打造圈层文化（图5-24）。

（二）主要功能介绍

基于深度学习模型，皮影交互软件能从录制的舞蹈编排视频中识别出人物的骨骼点，并根据骨骼点位置信息，对皮影素材进行旋转等变换，最终完成皮影表演视频的制作。其中的皮影人物形象，既可以是自己的简单群组设计，也可以是通过流程创作出来的皮影人物。

（三）技术实现

数据分析和处理：获取人体关节点的位置信息，通过计算得出人体动作变化并将其映射在皮影人物上。

App开发实现：App开发代码，通过Swift5在Xcode软件上开发皮影交互软件，并成功运行在iOS设备上（图5-25）。

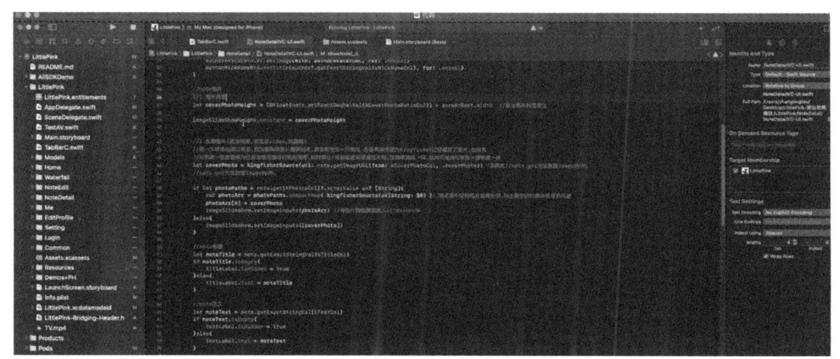

扫码看
图5-25原图

图5-25　App开发实现

App后台云数据库：用于用户信息的存储、用户笔记的存储、文件的存储，让App能够联网并动态获取数据（图5-26）。

扫码看
图5-26原图

图5-26 App后台云数据库

参考文献

[1] 范俊君，田丰，杜一，等. 智能时代人机交互的一些思考[J]. 中国科学：信息科学，2018，48（4）：361–375.

[2] MAKRIDAKIS S. The forthcoming Artificial Intelligence (AI) revolution: Its impact on society and firms[J]. Futures, 2017, 90: 46–60.

[3] 范向民，范俊君，田丰，等. 人机交互与人工智能：从交替浮沉到协同共进[J]. 中国科学：信息科学，2019，49（03）：361–368.

[4] CRAIK A, HE Y, CONTRERAS-VIDAL J L. Deep learning for electroencephalogram (EEG) classification tasks: a review[J]. Journal of Neural Engineering, 2019, 16(3).

[5] TABAR Y R, HALICI U. A novel deep learning approach for classification of EEG motor imagery signals[J]. Journal of Neural Engineering, 2017, 14(1).

[6] LUVIZON D C, PICARD D, TABIA H. 2D/3D pose estimation and action recognition using multitask deep learning[C]//Proceedings of the IEEE Conference on Computer Vision and Pattern Recognition. 2018: 5137–5146.

[7] NASSIF A B, SHAHIN I, ATTILI I, et al. Speech Recognition Using Deep Neural Networks: A Systematic Review[J]. IEEE Access, 2019, 7: 19143–19165.

[8] LAWHERN V J, SOLON A J, WAYTOWICH N R, et al. EEGNet: a compact convolutional neural network for EEG-based brain-computer interfaces[J]. Journal of Neural Engineering, 2018, 15(5).

[9] AMIN S U, ALSULAIMAN M, MUHAMMAD G, et al. Deep Learning for EEG motor

imagery classification based on multi-layer CNNs feature fusion[J]. Future Generation Computer Systems, 2019, 101: 542–554.

[10] ELBOUSHAKI A, HANNANE R, AFDEL K, et al. MultiD–CNN: A multi-dimensional feature learning approach based on deep convolutional networks for gesture recognition in RGB–D image sequences[J]. Expert Systems with Applications, 2020, 139.

[11] ASIF A R, WARIS A, GILANI S O, et al. Performance Evaluation of Convolutional Neural Network for Hand Gesture Recognition Using EMG[J]. Sensors, 2020, 20(6).

第六章
基于计算机辅助设计的AI设计方法研究

本章包括以下内容：

- AI辅助设计的优势
- AI辅助设计的分类
- AI算法如何实现计算机辅助设计
- AI辅助设计的典型案例

如今，AI使用算法来推送用户期望的内容，即使不是从事与之相关的行业，AI对人们的影响也已经无处不在，它在很短的时间内就嵌入到生活中的方方面面。对于设计领域，AI也有着深刻的意义。它正在改变我们的设计和构建方式，并且在设计的各个阶段都起到了辅助和推动作用，如激发创造力、分析用户需求、输出多个方案、个性化用户体验等，AI的不断发展将会提高设计师的创意投入占比。

本章首先分析了人工智能在计算机辅助设计领域的优势，以及其在产品设计的各个阶段（发现问题、定义问题、构思方案、交付方案）均能起到有效的辅助作用。其次，针对AI技术在辅助建筑设计、辅助产品设计、辅助平面设计、辅助服装设计等方向的进展与应用，归纳总结了AI有效辅助设计的模式与方法。再次，探索了图像超分辨、自动排版布局、风格迁移的实现方式，构建AI辅助设计的模型框架。最后，通过介绍AI辅助设计的典型案例，进一步探寻AI技术在计算机辅助设计领域的应用可行性。

第一节　AI辅助设计的优势

不同设计领域的工作内容存在差异，设计方法也不尽相同，但是大体上解决问题的思路是一致的。在此以“双钻模型”为例，对AI辅助设计在不同阶段的优势进行论述。双钻模型描绘的是设计流程中发散和收缩的过程，由英国设计协会提出，是一种设计师使用的思考模式。AI能够在设计的各个阶段发挥优势，起到辅助和驱动的作用。按照双钻模型的框架来说，可以分为以下几个阶段：发现问题、定义问题、构思方案、交付方案。

一、发现问题

AI能够帮助设计师更全面、更准确地“发现”设计问题。在传统设计的“发现问题”阶段，设计师必须进行设计调研、用户画像，以获取用户需求、明确设计方向。其中的许多方法实用而有效，在如今的设计工作中依然重要且无可替代，不过它也有一定的局限性，因为人为调研易受主观想法影响，耗时费力且受访谈效果影响较大。而在AI的辅助下，我们可以根据个人用户的数据流和大数据概括的用户需求进行更精准的用户需求定义，将用户的选择倾向、使用习惯，甚至是很多他们自己都不知道的使用细节或者心理，通过用户行为记录呈现出来，最后到达设计端。在这个万物互联的时代，用户访问网站、App及其他数字服务时，会生成大量数据，利用AI进行复杂的数据分析，并捕捉交叉数据的信息，从而更深入、更精细地评估用户在产品或服务方面的行为习惯。

同时，AI还能够基于对已有数据的分析进行预测。以服装设计领域为例，时尚趋势日新月异，市场上每天都有在款式、设计风格上的更新，设计师需要获悉这些新趋势并不断与之博弈，因此，想要实现精准和快速的创新是非常困难的。然而，AI算法在这方面具有突出的优势，它能够分析时尚元素和销售数据，让设计师直观地看到哪些产品卖得好，哪些产品并不畅销，再结合近期流行趋势的变换来预测未来的时尚风向，最后推荐设计方向。随着AI技术的不断发展，它将在数据收集和分析工作中发挥更大的作用。

二、定义问题

如果说前一阶段是发散的，需要通过广泛调研来发现问题，那么这一阶段则是收拢的，毕竟在发现问题阶段我们收集到了各种各样的设计问题和用户需求，那么我们要怎么确定设计方向？其中，思考和总结是必要的，也要进行一定的取舍，我们关注的焦点是用户当前最关注、最需要解决的问题是哪些。聚焦核心问题之后，再将之前分析和总结出来的问题进行比较，以寻找机会突破点并继续深入探索。在这样的设计流程中你会发现，分析及定义核心问题是带有不确定性的，并且人工处理这些工作易受主观倾向和判断的影响。AI辅助设计的不同之处就在于它是基于大数据进行数据分析和比较，结合市场销量和用户购买行为直接判断市场流行风向，同时收集用户行为反馈，快速聚焦关键信息，它给出的所有结果都是基于对真实数据的统计，因此会更加直观并且具有说服力。

三、构思方案

AI辅助设计师构思方案能够提升方案的产出效率，优化方案的呈现方式。首先，AI可以从两个方面提升方案产出效率：一是从单个方案的生成方面提升设计效率。线稿优化、自动上色、自动填充、快速3D模型构建等算法加速了传统设计的呈现过程，由AI承担了设计工作中烦琐的重复性任务，如Airbnb公司使用AI算法实现由线稿原型到代码转换的自动生成。二是从多方案生成方面提升设计效率。由设计师完成多个方案的设计费时费力，因为设计师的精力有限，但AI能够实现多个方案的迅速生成，如“Nutella Unica”罐，由算法生成的700万个罐子的包装均不相同。其次，AI优化了方案的呈现方式，相较于以往设计方案的呈现效果来说，AI技术使设计方案的真实感更进一步。以往，设计师是基于各类绘图、建模工具来表达自己的设计想法，以2D图、3D模型和全景图来向客户展现更加真实的效果，但是设计师与客户间容易存在理解偏差，而增强现实技术则使这个偏差进一步减小。以室内设计领域为例，其设计方案通常以图片和全景图呈现，想要让用户据此完全想象出实际效果的话有一定难度。但是，增强现实技术可以让用户“身临其境”地置身于设计空间内，有效降低了用户的理解难度。

四、交付方案

AI自动化产品测试及快速更新迭代有效地提升了方案交付效率，缩短产品开发周期。在交付方案阶段，需要对以上阶段所有的潜在解决方案进行比较分析，最终选择出一个或多个进入后续的开发制作、测试和迭代环节。传统的设计流程是一个设计师专注于一个方案，设计周期长，测试、迭代与更新也在设计开发周期中占用了相当长的时间。以产品设计为例，测试产品功能在批准生产之前需要占用产品经理大约30%～50%（占整个项目周期）的工作量，而AI可以使用数千个用户会话来测试产品功能，同时，还能使用多个、不同类别的用户进行A/B测试，从市场分析的角度测试哪一个方案更优。

第二节　AI辅助设计的分类

一、AI辅助建筑设计

建筑是工程和艺术的结合，建筑设计涉及大量的感性因素、文化背景和技术评估。作为一种艺术形式，建筑不仅要符合美学要求，还必须满足功能、经济和生态的要求。因此，与其他艺术创作相比，建筑不仅是一个艺术对象，更是一个对实际用途有很高要求的功能性目标。建筑设计领域中对自动化解决方案的研究一直是基于空间的创造，旨在为用户量身定制方案，同时满足文化、法律、结构、预算和时间的要求。这些变量越来越复杂，导致设计师越来越难以管理。对于已有的AI辅助建筑设计的研究，以下将从设计认知、智能生成、设计辅助三个方面进行阐述。

（一）建筑对象设计认知

与设计认知相关的研究，目的是从设计数据中学习并训练网络，实现对设计领域的认知和理解。研究者们采用了多种先进的技术来识别和生成与建筑相关的图像和模型。例如，有研究使用GAN来实现2D建筑平面图及其相对应标注图的识别和生成；另有研究应用3D CNN（三维卷积神经网络）识别建筑物的类型，依据形状将建筑物分为扁平、蜂窝和塔状，并训练模型识别输入的建筑物模型的类别。在建筑家具领域，研究者以椅子、沙发和凳子等座椅为目标，训练CNN识别图片中的物品类别和特征参数，如材料、座位容量和设计风格；2D CNN被用于对建筑信息建模（Building Information Modeling，BIM）的建筑模型自动分类，分两个阶段识别对象，即先将模型大致归类（如墙壁、窗户、座椅），再进行类别内的细分（如沙发或凳子）；在城市活动识别中，大量基于Wi-Fi（Wireless Fidelity，无线保真）的个人原始数据被聚类分析，用以识别城市内活动密集的区域，并从数据推断区域的大小；在技术图纸的模式和特征识别方面，研究者们训练CNN模型以实现对大量技术图纸的模式和特征的识别，如剖面图、平面图和立面图；此外，还提出了一种基于GAN从360度摄像机图像中分割天空区域，以此来估计居住环境质量的方法；最后，也有研究使用GAN训练模型，自动识别建筑物里面的墙和窗户。在建筑设计的认知应用方面，AI将在未来发挥更大的作用。

（二）建筑方案智能生成

与智能生成相关的研究，目的是训练深度学习算法学习已有的建筑方案，从而生成相似的方案。当前已有多项将神经网络应用于建筑方案智能生成的案例，例如将ANN（Artificial Neural Network，人工神经网络）应用于预测3D模型，在合理的误差范围内快速构建近似模型；利用GAN生成城市街景的合成图像；基于聚类算法提出了网格简化方法，用于从无人机拍摄的图像中还原城市模型；将虚拟城市模型的构建模式用于生成街景的语义分割图，以生成街景实景图片，用户还可以自由改变城市设计，然后得到GAN实时生成的街景影像的反馈。AI虽然不能完全代替人类建筑师，但是它的学习生成能力却能在极大程度上辅助设计师进行设计。

（三）建筑过程设计辅助

与设计辅助相关的研究，其目的是设计与构建AI工具和插件，并帮助建筑师快速应用。例如，利用ANN来捕获设计师的设计偏好，学习设计师的选择倾向，自动从随机生成的数据中选择更好的设计；使用K-Means聚类算法来探索特定空间内参观者的行为特征和习惯；使用聚类算法收集和检测室内定位数据，以推断在室内办公环境及其他室内空间中人们的交互特征；利用ANN模型从复杂的环境参数输入中预测粮仓建筑的热性能，以及最大影响力设计参数，从而获得建筑节能的策略；将ANN应用于寻找城市高层建筑在变化风环境下的最优设计形态；将ANN应用于对日光情况的评估；使用聚类算法过滤生成系统生成的众多设计方案，去除相似方案，使面向用户的推荐更加精确；利用CGAN模拟城市设计中的风速热力图等。在建筑设计辅助方面，虽然AI并不能直接地辅助设计师的方案生成，但是能给设计师提供更多的技术支持和参考。

二、AI辅助产品设计

产品设计往往要求设计师对最新的生产技术和加工工艺进行综合判断，同时，产品设计师还要观察生活，发现痛点，为用户带来更好的产品。除此之外，产品设计师也要考虑到造型设计方面的问题。概率建模和统计学习的最新进展，加上大型训练数据集的可用性，推动了计算机视觉的显著进步。生成概率模型可以捕获丰富的场景结构，3D建模更是产品设计师必须掌握的技能之一。如今，各种建模软件和制图工具已经使产品建模能够实现非常复杂和丰富的设计效果，开发者们也在不断研发以降低建模的操作难度，AI的出现和发展为这一环节带来了更多可能性。下文将以AI辅助产品设计中的3D建模为例，介绍一下近些年来相关研究的发展。

（一）产品造型三维重建

三维重建（3D Reconstruction）技术在计算机图形学与计算机视觉领域一直是热点课题之一，随着这项技术的发展，也有许多学者将其应用于辅助产品设计。对于图形和视觉来说，从单一的图像合成一个三维物体的新视图是十分具有挑战性的，这是由于将三维物体投影到图像空间中时，很难观测其固有的部分，也很难去推断物体的形状和姿态。然而，AI算法可以通过训练神经网络来解决这个问题，对于要进行重建的对象，搜集数据集进行训练即可。

接下来介绍一下近年的研究发展。从二维图像生成三维模型：Picture是一个用于场景理解的概率编程语言，研究人员使用该语言来表达复杂的生成视觉模型；另有研究提出了一种新的循环卷积编码器——解码器网络，网络被训练为端到端的任务，即从单个图像开始渲染旋转的物体，最终实现三维模型的合成。

除了从单个二维图像生成三维模型外，为了提高模型的生成质量，降低训练难度，许多研究对原算法进行改进或提出了新算法。例如，投影生成对抗网络（Projective Generative Adversarial Networks，PrGANs）通过训练三维形状的深度生成模型，从多个物体的二维视图中生成三维模型；空间分区点云生成模型也被应用于更好地捕捉三维形态；此外，非配对监督学习、2D-to-3D提升和图像到图像的转换方法进一步优化了模型的生成效果。为了推断模型的内在属性表示，端到端生成对抗网络被引入；三维编码预测网络（3D-Encoder-Predictor Network，3D-EPN），通过数据驱动的方法，结合深度神经网络和三维形状合成技术，完成了部分三维模型的重建工作；3D编码器-解码器生成对抗网络（3D-ED-GAN）和长期循环卷积网络（Long-term Recurrent Convolutional Networks，LRCN）的结合，从损坏的模型中重建出完整的、高分辨率的3D物体；另有研究实现了从单一2.5D草图到三维模型的重建，并探索了三维点云的表示学习和可编辑三维模型的生成。在单视图形状补全和重建方面，ShapeHD将深度生成模型与反向学习的形状先验相结合，突破了现有技术的局限；基于卷积网络的单图像生成多视图三维模型也被应用于对汽车等物体的真实图像进行合理预测。此外，强深度生成模型通过概率法从三维和二维图像中恢复三维模型的研究，也为该领域带来了新的突破。产品设计的三维重建一直是AI技术应用的一个努力方向，虽然现在还不能极尽完美，但是相信在未来，这一技术一定能帮助产品设计师真正从重复性劳动中解放出来。

（二）产品三维重建优化

除了三维模型的生成外，许多研究还尝试从其他方面对生成效果进行优化。例如，有研究提出了通过深度卷积逆图形网络来学习图像可解释表示，对于给定的单一输入图像，可以生成同一物体的姿态、光照不同的新图像；也有研究提出，将深度卷积解码器网络用于生成高分辨率的三维模型，或是学习从单一图像恢复三维模型、纹理并预测形状表示；Pix3D被提出并应用于形状重建、检索和视点估计；端到端的可训练网络CVN（Convolutional Visual Network，卷积视觉网络）被提出，可以从单一图像中恢复三维形状和表面颜色，即“彩色三维重建”。产品三维重建的优化，为设计师提供了更多可能。

三、AI辅助平面设计

平面设计是与视觉联系最紧密的一个设计领域，从2006年AI为计算机视觉带来突破性变化开始，我们逐渐看到了AI在平面设计领域越来越多的可能性。虽然平面设计是设计门类中的一个分支，但平面设计也包罗万象，涵盖多种设计要素，AI在这一领域的作用形式也有所不同。接下来，本文将从智能生成与设计辅助两个方面展开介绍。

（一）平面内容生成

AI算法在平面设计领域的应用已经能够实现对一些设计内容的智能生成，例如，对图片和文本的布局排版，AI不仅能够学习已有的设计经验，还能够根据文本内容的不同匹配更适合的排版方式。例如，一种基于实例的重定位算法可以将一个网页的内容转移到另一个网页的布局中；统计风格模型可以从输入的图像和语义中创建文本并进行漫画布局；通过推断非概率图形模型，可构建漫画元素以吸引读者注意；通过优化一些视觉设计原则定义的能量函数，可以安排单页平面设计的输入内容；通过优化输入网页设计的用户关注模型，可以引导用户遵循设计师指定的输入路径。此外，针对一般平面设计的布局问题，布局方案优化方法可以基于一些视觉设计原则改善手绘布局；通过使用领域专家创建的主题相关的布局模板，可以生成在视觉上更加吸引人的视觉文本布局。同时，数据驱动的移动应用程序的设计数据库已经被用于研究像素级纹理/非文本掩模的学习相似性；已有交互系统可以将示例设计截图转换为矢量图形，以满足设计师的重用和编辑需求；深层生成模型被应用于图形的设计布局，可根据用户输入的视觉和文本语义合成布局设计，还可以根据不同的文本内容调整布局的输出。平面内容生成不仅局限于排版，在图标生成、包装生成等方面也一样适用。

（二）平面图像分析

AI还能够进行平面图像分析：基于相位一致性和图像梯度幅值，AI可以提取出人们感兴趣的特征点来评价图像质量。无参考图像评价指标（Natural Image Quality Evaluator，NIQE）通过衡量图像与自然图像统计规律的偏离程度，评估图像质量，无需对扭曲图像进行训练。最近，有研究通过数学方法证明了失真和感知质量之间是不一致的，并且失真越小，感知质量越差；DeepQA（Deep Image Quality Assessment，深度图像质量评估）系统通过训练三组扭曲图像、客观误差图和主观分数来预测图像的视觉相似性。AI辅助平面图像分析，能够从数字和数据的角度直观地呈现平面图像信息。

（三）平面设计辅助

AI除了可以直接进行创意生成、对图像进行认知分析，还可以通过增强图像来辅助设计工作。比如，学习感知图像块相似度（Learned Perceptual Image Patch Similarity，LPIPS）利用大规模的感知相似数据集和深度网络深度特征的差异，评估感知图像块相似度；通过多个上、下采样层组成的反向投影网络，迭代生成LR（Low-Resolution，低分辨率）和HR（High-Resolution，高分辨率）图像；利用通道注意力机制构建一个名为RCAN（Residual Channel Attention Networks，残差通道注意力网络）的深度模型，以进一步提高SR（Super-Resolution，超分辨率）的性能；基于CycleGAN的CinCGAN（Cycle-in-Cycle Generate Adversarial Networks，循环中循环生成对抗网络）模型可以生成没有配对数据的HR图像；引入深度判别生成网络，可以在分辨率非常低的人脸图像上实现超分辨。有研究在小波域提出了一种预测HR图像小波系数的网络，也有研究在人脸超分辨过程中，通过嵌入属性来提升超分辨的效果，并引入"超身份损耗（super-identity loss）"以衡量身份差异。相似的案例仍有许多，如使用强化学习选择注意区域，并使用局部增强网络进行顺序恢复；或是将面部成分热图与网络中间的特征连接起来；或是连接面部地标热图、解析地图与特征。此外，也可以利用多种方法来逐步完善面部超分辨率所对应的策略。例如，基于深度双网络，交替地进行面部幻觉（face hallucination）和面部对应；或是使用SRCNN（Super-Resolution Convolutional Neural Networks，超分辨率卷积神经网络）来学习从双三次插值图像到HR图像的映射；或是在VDSR（Super-Resolution Using Very Deep Convolutional Networks，基于极深度卷积神经网络的超分辨率方法）中，通过使用20层VGG-net来学习LR和HR图像的残差。为了进一步优化网络性能，还可以通过有针对性的知觉损失函数延长知觉损失的效果；基于DRCN（Deeply-Recursive Convolutional Network，深度递归卷积网络）优化网络性能，或是使用残差单元构建具有递归块的深度而简捷的网络。AI的平面设计辅助形式多种多样，各种技术手段也在不断地迭代更新，以实现更好更优的设计效果。

四、AI辅助服装设计

时尚业是一个快速变化的行业，每一季都有大量的时尚设计在不断地推陈出新，这就给设计师带来了巨大的压力。他们不仅需要创造出无数的新设计，更要创造出能够吸引顾客的优秀设计。我们虽然见证了许多帮助设计师分析消费者需求的方法的进步，但因其信息量过于庞大，仅凭人工使用这些数据生成所有可能的设计方案将耗费大量时间。

在过去的几十年里，人工智能对时尚和服装行业产生了巨大的影响。图像分割、图像识别、图像检索等AI算法已经在服装设计领域发挥出了强大的辅助作用，由于人们对于风格的理解往往没有明确的客观规则，所以很多时候人们自己也无法解释不同风格观念的形成机理，但是AI算法或许能在海量的数据中发现规律。

（一）服装图像分割

服装图像分割是服装检索、识别、评价等其他算法学习中的重要步骤之一，但包含服装的图像并非只有服装元素，还有其他信息，且同一服装在不同环境和不同搭配情况下的视觉效果也是不停变化的。为了解决这些问题，研究人员在MRF（Markov Random Field，马尔可夫随机场）模型的基础上加以改进，用以从包含多人的图像中分割出服装元素。同样为了解决多人服装分割的问题，其他研究提出了基于马尔可夫网络的多人群像服装分割方法；或是通过估计身体关节的分布，从图像中分割服装，使服装分割任务尽可能不受数量、姿势、角度、遮挡、人数等因素的影响。有些研究人员是在数据集上下功夫，建立了一个更大的数据集并且采用新的数据标记工具，或者，使用基于检索的方法来解决服装解析问题。还有研究人员开发了一套完整的服装协同解析系统，来完成服装图像的分割任务。

（二）服装设计认知

服装除了其基本元素（色彩、纹理、材料、样式等）之外，还包含了风格、情感、文化内涵。同时，服装风格是微妙和主观的，对于风格的敏感性因人而异，很难统一标签数据。但是AI算法能够通过训练，在大量的经验数据中总结这种规律，比如研究服装的不同元素和风格之间可能的对应关系。另一项研究发现，不同着装带来的感受差异可以揭示一定的规律，还可以将人像分类到不同的社会类别之中。研究人员也探索了人们之所以感觉“时尚”的原因；分析一幅图片中拉低时尚值的因素并给予反馈；通过图像中人的着装以及环境来预测人的职业等。服装设计的美感因人而异，AI也许能发现我们自己都未曾发现的规律。

（三）服装图像检索

随着电子产品的普及，图像和语音的检索形式已经超越了单一的文本检索。在服装设计中，风格是关键特征，由于服装具有多样性，想要提取和匹配其属性可能十分困难，因此我们可以借助AI强大的学习能力来完成这一任务。针对这一问题提出了多种解决方法，如借助细粒度学习模型和多媒体检索框架进行服装检索；将人体部位作为重要语义线索的大规模、跨场景的服装检索方法；结合服装属性和穿搭目的智能推荐适配不同场合服装的服装推荐系统；解决跨场景服装检索问题的系统等。此外，还引入了具有全面注释的大规模服装数据集DeepFashion，为开发强大的服装检索算法提供了条件。AI辅助服装图像检索，极大地提高了传统检索方式的效率。

（四）服装设计生成

AI算法除了能够从图像中分割服装内容、学习抽象的风格以及根据属性检索服装，还能学习生成初步的设计方案。与前面的原理相同，AI算法的生成同样是基于对已有设计师经验和作品的学习，利用AI算法快速地将其他图像上的表现风格迁移到服装上，从而输出多个新的服装设计方案，如已实现的可以辅助设计师对服装风格进行合并和转换的设计系统；将具有少数民族特色的图案通过AI算法快速转换到对应服装中的设计系统。服装内容则是由AI进行创意生成，由设计师给予一定输入，即可直接输出样式、花纹、服装材料等内容。当前已有研究可以在给定的服装轮廓中，生成包含色彩、花纹、装饰等设计元素的服装。AI生成服装设计方案，能够给服装设计师提供新的视角。

第三节　AI算法如何实现计算机辅助设计

一、图像超分辨率实现

基于图像的计算机图形模型缺乏分辨率独立性，图像无法在不影响画质的情况下缩放到图像样本的分辨率之外。因此，低分辨率的图像经过放大将导致样本图像内的特征和边缘模糊。图片素材是设计工作中必不可少的内容，而各类设计任务又对图片清晰度有着不同的要求，并不是所有图片素材都能够满足设计师的清晰度指标要求。因此，图像分辨率的问题也会影响设计效率和效果。随着AI技术的发展，研究人员开始使用深度学习来解决图像超分辨率问题，从基于卷积神经网络的方法，到基于生成对抗网络的图像超分辨率方法，AI在图像超分辨率领域逐渐发挥其优势。基于AI的图像超分辨率技术能够帮助设计工作者更高效且低成本地获取高分辨率图像，提升设计的自由度。

许多老照片受拍摄设备、技术的限制，导致其分辨率已经无法满足现在的设计使用标准。此外，随着环境的影响、时间的推移，老照片受到了不同程度的损坏（如褪色、模糊、杂色等），进一步降低了老照片的使用转化率。虽然，现在各种各样的计算机辅助工具已经能实现将一部分老照片进行修复，但是即使是经验丰富的设计师，进行这项工作也要花费大量的精力。借助AI技术，可以实现老照片的智能修复，提升设计师的工作效率。

（一）数据集获取

选取ILSVRC2013数据集中的395909张图片作为训练数据集，选取Set5中的图片作为测试数据集。将训练集中的高分辨率图像**X**裁剪为$f_{sub}\times f_{sub}\times c$-pixel（像素）的子图片，$f_{sub}$=33，$c$=1，将子图片下采样为低分辨率图像，再通过双三次插值使低分辨率图像转化为与高分辨率图像尺寸一致的低分辨率图像**Y**。

（二）模型构建

构建CNN来学习从低分辨率图像**Y**到高分辨率图像**X**的映射（图6-1）。这个卷积神经网络有三层，每一层实现的功能如下。

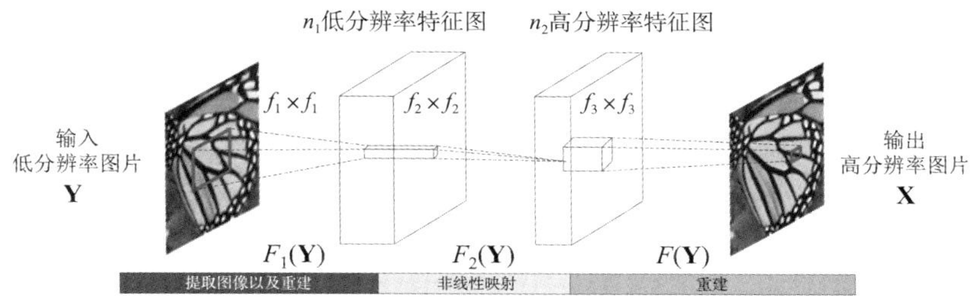

图6-1　图像超分辨率算法框架

第一层：图像块的提取和表示

从输入的低分辨率图像**Y**中提取重叠的图像块，并将每个图像块表示为高维向量，见式（6-1）：

$$F_1(\mathbf{Y})=\max(0,W_1*\mathbf{Y}+B_1) \quad (6\text{-}1)$$

W_1和B_1分别表示滤波器和偏差，“*”表示卷积运算。这里，W_1对应于支持$c\times f_1\times f_1$的n_1个滤波器，其中c是输入图像中的通道数量，f_1是滤波器的空间大小。

第二层：非线性映射

将第一个卷积层的高维向量映射到另一个高维向量上，见式（6-2）：

$$F_2(\mathbf{Y})=\max(0,W_2*F_1(\mathbf{Y})+B_2) \quad (6\text{-}2)$$

W_2对应大小为$n_1\times f_2\times f_2$的n_2个滤波器，B_2的维数等于n_2。

第三层：重建聚集高维向量，生成最终的高分辨率图像，见式（6-3）：

$$F_3(\mathbf{Y})=W_3*F_2(\mathbf{Y})+B_3 \quad (6\text{-}3)$$

W_3对应大小为$n_1\times f_3\times f_3$的c滤波器，并且B_3是c维向量。

对于给定的高分辨率图像$\{\mathbf{X}_i\}$及与之相对应的低分辨率图像$\{\mathbf{Y}_i\}$，采用均方误差（Mean-Square Error，MSE）为损失函数式（6-4）：

$$L(\Theta)=\frac{1}{n}\sum_{i=1}^{n}\|F(\mathbf{Y}_i;\Theta)-\mathbf{X}_i\|^2 \quad (6\text{-}4)$$

（三）模型训练

使用随机梯度下降算法和反向传播算法更新网络参数，参数更新为式（6-5）：

$$\Delta_{i+1}=0.9\cdot\Delta_i+\eta\cdot\frac{\partial L}{\partial W_i^{\ell}},\ W_{i+1}^{\ell}=W_i^{\ell}+\Delta_{i+1} \tag{6-5}$$

图像超分辨率效果如图6-2所示：

扫码看
图6-2原图

图6-2　老照片修复前后对比图

二、自动排版布局

随着互联网的发展，平面设计作为视觉传达工具，被广泛应用于杂志布局、书籍封面及网页设计领域。在平面设计中，内容的排版一直是比较重要的一步，AI技术在不断尝试解决这些问题，以辅助平面设计师实现对内容的自动排版。在现有研究中，组合各种设计原则和启发式的视觉线索构建能量函数，通过少量实例设计获取模型参数，以达到单页优化的目的，同时将其运用到交互设计方面；或是基于数据驱动的移动应用的设计数据库，展示基于像素级纹理/非文本掩模相似性的初步设计搜索结果；部分研究总结了视觉在平面设计中的重要性；也有研究提出了一个可将输入示例设计截图转变为矢量图形的交互系统，便于设计师的使用和编辑；更有研究提出了一种新的LayoutGAN算法，将对排版的几何参数表示方法和线框图表示方法结合起来，提高了布局的真实性。平面设计中，针对自动排版的AI辅助算法一直在推陈出新，不断地进行优化，在辅助设计的进程上持续推进。

经过设计师的排版和设计能使内容呈现得更加美观，可读性更强。如何针对不同内容的图片和文字信息设计有吸引力的版面是每个设计师都会面临的问题，无论是对于在线期刊、杂志，还是纸质印刷读物，这个部分都十分重要。图文内容的排版有一定的标准，需要依靠相关领域的专业知识，如平面构成、色彩构成、视觉传达等。以往想要完成图文排版，不仅要求设计师要对专业知识有着较高的积累程度，还需耗费他们的大量精力。利用AI算法来尝试解决这一问题，可以缩短重复性工作占用的时间，还可以辅助设计师提升设计效率。

(一)数据集获取

从互联网上收集并自制包含不同类别杂志的语料库，涵盖了时尚、美食、新闻、科学、旅游、婚礼6个常见类别，这6个类别分别为862页、687页、593页、587页、623页和746页。用6种不同的语义元素注释每个页面，包括文本、图像、标题、文本—图像、标题—图像和背景，并从每个页面的文本内容中提取出关键字来表示文本。此外，对于数据集的标记，先手动标记页面的小部分，再用这些标记的数据来训练网络自动分割数据集的其他页面，将每个像素分配给六个标记中的一个。然后，用FCN（Fully Convolutional Networks，全卷积神经网络）为页面添加标签，再通过细化步骤去除噪声、细化元素标记。最后，进一步手动校正所有细分，以保证注释的质量。此外，对于文本内容关键词的提取，先使用Google Cloud Platform的OCR工具识别页面上的文本，然后使用快速自动关键字提取（Rapid Automatic Keyword Extraction，RAKE）提取关键字。对于每个杂志类别，我们创建一个关键字列表来表示该类别的文本，然后，据此帮助从输入文本中选择出相关的关键字。关于图像与文本的排版表示，可以使用三维二进制向量对布局中每个单元格的值进行编码，通过（0，0，1），（0，1，0），（0，1，1），（1，0，0），（1，0，1）和（1，1，0）来代表6个标签。其中，未使用的二进制向量值（0，0，0）和（1，1，1）被定义为背景。布局尺寸设置为45×60，选择的版面大小保持4/3的长宽比。

(二)模型构建

（1）首先，用第一个网络从输入图像与文本中学习视觉、文本特征，以此来指导后续排版的生成过程（图6-3）。分别向图像编码器、文本编码器、属性编码器输入对应

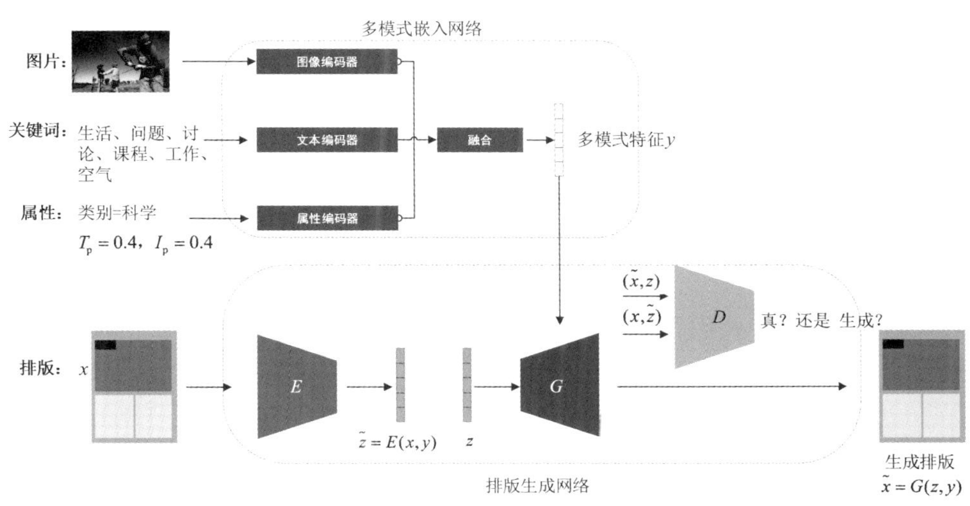

图6-3 AI实现自动排版算法框架

数据，产生视觉、文本、属性特征向量，经融合层（Fusion）融合，输出一个128维的特征向量y。

（2）将上一个网络得到的输出作为第二个网络GAN的输入，生成器生成128维的隐向量z，经判别器判别排版的真实性。

（3）损失函数。遵循最小二乘GAN（Least Squares GAN，LSGAN）来为判别器D制定损失，并为生成器G制定对抗损失。见式（6–6）、式（6–7）：

$$L_{GAN}^{D}=\frac{1}{2}(D(x,E(x,y)y)-1)^2+\frac{1}{2}(D(G(z,y),z,y))^2 \tag{6–6}$$

$$L_{GAN}^{G}=\frac{1}{2}(D(G(z,y),z,y)-1)^2 \tag{6–7}$$

添加多样性损失，见式（6–8）：

$$L_{\text{variety}}=\min_{k\in 1,2,\ldots,K}\|x-G(z^{(k)},y)\|^2 \tag{6–8}$$

最终的损失，见式（6–9）、式（6–10）：

$$L_G=L_{GAN}^{G}+L_{rec}+L_{\text{variety}} \tag{6–9}$$

$$L_E=L_{rec}+L_{KL} \tag{6–10}$$

（三）训练

网络训练为端到端的训练，排版首先降采样为基于图像的表示（60×45×3），再经零填充（即在图像边缘添加零值像素，以保持输入尺寸一致）转为64×64×3。使用Adam优化器培训，β_1=0.5，β_2=0.999，ϵ=10^–8，学习率为0.0002，最小批次为128。在迭代过程中，使用上节的三个参数更新步骤进行更新：①使用式（6–6）的判别器参数；②使用式（6–9）的生成器参数；③使用式（6–10）的编码器参数。同时，在每个参数的更新步骤中，还要使用每一步的损失对多模式嵌入网络的参数进行更新。

（四）效果

最终效果如图6–4所示。

Image:

Keywords:
life, problem, talk, lesson, job, air

Category:
Science

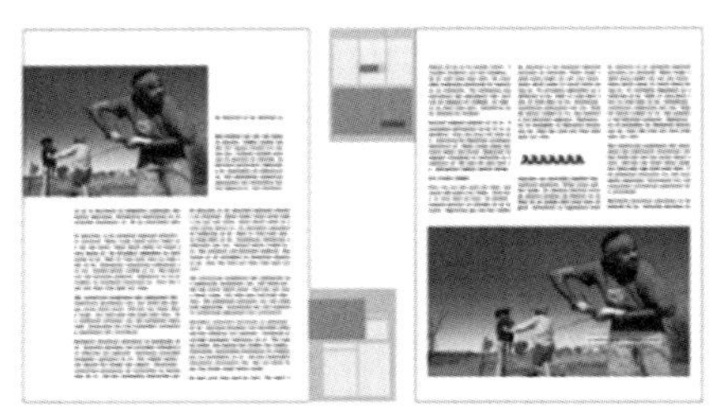

图6-4　自动排版生成效果

三、风格迁移

如今，风格迁移在日常生活中十分常见，我们最熟悉的莫过于各类美图工具中的滤镜功能，如漫画风格切换、附加妆效等，它们使用的都是风格迁移技术。除此之外，风格迁移在计算机视觉的其他领域也表现出色，在设计的许多方面都能够进行辅助，并且有进一步发展与优化的潜力。实现风格迁移的AI算法对解决此类问题的大致思路为：使用两种图片，一种是需要提取内容的内容图，另一种是提取风格的风格图，输入由随机噪声构成的底图，计算内容损失和风格损失，迭代更新底图，让其在风格纹理上接近风格图片，在内容构成上接近内容图。这些算法按其迭代方式可分为基于图像迭代的风格迁移算法与基于模型迭代的风格迁移算法，并且，这些算法在不断地进行优化和更新。里昂・A. 盖茨于2015年首次将VGG19网络应用到风格迁移中，其他学者则提出了结合马尔可夫随机场和卷积神经网络的模型，结合深度学习（VGG19）与图像类比（PatchMatch）进行风格迁移的模型，迭代优化生成模型的图像风格迁移方法（即快速风格迁移），以及一种基于图像重构解码器的风格迁移算法。

在设计任务中，常常会遇到需要将两种不同的设计风格进行融合的情形，如将爱心形状呈现出云朵的效果，或是把各类艺术字转变成火焰、水流等的特效。这种创作形式早已屡见不鲜，越有经验的设计师在处理这类图片时越熟练，P图痕迹难以察觉，真实性更强。完成这个过程需要使用各种工具修修改改，耗时耗力，而利用风格迁移的AI算法，就可以尝试让机器替我们做这些工作。

（一）数据集获取

数据集选用MS COCO数据集，当图片长宽不同时，取中间部分呈正方形。

（二）模型构建

我们使用VGG网络来学习风格迁移，模型原理如图6-5所示。

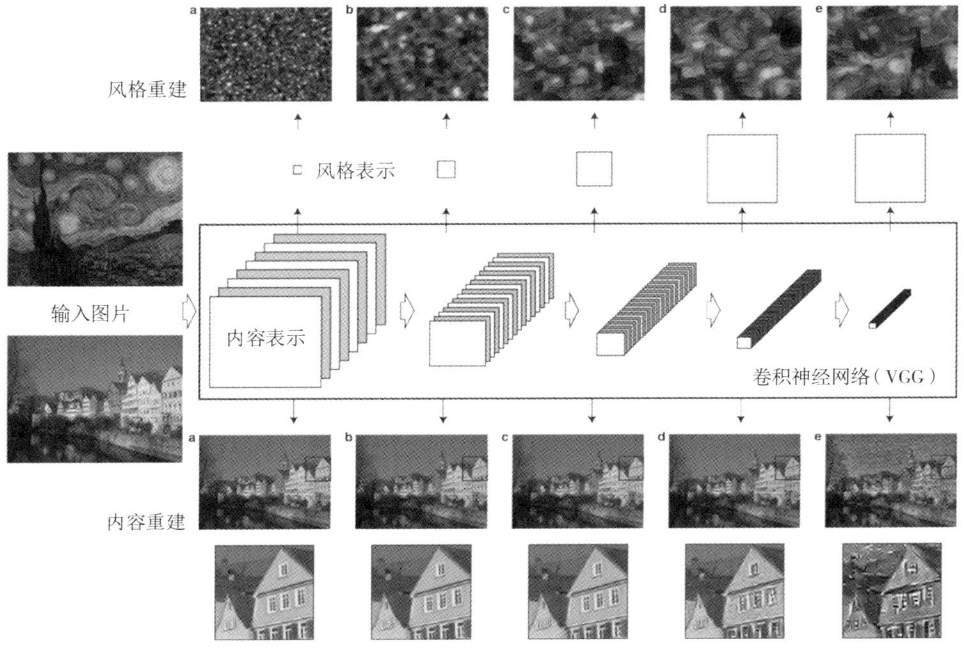

图6-5 风格迁移算法框架

（1）将内容图与风格图输入VGG网络，第一次输入后，生成目标内容图与目标风格图，用于损失函数计算。

（2）为内容图添加白噪声以初始化合成图，将其输入VGG网络得到合成图。

（3）在这一过程中，主要部分是计算风格损失和内容损失，见式（6-11）：

$$\text{loss} = \underbrace{|\text{参考图片的风格} - \text{生成图片的风格}|}_{\text{style loss}} + \underbrace{|\text{原始图片的内容} - \text{生成图片的内容}|}_{\text{content loss}} \quad (6-11)$$

首先，采用由VGG16输出的特征图构成内容损失（Content Loss），见式（6-12）：

$$L_{\text{content}}(\vec{\text{p}},\vec{x},l)=\frac{1}{2}\sum_{i,j}(F_{ij}^{l}-P_{ij}^{l})^{2} \quad (6-12)$$

其偏微分见式（6-13）：

$$\frac{\partial L_{content}}{\partial F_{ij}^{l}}=\begin{cases}(F^{l}-P^{l})_{ij} & \text{if} \quad F_{ij}^{l}<0\\ 0 & \text{if} \quad F_{ij}^{l}<0,\end{cases} \quad (6-13)$$

接下来是风格损失（Style Loss），利用VGG16输出的特征图的Gram矩阵来表示风格。Gram矩阵的获取见式（6–14）：

$$G_{ij}^{l}=\sum_{k}F_{ik}^{l}F_{jk}^{l} \tag{6–14}$$

通过组合VGG16不同层的输出，计算出最终的风格损失，见式（6–15）：

$$L_{style}(\vec{a},\vec{x})=\sum_{l=0}^{L}w_{l}E_{l} \tag{6–15}$$

风格损失对应的偏微分为式（6–16）：

$$\frac{\partial E_{l}}{\partial F_{ij}^{l}}=\begin{cases}\dfrac{1}{N_{l}^{2}M_{l}^{2}}((F^{l})^{T}(G^{l}-A^{l}))_{ji} & \text{if } F_{ij}^{l}>0\\ 0 & \text{if } F_{ij}^{l}<0\end{cases} \tag{6–16}$$

总损失函数见式（6–17）：

$$L_{total}(\vec{p},\vec{a},\vec{x})=\alpha L_{content}(\vec{p},\vec{x})+\beta L_{style}(\vec{a},\vec{x}) \tag{6–17}$$

（三）训练

通过loss反向传播更新网络参数。选择conv4_2作为内容表示，conv1_1、conv2_1、conv3_1、conv4_1和conv5_1（w_l=1/5表示这些层，w_l=0表示所有其他层）作为风格表示。层偏好和参数为γ=102，λ=104。

（四）效果

最终效果如图6–6所示。

图6–6 AI风格迁移效果图

第四节 典型案例

一、Google Autodraw涂鸦素材生成

AutoDraw由Google实验室开发，是一款在线绘图工具，能够识别用户的涂鸦并匹配

最可能的几类物品的矢量图。其中，用以匹配的矢量图素材由Google的艺术家、设计师和插画家们共同绘制，由于绘制素材有限，暂时无法囊括所有物品，但是能够满足日常物品的涂鸦匹配。虽然，AutoDraw在宣传时一直以“自动绘制”为标题，各个网站对它的介绍也多以“降低新手绘画难度”来吸睛，但是从辅助设计的角度来说，AutoDraw还展现出了新的意义。AutoDraw中的矢量图形对于从事平面工作的设计师来说并不陌生，在海报、PPT、网页等的制作中，矢量图片都是必不可少的要素。现在对矢量图片的检索大多是以文字关键词进行匹配，而AutoDraw的形状匹配功能为设计师获取矢量素材提供了新的方向。

（一）AutoDraw的使用举例

用魔术笔绘制笑脸的涂鸦，如图6-7所示。

图6-7　在AutoDraw中进行涂鸦

紧接着在上方的选择框出现了匹配选项，可以看到，网站不仅识别出了笑脸，还匹配了一些笑脸素材，同时也罗列出与涂鸦形状相近的其他可能选项（图6-8）。

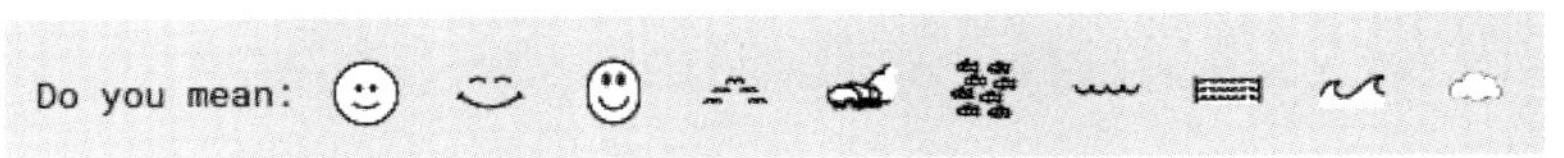

图6-8　矢量素材匹配结果

选择其中一个笑脸矢量图，原先涂鸦的画面便被这个矢量图所替代，如果你对这个结果满意的话，可以选择下载（图6-9）。

AutoDraw所用算法的数据集来源于Google的另一个工具——QuickDraw，QuickDraw与AutoDraw都是基于目标识别技术实现的。QuickDraw曾经作为微信小程序上线，如

图6-10所示。每当进入游戏，系统会提示用户需要在20秒的时间里画出提示物品，若系统能够识别，则会显示识别成功，进入下一题。

图6-9　矢量素材选择

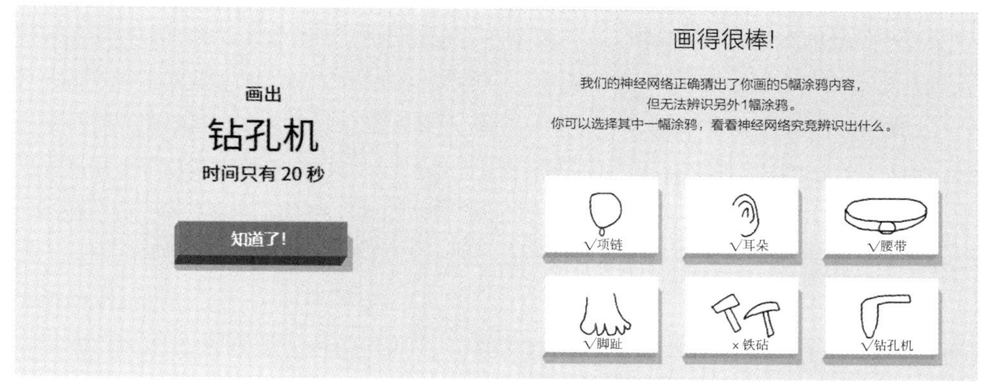

图6-10　QuickDraw识别结果

（二）AutoDraw的算法——Sketch-RNN框架介绍

模型Sketch-RNN基于Seq2Seq（Sequence to Sequence，序列到序列）自编码器框架，包含变分推断（Variational inference）并将超网络（hypernetwork）用作循环神经网络细胞。Seq2Seq自编码器的目标是训练网络把输入序列编码成被称作潜在向量（latent vector）的浮点数向量，并使用一个能复制输入序列的解码器从这一潜在向量中重建输出序列（图6-11）。

模型是序列到序列的变分自编码器，编码器是一个双向RNN，它以一个草图作为输入，并且输出一个大小为N的潜在向量。将草图序列S和相同的反向草图序列S reverse输入到两个编码的RNN，组成双向RNN。

反向传播编码RNN
正向传播编码RNN
N(0, 1)
h
tanh
解码RNN
输入序列S'从潜在向量z中条件生成
GMM
softmax样本
潜在向量z从输入
序列S中编码

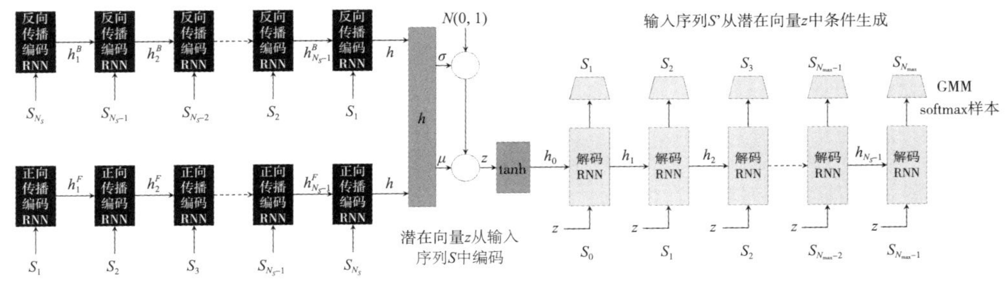

图6-11 Sketch-RNN算法框架

二、微软Sketch2Code低保真线框图生成代码

回顾设计流程，设计的每一步、每一次产出都是一个闭环，一个部门负责项目中的一部分，完成后再交接给下一个部门，直到项目最终完成。在用户界面设计过程中，涉及大量的创造性的迭代工作。项目从立项到设计研发，其需求一步步转化为线框和原型，开发人员需要手动将草图翻译成HTML（HyperText Markup Language，超文本标记语言）代码，这个过程将耗费大量的时间和精力，不可避免地减缓设计进程。同时，由于最开始的构想无法完全考虑到整个设计环节中的所有因素，导致在后期的工作转接中总是容易出现偏差。

微软AI实验室公布的Sketch2Code使用AI将手绘草图直接转换为HTML原型，使设计师在白板上分享的想法即时显示在浏览器中。借助这个工具，设计师可以在白板上绘制线框图，然后查看生成的代码，并能够立即对他们的网页创意进行测试。为了实现这个目标，他们使用计算机视觉来构建一个能获取草图上的线框内容的系统，使用文本识别技术提取设计中的手写内容，并使用自定义视觉服务培训模型检测HTML对象。同时，依托于Microsoft平台的认知服务，开发人员可以获取到用于Sketch2Code训练的数百万张图像。

（一）使用流程

首先，打开微软实验室网页的Sketch2Code页面，上传线框原型草图，如图6-12所示。

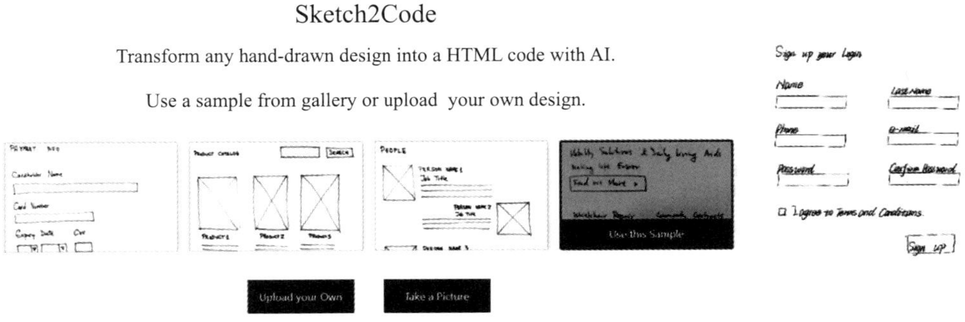

Sketch2Code
Transform any hand-drawn design into a HTML code with AI.
Use a sample from gallery or upload your own design.
Use this Sample
Upload your Own
Take a Picture

图6-12 在Sketch2Code中上传用户手绘的线框图

上传后，会生成一张AI处理后的界面图（点击左侧按钮可下载HTML代码，右侧按钮可查看预测的对象细节），如图6-13所示。

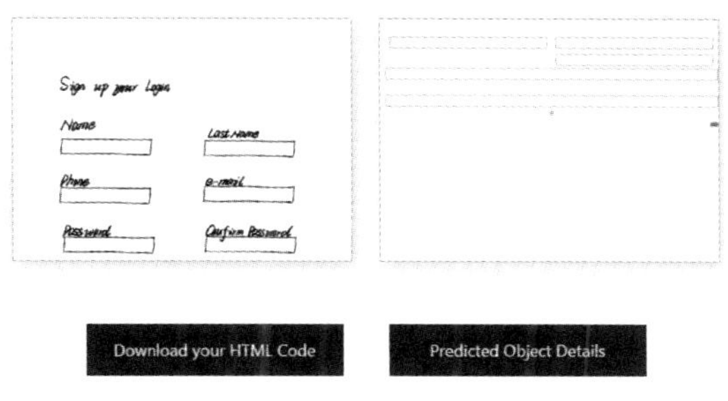

图6-13　原型生成及下载

可以选择下载代码或是查看细节（图6-14），其中“预测的对象细节（Predicted Object Details）”显示各部分被识别为何种组件（如文本框、标签等）。

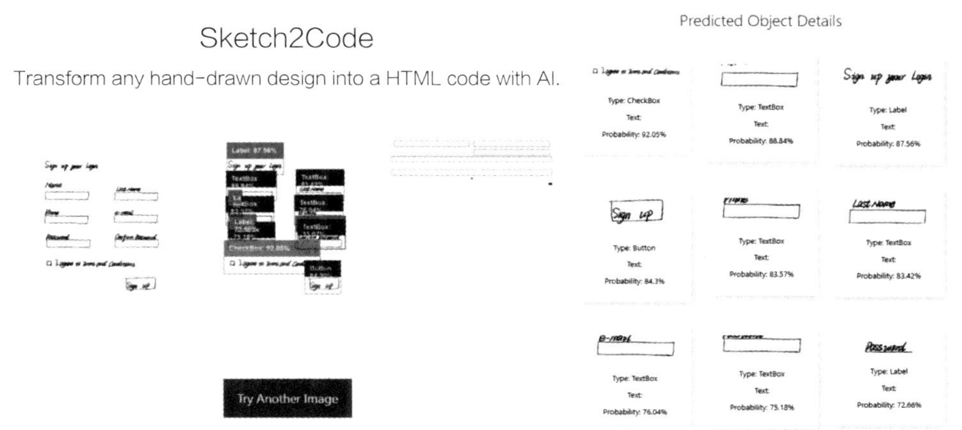

图6-14　生成细节展示

（二）框架原理

如图6-15所示，Sketch2Code使用了以下组件：

（1）微软自定义视觉模型（Custom Vision）：该模型是基于对不同的手绘稿的图像进行训练得出，并且标记了与常见HTML元素（如文本框、按钮、图像等）相关的信息。

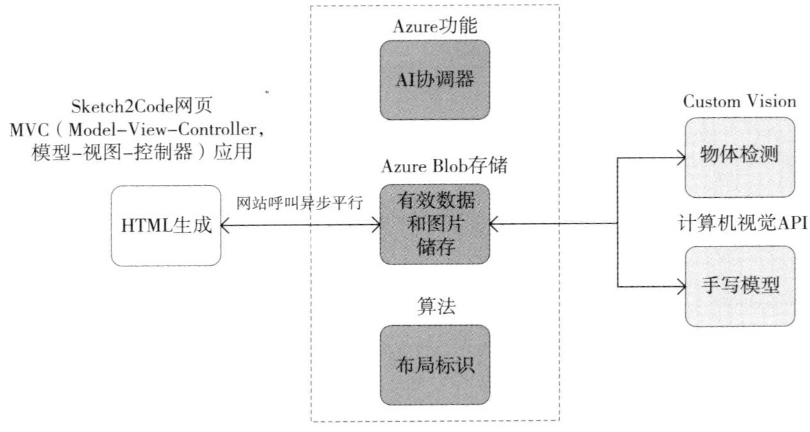

图6-15　Sketch2Code原理

（2）微软计算机视觉服务（算法）：用于识别设计元素中的文本。

（3）Azure Blob存储：保存与HTML生成过程中的每个步骤相关的信息，包括原始图像、预测结果、布局和分组信息等。

（4）Azure功能：作为后端入口点，通过与其他服务发生交互来协调生成过程。

（5）Azure Website（HTML生成）：用户界面前端，用户可以在这里上传设计图，并查看生成的HTML。

三、Adobe Sensei视频内容感知填充

Adobe Sensei是Adobe的AI和机器学习引擎，在所有Adobe产品中提供智能服务。在Adobe Sensei的官网上，展示了一项能够擦除视频中运动物体的功能。在运动的镜头中，骑行者和汽车同向前行，鼠标圈出汽车区域，几秒过后，汽车就从视频中消失了，且原先位置也已被填补为马路画面。

Adobe在Adobe Sensei中继续开发其AI、机器学习和深度学习产品，着重于三个核心能力，分别是内容理解能力、计算创造力和体验智能，以期为客户更好地提供个性化的数字体验。

（一）使用流程

Adobe已经将Sensei擦除视频中运动物的功能应用于其产品AE中，针对那些视频素材中不需要的元素，只要不是形状过于复杂或是正在高频抖动，即使它们在运动状态，也能够使用工具将其逐帧去掉。

AE中“一键擦除”功能的使用分为两种情况：第一种情况，系统感知度比较高，会对目标帧周围的关键帧内容进行参考；第二种情况，系统无法感知，按照填充静态图像的方法来完成视频的填充。

在实际操作过程中，想要完成对视频中元素的“一键擦除”，需要先对要去除的移动元素进行粗略框选，即画一个简单的遮罩，但不必精细地描绘其外部轮廓（图6-16）。

图6-16　选中要擦除的区域

这一操作过程并不是实时的，而是在用户进行操作后，后台自动进行处理。用户在完成过程中可以调节视频的灯光效果，使填充区域的效果看起来更加自然（图6-17）。

图6-17　修复效果

如果想让程序对该视频的加工完成度更高，可以单独拿出一帧进行手动校准，使程序对被擦除部分的填充更符合用户的预期（图6-18）。

图6-18　手动校准

（二）框架原理

这个网络的模型构建及训练分为两个阶段（图6-19）。

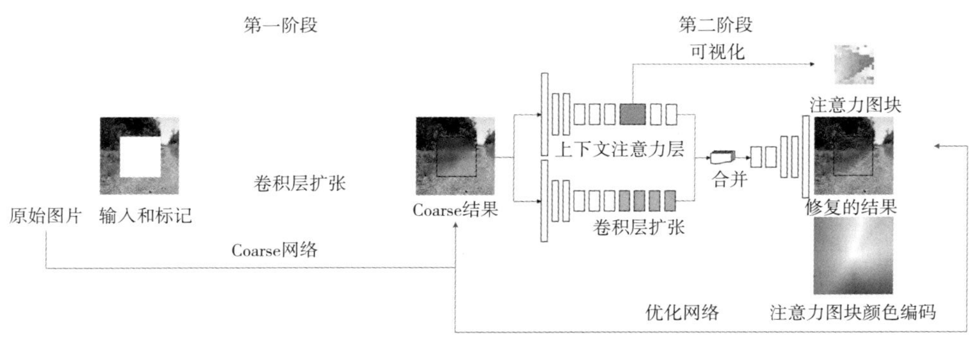

图6-19　感知填充算法框架

第一阶段是构建一个结构并不复杂的卷积网络，通过不断修复缺失区域来产生损失值（reconstruction loss），修复出一个比较模糊的结果。

第二阶段则是对内容感知层的训练，其主要原理是：使用已知图像斑块的特征作为卷积核来加工生成出来的斑块，再精细化第一阶段中卷积网络模糊的修复结果。实现过程则是运用卷积的方法，从已知的图像内容中匹配相似的斑块，通过在全通道上使用softmax找出与待补区域最相近的斑块，紧接着使用该区域的信息做反卷积（deconvolution），从而实现对修补区域的重建。

四、"自然界灵感"App应用设计

（一）设计介绍

许多从自然场景中拍摄的图像在色彩分布上会给人一种和谐、一致的感觉。对于想要进行平面创作的初学者或设计师来说，许多灵感都来源于生活中一闪而过的视觉体验。灵感的表现形式多种多样，在这一部分，可以直接将图片作为灵感输入，其核心步骤是提取图片的主要颜色。发散灵感则是再次将提取色作为输入，检索出与之颜色分布、比例相近的其他图片。浙江工业大学AI设计团队设计了一款能实现上述功能的App：

第一步，选取一张自己喜欢的图片，使用App功能对其颜色进行提取（提取占比最大的五个颜色并计算其占比），提取后的颜色会以色卡的形式显示在图片下方（图6-20）。

扫码看
图6-20原图

第二步，App以提取色为检索依据在图像库中进行检索，然后匹配出配色相似度最高的图片，并以瀑布流的形式呈现匹配结果（图6-21）。

（二）框架原理

图6-20　颜色提取

该App的功能主要分为两部分：色彩的提取与图片的匹配，二者分别使用MCFF-CNN与CBIR图像检索算法实现。

1. MCFF-CNN

MCFF-CNN（Multiscale Comprehensive Feature Fusion Convolutional Neural Network，多尺度综合特征融合卷积神经网络）基于残差学习（Residual Learning），能充分利用初始结构，提高大型网络的表示能力。利用MCFF-CNN网络，系统能够对选择的图片进行颜色提取（图6-22）。

图6-21　图片检索

2. CBIR

CBIR（Content-based image retrieval，基于内容的图像检索）在计算机视觉研究领域属于关注大规模数字图像内容检索的分支。在CBIR之前，图像检索是在文本的基础上进行的，即通过关键词来获取相关图片。而CBIR系统允许用户输入图片，然后获取含有相同或相似内容的其他图片。

在CBIR检索所包含的图像特征中，颜色是最显著的内容之一。CBIR的颜色特征检索用到了以下方法：

（1）颜色直方图（Color Histogram）：在颜色特征中，颜色直方图是最常用、最简单的一项，它主要体现了图像颜色的统计分布特性，具有改变尺度、平移、旋转但不变性的特点。它的主要原理是量化颜色，之后将量化通道在图像中的比例进行统计。

CIE（International Commission on Illumination，国际照明委员会）提出的色彩模式、HSV（Hue，Saturation，Value，色相、饱和度、明度）、HSL（Hue，Saturation，Lightness，色相、饱和度、亮度）、RGB都是常用的颜色空间，研究人员讨论并总结了颜色空间划分、参考颜色、图像分割、最重要信息位、颜色空间聚类等量化方法。

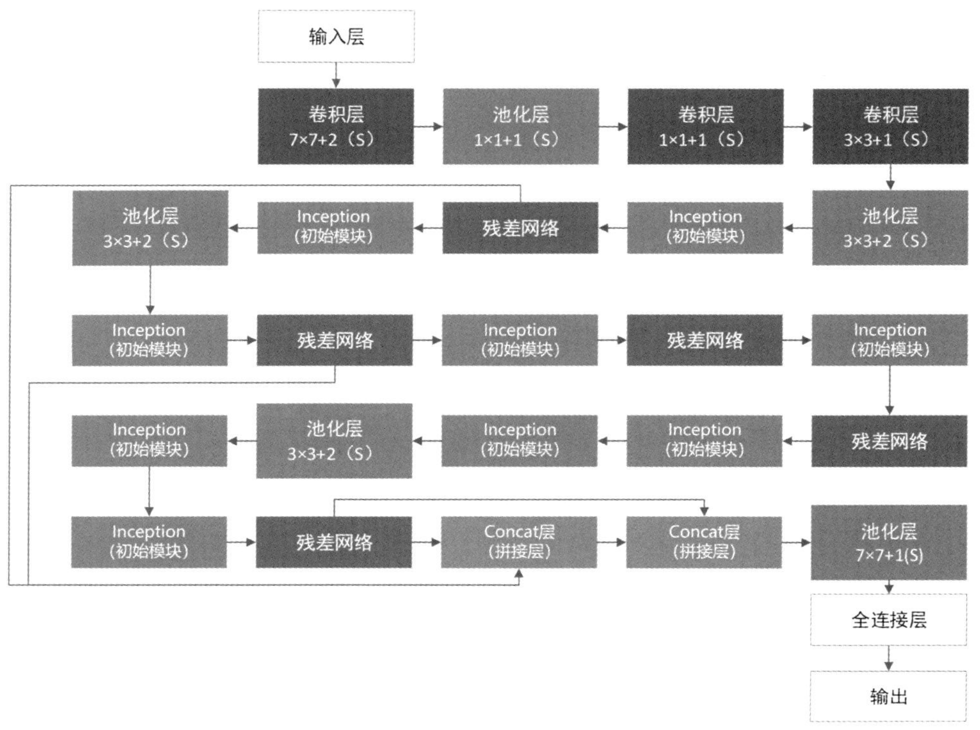

图6-22　MCFF-CNN算法框架

（2）颜色相关图（Color Correlogram）：将各种颜色根据其在色谱上的坐标标记为（x, y），再通过坐标间的距离描述图片信息，其优点是效果好、易计算且特征范围小。

（3）颜色矩（Color Moment）：在前述颜色直方图的基础上，通过颜色值的方差、均值、偏差的统计量表示颜色特征。

（4）颜色聚合向量（Color Coherence Vector，CCV）：从根本上来说是改进后的直方图算法，引入了空间信息，将图像不同颜色像素的数量进行最大区域的统计。

五、梦核

（一）设计介绍

在常规的设计流程中，设计师通常会在寻找灵感图后，对理想的造型有一个大致的概念。然而，个体能力的差异导致设计师在草图推敲阶段很难全面考虑细节，并且草图的产出数量也因个人精力而受到限制。此外，从草图到三维模型的转化阶段可能会受到草图中光影表现和形态结构线构思缺失的影响，导致转化困难。因此，设计师需要更加精细的灵感图来帮助他们明确脑中的构想。

浙江工业大学AI设计团队设计了一款注重辅助创意设计的App，名为“梦核”。它集合了产品设计、建筑设计、游戏概念设计等领域的大量数据集和模型。凭借开源资源的支持，“梦核”为设计师提供了更高效的辅助设计工具，帮助他们更好地完成设计工作。设计师可以利用“梦核”中的数据集和模型来辅助创意设计过程，提高他们的工作效率并获得更优质的设计成果。“梦核”App的主要使用流程如下（图6-23）：

第一步，用户可通过关键词搜索App内置的意向模型或图片；

第二步，用户可选择某一感兴趣的意向模型或图片；

第三步，用户上传个人意向图片；

第四步，App生成结果展示图（图6-24）。

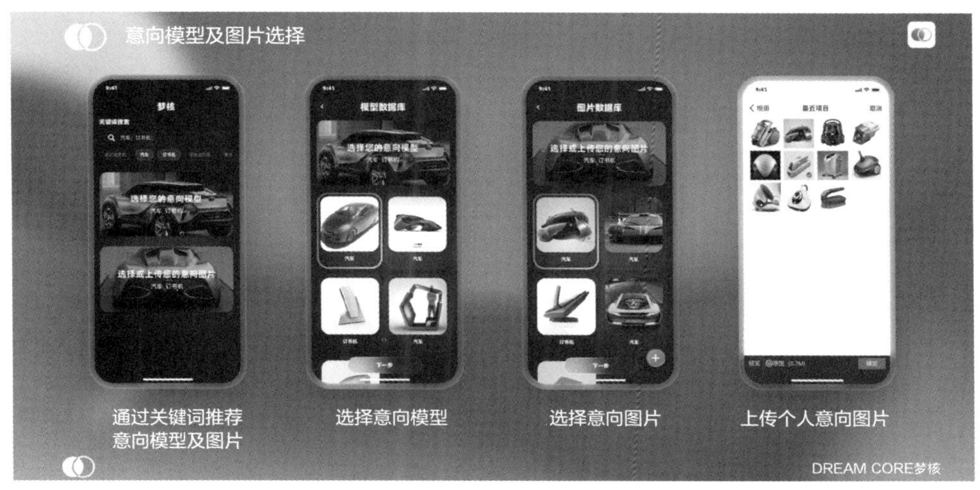

图6-23 “梦核”App操作界面

图6-24 生成结果展示图

（二）框架原理

该App主要基于StyleGAN架构开发，重点关注了ProGAN（Proximity GAN，相似性生成对抗网络）的生成器网络（图6-25）的渐进层，如果渐进层使用得当，便能够控制图像的不同视觉特征。层和分辨率越低，它所影响的特征就越粗糙。依据粗糙程度，可将这些特征分为以下三种类型：

（1）粗糙：分辨率不超过82，影响姿势、一般发型、面部形状等；

（2）中等：分辨率为162至322，影响更精细的面部特征，如发型、眼睛的睁开或闭合等；

（3）高质：分辨率为642到10242，影响颜色（眼睛、头发和皮肤）和微观特征。

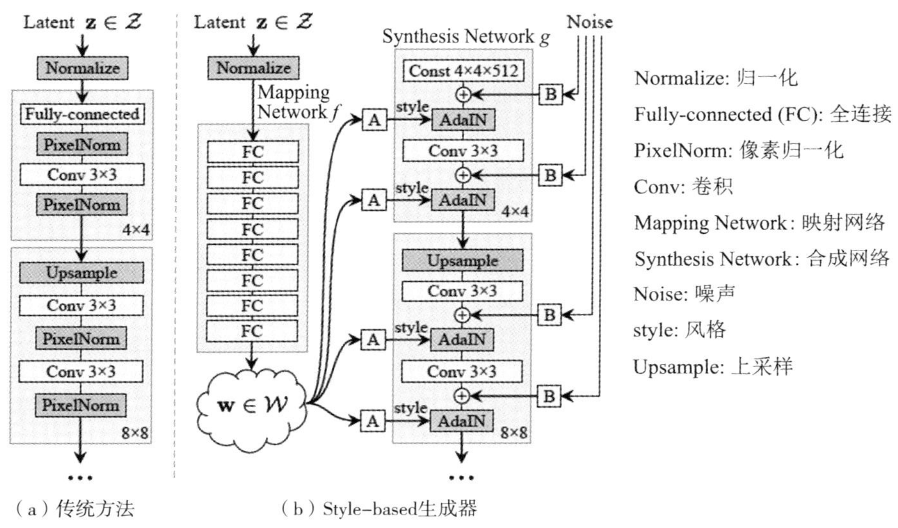

（a）传统方法　　（b）Style-based生成器

图6-25　Style-based生成器的原理框架①

映射网络（Mapping Network）：用于将Latent code **z**转换成为**w**，原理框架如图6-26所示。

由于**z**是符合均匀分布或者高斯分布的随机变量，所以变量之间的耦合性比较大。如果按照**z**的分布来说，那么这两个特征之间就会存在紧密的联系，比如头发短了会导致你的男子气概降低或者增加。但就现实情况来说，短发男子、长发男子都可以有很强的男子气概。所以，我们需要将Latent code **z**进行解耦，才能更好地进行后续操作，来

① KARRAS T, LAINE S, AILA T. A Style-Based Generator Architecture for Generative Adversarial Networks[J]. 2019 IEEE/CVF Conference on Computer Vision and Pattern Recognition (CVPR). 2019: 4396-4405.

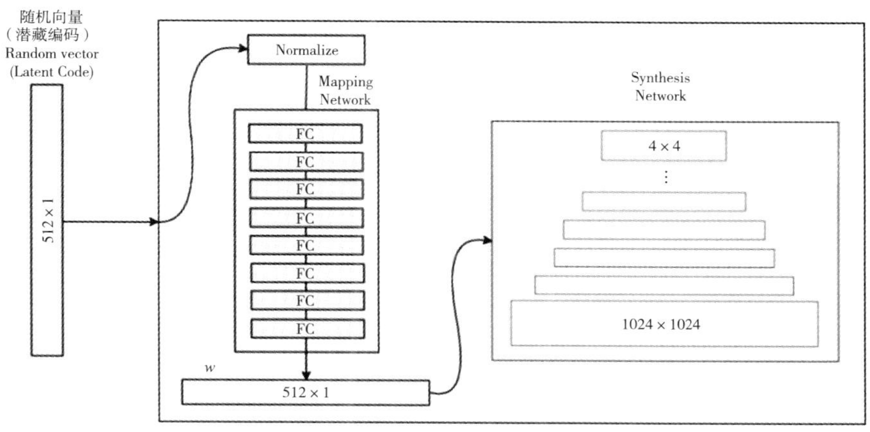

图6-26 Mapping Network原理框架

改变其不同特征。

合成网络（Synthesis Network）的作用是生成图像，创新之处在于给每一层子网络都输入了A和B（A是由**w**转换得到的仿射变换，用于控制生成图像的风格；B是转换后的随机噪声），用于丰富生成图像的细节，即每个卷积层都能根据输入的A来调整“style”。生成器从4 × 4变换到8 × 8，并最终变换到1024 × 1024，所以它是由9个生成阶段组成，而每个阶段都会由两个控制向量（A）对其施加影响。其中一个控制向量在Upsample之后对其影响一次，另外一个控制向量在Convolution之后对其影响一次，影响的方式都采用AdaIN（Adaptive Instance Normalization，自适应实例归一化）。因此，中间向量*W*总共被变换成18个控制向量（A）传给生成器。算法框架如图6-27所示。

人们的脸上有许多小的特征，可以看作是随机的。例如，雀斑、发际线的准确位置、皱纹等使图像更逼真的特征以及各种增加输出的变化。将这些小特征插入GAN图像的常用方法是：在输入向量中添加随机噪声（即在每次卷积后添加噪声）。

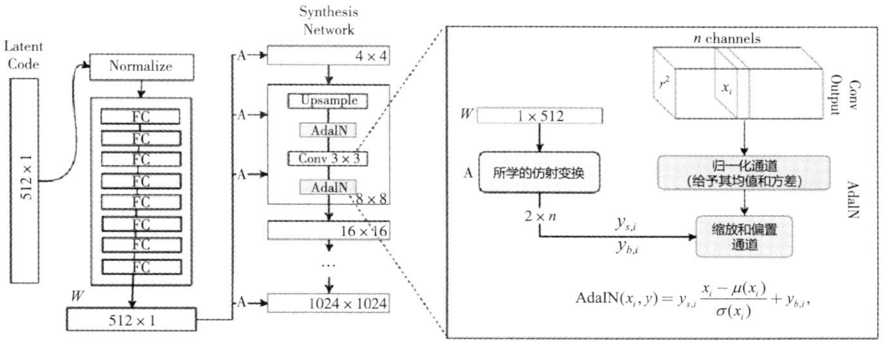

图6-27 Synthesis Network算法框架

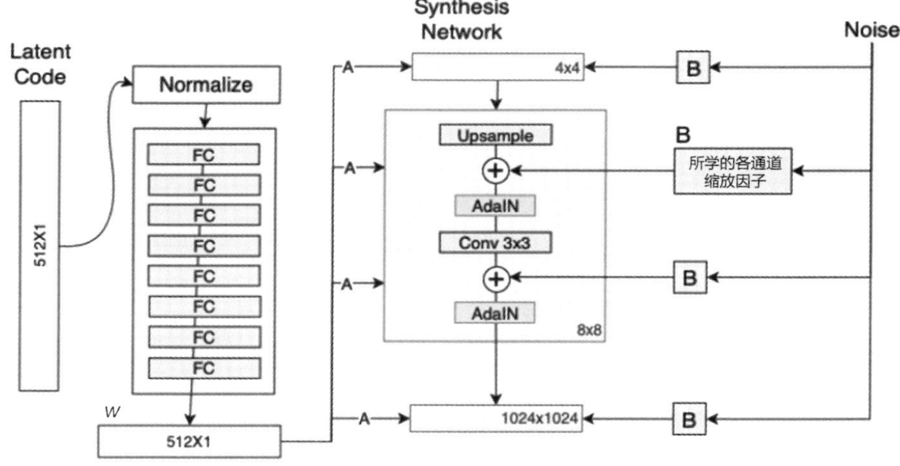

图6-28　类AdaIN机制的方式添加噪声算法框架

为了控制噪声仅影响图片样式上细微的变化，StyleGAN采用类似于AdaIN机制的方式添加噪声（噪声输入是由不相关的高斯噪声组成的单通道数据，它们被馈送到生成网络的每一层），即在AdaIN模块之前，向每个通道添加一个缩放过的噪声，并稍微改变其操作的分辨率级别特征所对应的视觉表达方式。加入噪声后生成的人脸往往更加逼真和多样。算法框架如图6-28所示。

StyleGAN2Encoder将图像重新输入网络中，映射到隐藏空间，分解为多个主要细节，再将网络中的合适细节添加到原图上，进而逐步输出形成变化。图6-29呈现了样式转移效果。

图6-29　样式转移效果

六、学绘

（一）设计介绍

传统美术创作在纸张上绘制，所浏览的各种美术作品也是通过书籍、报纸、电视等方式传播。如今，这种传统的美术绘画方式和信息传播方式已经不能满足当前少儿美术教育的需求，而儿童绘画App凭借电子设备平台传播快速、使用便捷、信息量大、种类繁多等优势吸引着大量的家长与儿童用户，儿童绘画App已经成为很多家长及儿童较为青睐的绘画方式。其精致的界面视觉设计与便捷的交互行为，可以让用户迅速完成操作，并且调动儿童互动的积极性；触摸屏界面带来的便捷、生动的操作方式也逐渐成为儿童用户最喜欢的交互方式之一。

浙江工业大学AI设计团队设计了一款自主学习绘画的App，名为“学绘App”（该App当前仅适配iPad OS操作系统）。用户可以选择喜爱的笔触，添加照片，跟随App自动生成的视频以及步骤图，逐帧进行绘画学习。该App基于一种新的神经风格画笔来生成矢量形式的绘画作品，在统一框架下，支持油画、马克笔、水彩等多种笔触，并且可以进一步风格化渲染。“学绘”App的主要使用流程如下（图6-30）：

第一步，笔触选择或新建自定义笔触；

第二步，即时拍照或从相册中选择某一感兴趣的图片；

第三步，展示绘画教学视频；

第四步，用户可跟随教学视频进行绘画，可更改画板颜色及笔刷大小等；

第五步，绘画完成，长按保存或删除所创作的绘画作品。

1. 笔触选择或新建自定义笔触

2. 拍照或从相册选择一张图片

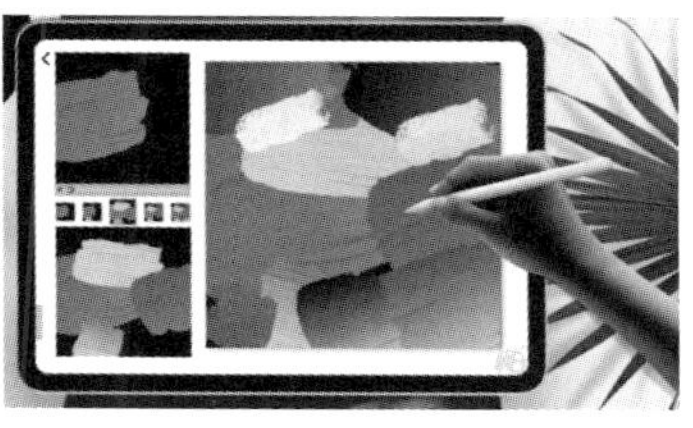

3. 展示绘画教学视频

4.用户可跟随视频进行绘画，可更改画板颜色及笔刷大小等

5.绘画完成，长按保存或删除所创作的绘画作品

图6-30 “学绘”App主要使用流程

（二）方法原理

该App涉及一种风格化神经绘画方法，旨在提出一种基于画笔的从图像到绘画的转换方法，将画笔预测问题转化为参数搜索问题来求解。所述的风格化神经绘画方法还可以进一步在神经风格迁移框架下联合优化，以实现风格化效果，揭示了参数搜索中存在的零梯度问题，并从最优搬运的视角来看待画笔优化问题。该方法还引入了可微的搬运损失函数来改善画笔的收敛性和绘画效果，并且设计了一种新的神经渲染框架，包含双通道的渲染管线（栅格化+着色）。新的渲染器可以更好地处理画笔形状和颜色的解耦合，性能优于此前的神经渲染器。

具体来说，该方法从一张空白画布开始，逐个对画笔进行渲染，并利用软混合的方式将画笔叠加起来。该方法利用梯度下降法来寻找最优的画笔参数集合，从而使生成的画作与输入的图像尽可能地相似。图中实线箭头表示前向传播，虚线箭头表示梯度反向传播。方法原理框架如图6-31所示。

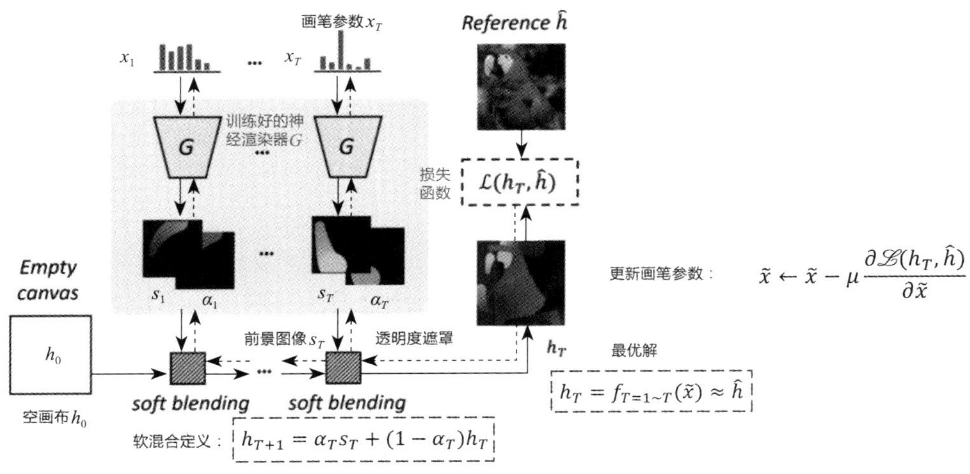

图6-31　方法原理框架

参考文献

[1] SÖNMEZ N O. A review of the use of examples for automating architectural design tasks[J]. Computer-Aided Design, 2018, 96: 13-30.

[2] GADELHA M, MAJI S, WANG R. 3D Shape Induction from 2D Views of Multiple Objects[C]//2017 International Conference on 3D Vision (3DV). IEEE, 2017: 402-411.

[3] SHU Z, YUMER E, HADAP S, et al. Neural Face Editing with Intrinsic Image Disentangling[C]//Proceedings of the IEEE conference on computer vision and pattern recognition. 2017: 5444-5453.

[4] DAI A, QI C R, NIEBNER M. Shape completion using 3d-encoder-predictor cnns and shape synthesis[C]//Proceedings of the IEEE Conference on Computer Vision and Pattern Recognition. 2017.

第三篇

AI产品创新设计体系的演变与发展

本书的第七至九章主要讨论“人工智能+设计”的未来关注点和设计趋势，分析了人工智能对产品设计的影响与挑战，提出AI驱动的设计伦理与原则以及AI设计的未来发展趋势与路径。

第七章
人机协同式AI设计伦理的实现机制研究

本章包括以下内容：

- AI能否替代设计师（AI在设计中的优势与局限性）
- AI设计伦理（AI参与设计引发的伦理问题以及AI设计的日常伦理原则）

人工智能是为了解决人们的问题而创造的。在本书的第四至六章中，我们已经看到了许多由AI驱动的参数化设计案例，设计人员可以在AI的辅助下快速创建数百万个替代方案，也可以使用AI虚拟仿真来代替人机交互与测试中所需的物理原型。在未来，设计师们将能够根据自己的使用需求与偏好进行建模或训练他们的AI工具，从而解决更多的设计问题。本章将讨论在这种“AI+设计”的未来中两个值得关注的问题——“AI能否替代设计师”和“AI设计是否会引发伦理担忧”。

第一节　AI能否替代设计师

美国全球管理咨询公司麦肯锡曾提出，在未来“工作自动化”的前提下，任何一种工作都存在被机器取代的概率。但其中，人与机器的关系会呈现两种可能性：一种是机器取代人，比如文字翻译这种较基础的脑力劳动；还有一种被称为“共同进化”——机器能力的增长为人类制造了更大的成长空间，这种关系反而会促进人的脑力进化。与之对应的，AI相关领域也有一个经久不衰的热议话题——AI赋能机器，从而取代人类工作者。我们已经在设计领域看到了AI构思设计与创造创新的潜力，随之而来的问题就是：未来的AI会取代设计师吗？

一、AI能够承担部分设计工作

（一）脑机比

同济大学设计与人工智能实验室曾在2017年发布的《设计与人工智能报告》中提

出了“脑机比”一词，用来描绘一个人机共同进化的设计协同场景。该报告主张，设计与AI的关系远比工作取代关系更加深入和复杂，在讨论AI与设计创意时，应避免使用隐喻威胁的“替代”概念，而是使用“脑机比”一词来进行精准描述。“脑机比”可以从字面意思理解：“脑”即人脑；“机”即机器；“比”即比例。该报告的研究将在同一项任务中的设计师（人脑）与设计工具（机器）的具体分工时长进行统计，建立数学模型，来分析智能时代人脑和机器的协作关系，得到的指数即称为“脑机比”。

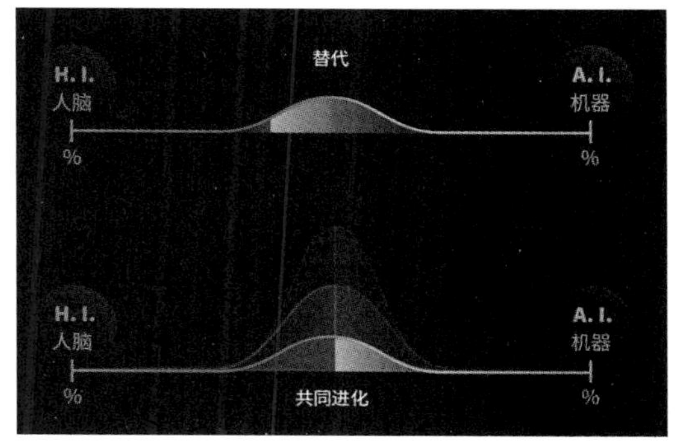

图7-1　人脑与机器进化比例

在讨论AI能否替代设计师时，“脑机比”是一个相当值得关注的指标。我们可以预见到，在未来的某些设计工作流程中，机器参与的比例会越来越大，人脑参与的比例会越来越小，比如一些以重复性体力劳动为主的工作。而对另一些设计工作来说，机器的参与意味着对人脑创造力的释放，以及对设计效率的更大优化，人脑参与的比例也会随之加大，最终，机器与人脑将会实现共同进化（图7-1）。

当然，衡量一项设计任务当前与未来的“脑机比”是相当困难的。《2017年设计与人工智能报告》的研究者们曾收集了1000多份问卷，涵盖了建筑、服装、广告、互联网产品等各个行业设计师的工作内容，然后将他们的日常任务分为管理、创意创造、沟通、非重复性劳动、素材收集、信息处理、重复性体力劳动7类，并指出重复性体力劳动、信息处理与素材收集这三项任务在未来是最有可能由AI智能化承担的。这与我们在本书前几章中提到的“AI在设计中的使用方式”相关，这也正是AI驱动设计或者AI参与设计的优势所在。

（二）AI驱动/参与设计的优势

1. AI激发创造力

英国认知科学家玛格丽特·A. 博登（Margaret A. Boden）曾提出一个从机器角度理解创造的“创造力三模型”，其中包括了AI/机器通过不同方式实现的三类创造类型，各自代表着不同的创新程度。

组合创造（Combinational Creativity）：AI/机器可以在已有的规则（概念空间）内对已有事物进行优化改进，而探索的规则（探索空间）并没有发生改变。这是现在常见的“弱人工智能”在参与设计时可以完成的内容，即帮助设计人员在识别出一种模式后创建多个变体。例如，在徽标设计时，设计师可以通过指定品牌识别色与抽象图案，让AI生成大量符合设计规则且有差异度的备选方案。

探索创造（Exploratory Creativity）：AI能够将两种或多种概念进行结合，经常发生在将现有内容以新的形式进行呈现的过程中。这与简单的组合创造模式已经有所不同，AI的探索创造时常伴随着设计师的决策与反馈。例如，在“人–机”协同模式下，设计师让AI/机器学会将普通图片的风格纹理迁移到艺术字体上。

转换创造（Transformational Creativity）：AI驱动的设计有时可以突破原有概念，以创造的形式来打破原有的规则。阿里巴巴的“鹿班智能设计系统”是一个很好的例子，AI驱动的平面设计/排版设计已经革新了电商零售行业的Banner和广告呈现方式。

2. AI降低设计技能门槛

AI驱动的设计系统首先遵循简单易用的原则，这些工具在被输入了明确的方向、限制、目标以及要解决的问题之后，可以产出无数的设计方案，设计师仅需挑选出喜欢的方案，或者给予系统不断重新组合的反馈。在AI参与设计的将来，设计师的工作是：给机器设定目标、参数、限制条件，检查和微调AI生成的设计。这种设计工具的民主化将大大降低设计的技能门槛，从而更加强调了设计人员在创造和交流上的价值。

二、AI参与设计的局限性

（一）弱人工智能的局限性

在第二章中我们提到，AI+时代的人工智能应用并不需要一个特别先进的人工智能概念，即使是只能完成简单任务的“弱人工智能”，在大规模复制时也足以带来重大变化，这是从智能增强（Intelligence Augmented，IA）的角度出发来讨论的。然而，基于弱人工智能的AI设计是专注于特定细分场景且极度依赖人机协作的，可以取代人类设计师的AI显然超越了弱人工智能的范畴，需要进一步的发展。

中国知名企业家李开复在其《人工智能》一书中介绍了当前弱人工智能的局限性，即无法进行跨领域推理，不具备抽象能力，无法拥有常识、审美能力以及自我意识等等。当前弱人工智能的局限性决定了AI无法替代设计师，AI+时代的设计是人和机器共同进行的智能设计。

（二）AI参与设计的局限性

抛开弱人工智能的局限性不谈，AI参与设计与人类设计师相比还是存在一些显著的劣势：

1. AI与人类之间的信任

人与人之间的信任与人与机器之间的信任是基于不同的标准，人类基于可靠性、真诚、能力和意图等因素相互信任，而人类对机器的信任是基于其准确性、一致性和可靠性。虽然有很多AI优化用户体验的例子，但是，AI参与设计最基本的挑战仍旧在于如何使一个无法被明确解释的AI系统获得用户的信任。

2. AI与细微情感识别

即使有足够多的人类常识数据储备，AI对于人类行为的意图、动机及其背后的文化与情感语境依旧缺乏足够的了解。产品设计与用户体验的核心要素包括设计师与用户的共感，然而，目前深度学习的情感识别进展仍旧不支持机器理解或表达细微的情感差异。

3. 设计与AI偏见

微软的包容性设计团队总结了AI存在的五类偏见：数据集、关联、自动化、交互与确认，这些偏见有时意味着AI设计的非公平性。以数据集偏见为例，大规模的数据集是AI强大能力的基础，然而为了降低数据收集成本和优化AI训练，数据集通常被简化为不考虑各类用户的概括集。当用于训练AI模型的数据不能够代表多样化的用户类型时，AI驱动的设计就不可避免地存在数据集偏差。有一个典型的数据集偏见案例，基于计算机视觉的智能产品（例如用于追踪用户运动的网络摄像头）被发现仅适用于基于种族（主要是白人）划分出的一小部分用户，因为模型的初始训练数据不涵盖其他种族和肤色的用户。

三、AI如何建构设计师的未来

（一）优秀的设计师永远不会过时

回到本节的核心问题“AI能否替代设计师”？答案当然是否定的。优秀的设计师能够与AI齐头并进，传统的设计工作会演变为更紧密、更智能的人机协作模式，还会有更多AI驱动的新设计师角色被定义。

以现有的设计实践为例，即便可以被自动化完成的一切都实现了自动化，AI与智能工具能够应付烦琐的任务并完成设计决策，设计师仍然需要在设计中洞察和把握用户所期望的体验与情感。AI+时代的设计师需要采用新的模型来支持全新的设计实践内容，并加强对设计战略维度的理解——出色的AI设计更关注设计的人性化（即定义哪些问题需要被解决）与获得解决方案的循环路径（怎样给予AI系统正确的反馈和评估）。设计师将成为项目的发起者、参与者与管理者，并且运用同理心不断了解并考虑到那些将受到AI设计产出影响的人。本书的第八章将介绍一个把二级用户与道德规范纳入AI设计的研究框架。

近年来，已经出现了与AI服务相关的设计工作，并衍生了对应的设计师类型。Facebook的AI产品设计团队将他们提供的AI设计服务归为五类：①与技术团队共同创建AI产品原型，制作特殊演示或可视化效果展示AI功能；②作为技术团队的嵌入式部分塑造新的AI功能，确保开发团队了解用户需求并关注该领域长期的AI愿景；③设计开发全新的以AI为中心的应用程序，测试其可行性并推进其迭代与落地；④收集正确的数据以供AI学习训练，为数据收集与注释构建工具与平台，以简化流程，使其高效地收集高质量的数据；⑤通过开源项目来设计构建供AI工程师及外部开发社区使用的应用，为AI开发流程中的各个环节创建一套高效的系统使用工具。

在较高的层次上，AI服务相关的设计师正在弥合用户需求和技术能力之间的鸿沟，利用AI当前和未来的功能来设计人机联系和协作的未来。优秀的设计师永远不会过时。

（二）适应AI+时代的设计师角色

为了适应设计师不断发展的角色，我们可以首先做以下三件事：

1. 了解现有工具和功能

在设计过程中运用人工智能的第一步是了解AI的种类和应用范围。本书的第二篇已经介绍了与设计关联较大的深度学习模型与应用案例，如果有更细分的设计应用需求，可以通过现有的AI产品API（如谷歌、微软、腾讯、阿里云AI等API平台）来了解用于模型训练的各类输入与逻辑。

2. 将道德规范融入设计流程

虽然，关于AI伦理的讨论尚处于起步阶段，但设计的前瞻性要求我们设定道德标准并将其融入我们设计的系统中。本书第二章的AI人机交互指南给出了部分遵循设计与道德原则的设计示例，针对目前没有道德原则的设计领域，设计师可以参照现有的微软、谷歌和IEEE（the Institute of Electrical and Electronics Engineers，电气电子工程师学会）的AI伦理原则制定对应的AI设计道德规范，本章的下一节内容也会涉及对AI伦理问题的讨论。

3. 重视设计的适应性与可演进性

AI驱动设计的目标是"设计解决问题的循环"，其在本质上是迭代的，并不会以交付一套个人用户体验到的特定解决方案为终止。设计的适应性应得到重视：设计师不仅应考虑用户在特定环境下如何体验产品，还应根据不断变化的环境与用户决策来动态更新设计的内容。与之相关的另一关键点是要认识到AI驱动设计的可演进性——AI驱动设计的系统通常是复杂的，但一个复杂的系统是没法自上而下进行设计的，一个切实可行的复杂系统势必是从很多个切实可行的简单系统发展而来的。在可演进的AI驱动设计系统中，成功与失败的尝试都可以细分、复盘，以支持"解决问题的循环"落地。

第二节　AI设计伦理

从本质上讲，AI是具有学习与适应能力的计算机程序，它不能解决所有的问题，但其改善人类生活的潜力是深远的。AI+时代的趋势就是人们越来越多地使用AI系统来支持人类决策，并且依赖AI在众多的应用程序中提供有价值的见解与知识。然而，AI系统在未来能否被广泛应用，很大程度上取决于人们是否信任其输出的能力。换句话说，人们对AI的信任，首先要基于人们对AI技术的理解，以及对其安全性和可靠性的评估。在信任AI算法做出的决策之前，我们需要知道它是可靠、公平并且不会对人们造成任何伤害的。

展望未来，在AI驱动的设计中仅关注“性能构建”和“问题定义与解决”是不够的，设计师必须同样重视AI设计的道德与伦理，即学习如何建立、评估和监控AI信任。本节将首先讨论与AI设计相伴的伦理问题，然后基于IBM公司提出的AI日常伦理框架，讨论设计团队应如何将AI伦理考量纳入实践。

一、与AI设计相伴的伦理问题

本章的第一节已经指出，AI参与设计时会受到“人类信任”的局限。现有的研究也印证了不恰当的设计流程可能会加剧AI产品的五类“偏差或歧视”，具体包括：数据集偏差（数据集不具有用户代表性）、关联偏差（AI可能加剧人类现有歧视，例如种族主义与性别歧视）、自动化偏差（AI支持的自动决策可能背离人类的多样性，例如自动化的美颜滤镜可能会引导用户的审美趋同）、交互偏差（用户行为篡改AI中立，例如种族主义者与聊天机器人大量交谈，使其呈现歧视性交互）和确认偏差（AI的训练假设有时会过度简化人类个性，例如购物网站倾向于向用户推荐已购买的相关商品而不是替代产品）。

人工智能与设计社区对于AI伦理的认识正在快速提高，可以遵循的AI伦理原则与框架也在不断完善，这些框架可以作为社会在应用AI算法时“做”与“不做”的规范约束，但仅有这些原则并不能帮助设计师或开发者采取对应的行动来减轻AI设计的伦理风险。AI伦理相关的设计实践可以视为一种演进中的“矛与盾”，设计师首先需要了解到AI可能引起的伦理争议，然后持续关注对应的技术解决方案并将其整合到自己团队的设计框架中。本节依此讨论“AI侵犯隐私”带来的争议，作为AI设计伦理问题的示例。

（一）AI侵犯隐私

AI侵犯隐私的争议主要来自两个方面。

数据隐私：AI使用的海量数据来自具有多样性的运行环境（手机、电脑、物联网设备等）。数据隐私的第一项疑虑就是用户个人信息的采集与数据开放是否经过授权，例如在公共场所被采集的人脸数据能否被公开或用于数据集使用；第二项疑虑是可能因无法在AI的运行环境中提供全面的数据安全保护，致使数据被泄露、篡改、窃取和挪用等。

侵犯隐私的追踪问责：缺乏对AI应用目的的管控可能会引发滥用的问题，而深度神经网络等复杂系统本身就缺乏透明性及可解释性，可能会违反法律法规的要求并且对后果无法跟踪和追责。例如，由DeepFake技术引发的“AI换脸”滥用和由AI语音合成技术完成的“亲友语音”电话诈骗，都很难对侵权者进行追踪并对其问责。

（二）AI隐私保护技术

数据唯有进行流动和共享才能发挥其价值，但是AI隐私的争议通常与数据泄露相关。传统模式下的数据保护与共享需要依靠“自律”及“他律”，即自身防护和制度保障，设计师在这种“被动防守”的局势中很难有所作为。近年来，随着隐私计算技术的发展，AI数据的安全共享成为可能，设计师可以考虑在产品功能定位环节就将数据安全与用户隐私保护纳入设计，在满足隐私保护的前提下，最大程度上优化产品价值与用户体验。

差分隐私保护技术：差分隐私（Differential Privacy）是微软在2006年提出的一种针对大型数据库隐私泄露的保护系统。苹果公司在其推出“iOS 10”操作系统时着重介绍了差分隐私技术与其在苹果系统中的应用方式。该技术的产生背景可以追溯到20世纪90年代美国马萨诸塞州的隐私泄露事件。当时的马萨诸塞州集团保险委员会为了公共医学的发展，公布了一个移除患者信息的匿名医疗数据集。虽然在该份数据集发布之前，所有的个人敏感信息（例如姓名、住址、身份证号码）都已被删除，但将剩余数据（每位患者生日、性别、邮编）与该州的选民登记记录相连后，该匿名数据集就被破解了。而差分隐私是一个统计学的概念，它在详尽分析一个群体信息的整体趋势的同时，尽可能少地关注该群体中的个体详情。具体来说，为了掩盖用户的个人身份信息，差分隐私会对单个用户的数据进行噪声扰动，而当用户数量达到一定规模时，群体的统计学信息却可以被外界了解。

差分隐私技术可以在设计调研与方案测试环节发挥重要作用。例如，交互设计师可以使用差分隐私技术来统计用户在社交媒体应用中对表情符号的使用情况，从而改进该应用提供的表情符号预测。

联邦学习技术：联邦学习（Federated Learning，FL）是谷歌在2016年提出的一种分布式的机器学习隐私保护技术。谷歌试图实现将各个设备的用户个人数据保留在本地的同时，获得AI训练的全局模型。在联邦学习中，用户的本地设备首先会从服务端下载一个基本的共享模型，然后在基于本地数据进行训练后，将更新的模型参数上传至服务端；服务端将来自各方的参数整合至全局模型后再次共享，迭代多次，直到全局模型收敛或者达到模型训练的停止条件。在联邦学习的模式下，服务器无法直接访问用户个人设备中的本地数据，仅能在参数层面进行模型的整合与训练。

联邦学习技术的应用已经比较成熟。谷歌将其应用于Gboard输入法的键盘个性化设置，在成千上万的iOS和安卓设备中进行对联想词与智能提示等功能的优化。在谷歌Pixel4手机推出的同时，联邦学习技术支持了谷歌对于“即时播放”音乐识别功能的改进。该功能以联合方式汇总歌曲的播放次数，根据不同地区来确定最受欢迎的歌曲，以提高其识别度。

同态加密（Homomorphic Encryption）：加密是最基本、最核心的一种数据安全技术，通过加密算法将用户数据编码为仅特定人员能够解码的密文，能保证用户的敏感隐私数据在存储与传输过程中的保密性。对机器学习和深度学习而言，由于恶意攻击者能够基于模型对用户的个人数据加以推测，因此，个人数据在计算与分析过程中的机密性也需要得到同等程度的保证。同态加密是一种不需要访问数据本身就可以处理数据的密码学技术。简单来说，同态加密提供了一种对加密数据进行处理的功能，其他人可以对加密数据处理，但是在处理过程中不会接触到任何原始内容。对经过同态加密的数据进行处理将得到一个输出，对这一输出进行解密，其结果与用同一方法处理未加密的原始数据得到的输出结果是一样的。

同态加密的优点在于它能够保证计算结果的正确性，但是，该方法十分依赖于加密算法的函数复杂度，计算开销十分高昂。对于数据正确性要求较高的金融行业来说，同态加密的应用价值较高。

以AI与隐私为例，我们可以看到设计师在伦理问题中应持有的中立立场。一方面，我们需要认识到是哪些原因造成了AI侵犯用户隐私，另一方面我们需要关注与其相关的技术进展，相信这些系统的输出能够在避免伦理争议的情况下为人类决策提供依据。随着AI能力的提升，理解和发展AI设计的道德伦理框架是我们的集体责任。

二、IBM的AI日常伦理原则

IBM公司认为，以技术为中心的智能系统功能的改进不能充分考虑用户需求，而AI系统必须保持足够的灵活性，以便在面临道德挑战时可以不断地进行维护和改进。因此，他们的设计团队推出了一套设计相关的AI日常伦理指南，其中介绍了下列五项重点领域内容，作为设计与开发团队改进或评估用户AI产品体验的依据。本节将依照该指南的框架，展开介绍设计师如何提高AI道德意识，在设计流程中减轻AI系统中存在的偏见，并且向相关开发人员明确AI责任与问责制的概念。

（一）AI设计的责任

1. 明确AI开发需要承担的责任与问责制度

AI设计责任是指，AI系统的设计师与开发者需要考虑到该系统从设计、开发到决策、输出的全流程应用，并且明确在任何时间参与创建AI系统的每个人都应负责地考虑到该系统对于用户可能造成的影响。更具体地来说，设计师与开发人员的选择判断能够在看似客观的AI逻辑决策系统中发挥重要作用。在编写算法、定义功能或者制定重要决策时，需要考虑到该系统结果的影响受众是真实的人类用户。

AI驱动的设计问责可以体现在用户需求的反馈环节，设计团队需要密切关注AI系统输出的反馈是否能够满足用户的真实需求或期望。可以采用的方式有很多，例如先进行真实用户的访谈调研，在了解需求后与AI输出进行对比，从而实施一个反馈学习的循环，以便系统更好地理解用户偏好。

2. 需要采取的措施

（1）向设计和开发团队清晰切实地传达公司政策以及AI设计的责任和问责机制。这项措施需要在设计开发的第一天就开始执行，相关政策与问责机制应当便于理解且不会造成困惑。

（2）团队需要了解和明确公司/软件的责任在何处结束。开发团队可能无法控制用户、客户端或其他外部源对数据或工具的使用情况。

（3）团队需要制定策略来详细地保留有关设计过程和决策的记录。可以以此为基础，鼓励团队进行更佳的设计实践与迭代。

（二）价值取向一致

1. AI设计应符合用户群体的规范与价值观

随着设计师与开发者不断推进AI系统并将其部署在复杂的环境和决策场景中，团队需要为模型提供不同结果的数据，辅助其推理并区分出决策的“好”和“坏”。AI与人们的多种利益共存，而人们根据多重的背景因素来作出决策，包括经验、记忆、常识和文化规范，这些因素使得我们在家庭、办公室或其他环境及各类情况下能够对“是非”进行判断，构成了人类的第二天性。

然而，当前的AI系统没有这些类型的背景经验可以借鉴，因此，设计和开发团队必须相互协作，以确保AI系统的推进符合社会与用户群体的规范和价值观，尤其需要确保AI系统具备对于多种文化规范和价值观的敏感性。

AI系统的价值取向需要贯穿功能设计的始终，设计团队可以考虑与不同文化和学科背景的专家进行合作，以促使产品能够符合不同地区用户的普遍价值观。以AI产品的语音交互和文字输入为例，团队需要和语言学家合作，以保证不同地区用户的语音都能被正确识别，此外，文字信息的表述也要尊重且适用于各地的习俗。

2. 需要采取的措施

（1）考虑建立AI系统在设计过程中需要贯彻的价值与文化体系。在该过程中，尽可能获得学者与决策经验者的支持，来帮助团队阐明相关观点。尤其需要明确的是，价值取向是主观的，并且在全球范围内有所不同，面向全球发行的AI产品在功能设计中必须考虑语言障碍和文化差异带来的影响。

（2）与团队中的设计研究者一起了解和明确用户群体的价值取向。仔细地考虑团队对于用户价值取向的理解，并且根据道德伦理准则相应地调整AI系统的行为。某些特定的使用场景和用户社群会具有特别的价值取向与俗成规范。一致的价值取向可以使用户更好地理解AI系统的行为和意图。

（三）可解释性

1. 在产品中呈现的AI决策过程应使用户易于感知、检测和理解

人们不会盲目相信那些无法解释其推理过程的人，更不会信任一套无法“自我解释”的AI系统。随着AI能力的增强和影响的扩大，设计团队需要以人们可以理解的术语来解释其决策过程。可解释性是用户在与AI交互时理解AI决策并接受其建议的关键，

用户应始终意识到他们正在与AI交互，一个好的设计不应以牺牲系统透明度来创造用户的无缝体验。

更进一步，在解释AI系统的决策流程与其算法的工作原理时，统一的表述并不适用于所有情况。不同程度的利益相关者需要获得系统针对不同目标的解释，并且必须是针对他们的需求量身定制的解释。例如，在一款医疗AI系统中，医生需要看到与其患者相似的病例数据来辅助他的诊断，AI需要给出系统如何判断不同患者在病情上具有相同模式的解释，而患者在得到诊断结果时需要获得该诊断结果是如何得出的解释，这就涉及对各项数据与关键诊断因素的展示。

在某些情况下，用户无法获知AI决策的完整过程，但AI系统的意图应当被尽量感知。设计团队应当考虑如何在AI产品的用户体验中建立可解释性而又不影响到其功能与体验性，进而需要考虑在AI决策的流程中，哪些部分能够以易于理解和解释的方式向用户阐明，能否确定相关规范。

2. 需要采取的措施

（1）允许提问。用户应该能够提问为什么AI在做其正在做的事情，这项功能应该清晰明了，并且始终呈现在用户界面上。

（2）AI的决策过程必须是可审查的，尤其是当其正在处理高度敏感的个人信息数据（例如个人身份信息、受保护的健康信息或生物识别数据）时。团队应确保用户长期具有对AI决策过程记录的访问权限，并能够验证这些决策过程。

（3）当AI系统协助用户作出任何高度敏感的决策时，必须提供使用数据以及对建议原因的详细解释，这些解释可以在建议显示时折叠，在用户需要时还可以点开。

（四）公平原则

1. AI设计必须最大程度地减轻偏见并促进包容性

当与人们的敏感数据进行交互时，AI能为我们的个人生活提供更深入的洞察。无论我们是否愿意承认，人类世界总是充满偏见与对立性。这些人为偏见会通过人们创建、收集或处理的训练数据进入模型的训练过程，从而有可能被嵌入到设计和开发团队创建的AI系统中。一个负责任的开发团队需要分配精力，通过正在进行的研究和数据收集（代表不同人群）来最大程度地减少算法偏见。

首先，设计和开发团队可以考虑引入多元化的人员构成来代表更广泛的体验感受，欢迎不同年龄、种族、性别、学科背景和文化观点的团队成员参与设计讨论。就AI驱动的设计本身而言，团队需要意识到正在创建的AI系统可能会受到不同类型的偏见影响，因此，监督检查输入训练的数据类型、训练过程以及输出结果很有必要。为了保证快速的问题响应，团队应该尽早并且频繁进行测试。对于一些价值观中特别重视多样性与包容性的产品来说，设计团队需要确保收集到的有关种族、性别等用户的敏感数据不会排除某些特定群体的统计信息。

2. 需要采取的措施

（1）对于AI模型的实时分析可以揭示有意或无意的偏见。当数据上呈现出的偏差变得明显时，团队必须调查并了解该偏差的来源以及如何修正它。

（2）在设计和开发过程中应避免无意偏见/偏差，团队可以安排人员组成小组来审查是否存在无意偏差，包括刻板印象、确认偏差和沉没成本偏差。

（3）团队可以在产品功能中建立反馈机制或与用户进行公开对话，以提高用户对于识别偏见或问题的意识。例如，可以在每一项建议链接后增加问题“让我们知道您的想法”。

（五）用户数据权限

1. AI设计需要保护用户数据，并保留用户对于数据访问和使用的控制权

任何AI系统的开发团队都应让用户有权控制其交互，并允许用户访问与使用其个人数据。未经用户许可的数据使用和共享是被严厉谴责的行为，随着AI隐私争议的进一步扩大，设计师与开发团队需要完全遵守所在国家/地区法规中对于数据保护的条例，以确保用户了解到AI系统是为了他们的最大利益而运作的。

设计与开发团队需要时刻思考自己正在创建的AI系统需要使用哪些类型的个人敏感数据，包括如何采用加密、访问控制等安全措施来保护用户的数据。更进一步来说，团队也需要思考如何使用最少的用户数据来创造最佳的用户体验。

以AI系统在数据处理过程中与用户的交互为例，在用户开始使用之前，系统需要获得数据使用的授权并与用户签订协议。该项协议与授权应尽可能清晰地向用户表明AI系统不拥有其数据，并且用户有权随时从系统中清除该数据（即使是在系统提供的服务失效之后）。在用户使用期间，设计团队可以增加功能，向用户提供其被获取的数据的信息摘要。

2. 需要采取的措施

（1）用户应该始终保持对AI系统正在使用的数据以及使用环境的控制。用户可以拒绝系统访问那些不适合向AI提供的个人敏感数据。团队应在产品中提供选项，让AI系统在交互开始之前或交互过程中请求许可，并且允许用户拒绝对应的服务或数据访问。产品的隐私和权限设置应当是清晰、可查找并且可调整的。

（2）团队或公司应该向用户和大众提供有关该AI系统是如何使用或共享个人数据信息的完整披露，并且保护用户数据免遭盗窃、滥用或损坏。

参考文献

[1] 熊平，朱天清，王晓峰．差分隐私保护及其应用[J]．计算机学报，2014，37（01）：101-122.

[2] 刘俊旭，孟小峰．机器学习的隐私保护研究综述[J]．计算机研究与发展，2020，057（02）：346–362.

[3] RYAN M. In AI We Trust: Ethics, Artificial Intelligence, and Reliability[J]. Science and Engineering Ethics, 2020, 26(5): 2749−2767.

[4] CONSTANTINESCU M, VOINEA C, USZKAI R, et al. Understanding responsibility in Responsible AI. Dianoetic virtues and the hard problem of context[J]. Ethics and Information Technology, 2021, 23: 803−814.

[5] 银宇堃，陈洪，赵海英．人工智能在艺术设计中的应用[J]．包装工程，2020，41（06）：252−261.

[6] WIRTZ J, PATTERSON P G, KUNZ W H, et al. Brave new world: service robots in the frontline[J]. Journal of Service Management, 2018, 29(5): 907−931.

[7] JOBIN A, IENCA M, VAYENA E. The global landscape of AI ethics guidelines[J]. Nature Machine Intelligence, 2019, 1(9): 389−399.

第八章
基于用户需求的AI设计原则体系研究

本章包括以下内容：

- AI驱动的设计原则
- 考虑到二级用户的AI设计框架

设计的价值在于改善人们的生活，让未来的世界比现在更好。人工智能不能解决人类所有的问题，但其改善生活的潜力是深远的，它的进步将在医疗、安防、能源、交通、制造和娱乐等领域中产生变革性的影响。当然，AI系统的优势与复杂度是并存的，如此强大的技术需要搭配合理的使用方式。未来的设计智能需要确保一个AI系统的推出不会出现预期外的系统性宏观问题（隐私、偏见、安全）。

本章首先围绕用户信任、需求满足和交互体验提出AI驱动的设计原则，然后以AI设计的二级用户作为切入点，介绍考虑到二级用户与道德因素的AI设计框架。

第一节　AI驱动的设计原则

在谈论AI如何辅助设计并改革设计实践时，AI是设计师的一项创新工具，它能够根据每个人偏好的形式、质量与内容与人进行更多类似人的互动，也能够通过对结构化与非结构化的数据分析来洞察真正重要的内容。但当设计师考虑将AI功能纳入产品时，必须保证该解决方案能够满足用户需求和体验，而不是对技术升级的强行适应或追求噱头。更进一步，设计师需要确保AI功能的加入可以实现用户利益的最大化，并尽力避免预期外的副作用。由此，本节围绕着用户信任、需求满足和交互体验提出AI驱动的设计原则。

一、为用户信任而设计

（一）隐私与数据安全

本书第七章第二节已经提到，设计与开发团队需要时刻思考自己正在创建的AI系统需要使用哪些类型的个人敏感数据，并且要采用包括加密、访问控制等安全措施来保护用户的数据隐私，用户能否对其产生信任与数据权限的交互反馈有关。

1. 用户隐私数据开放的自愿性与可控权

首先，要保证隐私数据开放的自愿性，即用户有权拒绝系统访问不适合向AI提供的敏感数据，产品的功能不应完全与数据权限绑定。其次，在交互反馈中传达隐私友好性，即产品的隐私保护旨在从“双赢”角度保证所有利益相关者的合法权益，极力避免一方利益凌驾于另一方。具体而言，在产品使用流程中应进行适当通知，例如，在交互之前或过程中请求许可，并赋予用户友好选项的多类解决方案。产品的隐私和权限设置应当是清晰、可查找并且可调整的。

2. 隐私保护功能的可了解性

保证用户了解到系统在数据安全与隐私保护上的能力与限制，例如，该功能可以预见并防止隐私威胁，而不是在隐私违规发生时才做出响应。应当及时、适当地通知用户有关其个人数据的处理方式，例如使用图例演示其数据正在以隐私友好的方式进行处理。

（二）可解释性

在设计交互实践中，AI系统的行为可解释性对于用户信任与体验至关重要，具体需要考虑三个维度：AI的可解释性针对的用户是谁？AI自我解释的目的是什么？在怎样的情况下AI需要给出解释？

1. 针对不同需求的用户做出不同解释

设计需要提供基于目标用户需求和能力（如知识水平、使用熟练度）的可理解AI。AI自我解释的最终目标应该是确保目标用户理解系统的行为，从而帮助他们提高决策效率。设计师与开发团队可以基于用户类型制定不同的解释方案，并依照用户的交互期望、使用环境与具体需求细化解释方式。以自动驾驶汽车为例，乘客与司机对于汽车的掌控程度不同，为了建立乘客对于汽车的信任感，可以在乘客视角可见的区域放置屏幕，方便其从汽车的视角观察周围环境。

2. 明确AI系统解释的目的和情况

王但丁（Danding Wang）等的可解释性AI研究将AI系统需要解释以建立用户信任的情况分为四个步骤，依次为：①向用户解释目标；②用户询问和推理；③因果归因和解释；④帮助用户决策。具体情况如表8-1所示。

（三）为用户设定合适期望

用户对AI系统的期望值会影响其对相应功能的接受程度。例如，用户若对系统可用性或易用性产生过高期望，而这些期望没有得到满足时，用户满意度和使用产品的意愿就会显著降低。AI系统对用户期望的满足受到许多因素的影响。具体来说，驱动AI的基本算法（自然语言处理、图像识别、基于传感器的推理等）都存在失败概率，无法以高精度运行。当这些失败概率没有提前向用户传达时，就可能导致用户理解中的产品

表8-1 AI系统建立用户信任的步骤与情况

<table>
<tr><th colspan="2">以用户为中心的可解释性AI</th><th>不同情况示例</th></tr>
<tr><td rowspan="3">步骤1</td><td rowspan="3">向用户解释目标
用户对于AI解释的需求是由系统偏离预期行为引发的，例如好奇、不一致或异常事件的出现。
用户也会对重要的或涉及财产、隐私的事件寻求解释</td><td>[系统透明性]
用户了解到AI系统的内部状态或功能的部分方面</td></tr>
<tr><td>[AI辅助决策]
当AI被用作决策辅助工具时，用户会寻求使用解释来改善他们的决策。例如使用地图进行导航时，用户需要得到AI是如何确定“最佳路线”的解释</td></tr>
<tr><td>[系统出现错误]
当系统出现意外或错误行为时，用户会希望得到对于AI系统的错误原因的解释和调试，以便能够识别违规故障并采取控制措施进行纠正</td></tr>
<tr><td>步骤2</td><td colspan="2">用户询问和推理
基于解释目标，用户对所收到的信息和解释会进行归纳或寻找原因。在交互逻辑中，应当设置用户的提问选项，并给出一些常见问题，例如“导航在后台模式下会记录我的实时位置吗?”</td></tr>
<tr><td>步骤3</td><td colspan="2">因果归因和解释
当用户询问更多信息来理解一个观察结果时，他们可能会寻求不同类型的解释。对于一个结果给出所有类型的解释有时无助于用户理解（可能导致信息过载），一个推荐的交互方式是允许用户通过操纵原因来改变结果。例如，导航AI“最佳路线”的功能允许用户控制各项因素的影响权重，不仅可以帮助解释功能，还能为用户提供更强的系统控制感</td></tr>
<tr><td>步骤4</td><td colspan="2">帮助用户决策
AI自我解释的最终目标是帮助用户提高决策效率。用户在不确定的情况下会基于效用（价值或风险）和不同结果的概率作出决策。AI系统的解释需要帮助用户理解各项结果/解决方案的相对价值，甚至帮助他们比较结果，确定为何一些结果/方案比其他的更有价值，或者为什么它们的概率不同。例如，在金融类型的AI助手功能中解释为何某项投资方案的风险比其他方案更低</td></tr>
</table>

功能失败或不一致，进而造成用户对AI功能的潜在放弃。在某些情况下，用户对于AI系统的过度信任也可能导致严重伤害。以自动驾驶汽车为例，现有的自动驾驶功能并不足以承担复杂交通环境中的导航任务，驾驶员对于该系统的过高期望可能导致致命事故的发生。

根据现有研究，用户对于AI系统的期望形成机制可以分为：通过外部来源的信息（例如被第三方直接告知该AI系统的特定属性），通过推理和理解（从对系统如何工作的理解延伸形成期望），通过第一手经验（例如与系统直接交互，根据体验到的实际效果形成期望）。由此研究提出了调整用户期望值的三种设计方法。

1. 使用准确度指示器

该设计的主要目标是提高用户准确估计AI系统执行准确度/精度的能力，通过直接传达AI系统的准确度能够缩小系统实际准确度和用户感知之间的差异。准确度指示需要结合可视化元素、数字精度以及纯文本描述等。

2. 基于示例进行解释

这类设计旨在增进用户对AI组件运行方式的理解，同时暗示系统可能存在出错的情况。提供解释可以让用户更好地理解AI系统的工作原理。

3. 提供控制滑块/开关

用户通过直接影响系统获得的第一手经验，能够帮助形成对系统行为的更高感知和控制水平。控制滑块/开关的设计可以实现两个目标，即允许用户控制系统的错误率和决策阈值。当用户对AI系统行为做出贡献时，可能会使他们更容易接受系统功能出现的偶然错误。

（四）进行公平、无偏见的设计

AI算法和数据集可以反映、增强或减轻偏见。虽然，想在设计实践中识别偏见并不简单，在不同文化与社会背景中的偏见也各不相同，但设计师仍应尽力消除所有可能的偏见形式，避免对人们产生不公正的影响。尤其需要注意那些与敏感特征有关的影响，例如种族、性别、国籍、收入、性取向、能力及政治立场或宗教信仰。AI系统输出的结果必须在技术角度和社会环境中都合法、合乎道德，并且具有稳健性。

二、为用户需求而设计

人机交互的目标是让用户界面更有效、更易于被人们使用，而AI开发的目标是模拟人类的思维与能力，并在应用程序中体现这些机制。以用户为中心的AI设计框架是同时实现这两项目标的关键。设计师与开发团队需要提前研究用户，以确定他们的需求、期望与使用习惯，也需要进行反复测试与设计迭代，以了解个人与社会环境会如何影响产品的使用。

针对当前许多AI项目中存在的用户界面设计不佳的问题，开发团队的解决方案是在AI系统中提供更多的用户反馈、可视化和解释工具，更好地设置用户期望，深入理解用户环境，以及其他能够显著提高系统可用性的改进措施。用户体验相关的设计师旨在了解用户并定义标准，帮助开发团队收集培训数据，并且定义用户对AI产品的预期。这种合作模式有时不能显著提高AI的可用性，一方面是因为准确定义用户对AI产品的需求和预期并不容易，另一方面是因为AI功能的实现往往是基于集成的工具包和API接口，开发团队需要在用户需求满足与工具包接口提供的便利性之间做出权衡。

（一）专注为用户实现他们的任务和目标

以用户为中心的AI设计实践的一项原则是：系统应当帮助用户实现他们个人的或工作的任务和目标。与之相关的部分人机交互研究，旨在观察用户在工作或家庭环境中的实际情况，了解他们在日常活动中试图完成什么，然后调整产品的功能设计以支持这些目标。在以技术为中心的设计实践中，工程师或开发团队会列出一系列他们认为用户可能会觉得有吸引力或有用的产品功能，然后，将这些功能实现，并在广告、使用说明书、交互界面中传达给用户。这样的研发过程存在风险，即团队实现的产品功能可能对用户来说是无用的、不可理解的，或者那些对用户来说至关重要的功能仍然缺失。

设计师可以考虑在AI系统中加入对用户行为与任务目标的识别功能。首先，通过用户研究为AI系统提供功能框架；然后，致力于长期的交互与功能迭代，即通过接受用户反馈，或通过分析用户行为数据来重新规划AI产品的功能点。

（二）系统的设计要符合用户现有的或期望的使用习惯，使技术适应用户

人机交互领域的研究通常试图描述现实世界中用户的工作实践，并确保人机交互系统的社会技术设计（工作场所中人类与技术或基础设施之间的交互方式设计）与这些实践相一致。因此，传统的人机交互设计实践会先进行用户研究，然后将结果用于指导产品功能的设计与实现。AI驱动的人机交互模式提供了一种新的可能，即部分用户反馈和功能优化回路可以从设计阶段转移到产品的使用阶段。

AI系统应当具有足够强的自适应能力，在不断变化的用户需求中保持自身的灵活性，而不是仅仅等待下一次用户研究或产品的下一个版本。更理想的情况是，用户可以与AI系统的功能模型和数据实时交互，并且可以控制所有的相关参数，设计与开发团队也能够实时观察到用户的操作反馈。例如，在电影推荐系统中可以为用户提供对AI预测内容反馈的机会，即在每次预测结果的界面上显示一键式反馈选项，AI系统能够基于用户的个人偏好模式进行反馈更新。

三、为用户体验而设计

（一）在视觉上将AI内容与常规内容进行区分，以便用户明确信息来源

许多情况下，设计师与开发团队会通过深度学习和机器学习来深入挖掘数据，并为用户生成全新的实用内容。这些内容可以是网飞、YouTube、B站上的兴趣视频推荐，也可以是网站或应用提供的智能翻译，或者是导航软件上的路线推荐。AI生成的内容可以很实用，但是在某些情况下，这些建议和预测需要具备更高的准确性，因为AI算法存在失败概率，尤其是当它们缺少足够的数据或反馈以供学习时。因此，在AI驱动的产品界面中，AI生成内容与常规内容应当有所区分，使用户能够了解这条内容是否由算法生成，从而可以自己决定是否要信任它。

（二）有效利用用户输入完成交互，并使用更加自然的输入进行交互

人机交互研究中通常使用GOMS模型（Goals目标、Operations操作、Methods方法、Selection rules规则）和击键级模型（Keystroke-Level Model，KLM）来评估用户界面的操作效率。通过研究给定界面中模拟的用户任务和完成任务所需的用户界面操作数，设计团队就能够明确应如何有效利用用户输入完成交互，即如何在用户向系统提供最少输入的情况下达成最多目标。

许多AI技术在产品交互阶段可以充当“输入放大器”，即用户能够概括地陈述他们的意图，而AI能将其转化为完成任务所需的一定数量的（部分或大量）低级别操作。例如，语音交互中集成的自然语言理解和语音识别技术，允许用户“随意”地说出自己的想法，系统会直接识别用户意图，避免了文字交互和来回确认的过程；基于知识储备的应用接口（例如金融和医疗领域的自动翻译）可以为用户提供特定领域的通用词汇，从而帮助交流；在编程IDE（Integrated Development Environment，集成开发环境）软件或其他学习应用中的记录接口能够观察用户操作，并在未来提供类似操作的自动化功能；意图识别和智能的默认设置能帮助用户明确自己想要做什么，进而通过直接操作达到目标。以上所有技术都可以避免用户陷入一系列为完成高级任务而进行的重复低级别操作，从而提高交互效率。

此外，设计师可以考虑在AI系统中使用用户自然的输入完成交互。本书第二章第二节曾介绍过几类传统的人机交互界面（命令行界面与图形用户界面等），这些交互界面在接受指令的顺序和指令所需的详细程度上往往是严格的。然而，人类的自然交流更加灵活，可以自由地将高级别概括意图与详细、具体的问题说明相结合。通过意图识别、用户语言和行为分类以及多种AI混合学习技术，系统能够接受更自然的用户输入，创造更加流畅的交互体验。

（三）查找并处理极端情况，以免带来不愉快的使用体验

AI输出的内容有时不可预测，设计师与开发团队需要规划足够的时间来测试产品，查找怪异、令人感到不愉快或不安的极端状况。例如，聊天机器人在不了解语境或在收到一些出乎意料的指令时，可能会回复某些荒唐可笑的内容。

在开发阶段进行广泛测试可以最大限度地减少这些错误，对于产品能力范围的清晰描述可以帮助人们理解这些极端情况。设计师还需要向开发团队提供有关用户期望的研究结果，建议他们微调算法，以防出现不良响应。在AI驱动的设计实践的整个流程中，设计师都可以提供有关用户行为、反馈以及用户期望的有价值洞察，从而帮助开发团队明确需要优化的内容，这也是设计师在AI项目中发挥重要作用的体现。

第二节　考虑到二级用户的AI设计框架

设计师应当注意到，AI的增强作用不仅体现在它对产品功能体验的增幅上，还体现在AI产品相关受众面的对应扩大上。本章的第二部分将讨论设计师与开发团队应如何定义AI产品的二级用户并预期与该用户群体相关的某些不可预见的后果，由此介绍一套考虑到二级用户和道德因素的AI设计框架。

一、AI产品的二级用户

IBM的AI设计团队在2020年提出了一个“AI产品二级用户”的概念，旨在呼吁与AI相关的设计团队应考虑其设计可能对各个方面造成的影响，并通过一个合理的框架来进行合乎道德的AI设计。一款产品的“二级用户”是指并非主动成为产品用户，但是由于主要用户或环境间接受到产品影响的人。他们以药瓶为例：尽管一些药物不应被儿童使用，但儿童会因好奇接触并打开药瓶，意外食用看起来像糖果的药物。这些意想不到的后果使得设计师重新对药瓶的设计进行思考，促成了第一款儿童安全药瓶的诞生。

与AI相关的产品设计也是如此，设计师在创造用户可以控制与交互的体验时，有时会以意想不到的方式吸引到更广泛的用户群体。我们已经观察到许多AI相关的设计在忽略了“二级用户”时可能导致的后果，例如，因大量用户的恶意言论而成为“种族主义者”的微软AI聊天机器人，或是因意外导致行人死亡的自动驾驶汽车。在为面向各种环境应用的AI进行设计时，设计师需要时刻应对自己团队与模型算法中存在的偏见，也需要警惕自己的产品在与目标用户交互时对周围其他人可能造成的连锁反应。

虽然设计团队并非总是能够明确自己的AI产品的“二级用户”是哪个群体，但是考虑到“二级用户”与“道德因素”的设计研究框架仍是成功进行AI产品设计的基础。

二、设计框架：假设与展开

《合乎道德的设计》（Design Ethically）中提出了“效果层”的概念，即一款产品的效果可以分成三个层级，其主要效果是该产品的核心功能或体验。例如，“微信”的核心功能是以语音、视频、文字和图片的形式帮助人们沟通联络，这一核心功能可能会随着时间的推移而演变，但通常不会发生太大改变，特别是当用户对这一核心功能已经留下了深刻印象。产品的二级效果是指那些可能不会被立即当作产品的定义特征出现，但是仍旧与其相关的效果。对于“微信”来说，虽然它的核心功能是作为社交沟通平台，但它的次要效果是在小程序或朋友圈中集成其他公司提供的系列服务并获得收入。同样，它的次要效果也不是一成不变的，会随着时间的推移而改变，但是突出这些已知的次要效果也是微信团队的有意之举。一款产品的第三级效果是指其意料之外或无法预见的影响，可能是好的也可能是坏的。这些效应是用户在接触产品后才会出现的“惊喜”，如随着微信的广泛使用而兴起的“微商”行业。

通常来说，任何好的研究计划都是从一个确定的假设开始的，而“效果层”的概念可以作为确定产品潜在影响的起点，帮助设计师建立关于其产品的二级用户的假设。

（一）确定主要用户的动机

建立假设的第一步是基于设计团队对产品主要用户的研究来确定他们的动机，即他们执行产品相关操作和任务的核心原因（图8-1）。团队需要阐明用户为什么会做某些事情，或者通过分析他们的关键性发言来了解用户的行为与动机。例如，药瓶的主要使用者是服用处方药的成年人，他们希望身体健康。

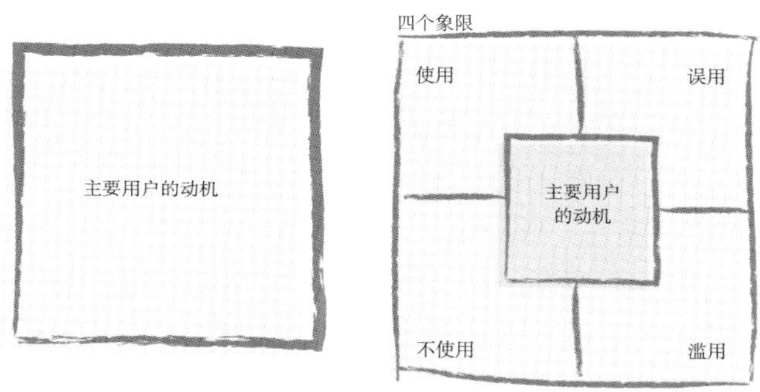

图8-1　主要用户动机的确定

（二）在使用、误用、不使用、滥用这四个象限中拓展用户动机

《人类与自动化：使用、误用、不使用、滥用》一文中提出了一种方法，能够帮助设计师考虑超出预期使用方式的用户行为。根据主要用户的动机，设计师可以确定他们使用、误用、不使用或者滥用产品的可能行为（表8-2）。

表8-2　用户动机与行为说明

四个象限	行为说明
使用	用户按照预期使用产品。人类用户自愿激活或关闭自动化
误用	误用可能包括用户对于系统的过度信任。对系统或自动化的过度依赖，可能会导致监控失败或决策偏差
不使用	用户对于自动化系统的利用不足，或者忽视对于工具或系统的监控
滥用	在功能完全自动化的情况下，不考虑其对人类行为的影响，出现故意伤害或者利用他人的虐待行为

例如，服用处方药的成年人可能会“误用或滥用”他们的药瓶，将其放在家中的公共区域。他们可能会因为试图将药瓶藏在安全的地方，导致完全忘记服药，从而放弃使用药瓶。

（三）在四个象限的周围添加另一层

在这个步骤中，设计师需要确定主要用户的“使用/误用/不使用/滥用”操作会影响到谁。首先，记下这些特定的行为将如何影响主要用户；然后，围绕着这些潜在影响来确定可能会受到影响的用户，他们就是产品潜在的二级用户。一款产品的二级用户可以是设计开发团队想要保护的无辜旁观者，也可以是团队想要阻止的恶意用户，如图8-2（左）所示。

例如，主要用户的同事、室友、配偶、宠物、孩子都可能受到其行为的影响。对于药瓶的二级用户（例如儿童）来说，存在错误摄入有害药物的可能。

（四）将潜在的二级用户影响再次拓展

在这个步骤中，设计师可以考虑潜在二级用户受到的影响，以及对应的用户行为会如何进一步拓展。首先，明确这些行动和影响会如何辐射到新的人群，然后把这些受到潜在影响的人群划分为该款产品的第三级用户，如图8-2（右）所示。

在药瓶的例子中，误用药物的儿童可能影响到的三级用户包括在急诊室救助儿童的医生，儿童的老师和朋友，以及其他关心或负责的人群。有相当大范围的人群最终会受到主要用户与产品原始设计交互的影响。

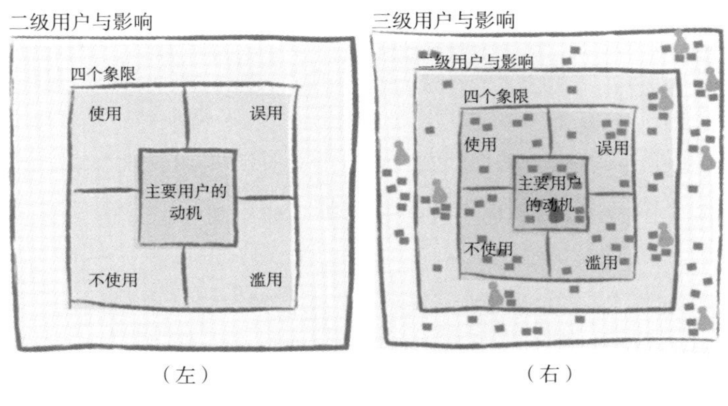

（左）　　（右）

图8-2　二级与三级用户的影响

三、设计框架：研究与评估

在明确了关于潜在二级用户与三级用户的假设之后，设计团队需要根据现实情况来衡量这些假设并进一步展开研究。

（一）对表中已经列出的可能后果进行投票

设计师或团队可以参照以下两个维度对可能后果进行投票。

1. 影响

在这些非预期的不良后果中，哪些会对用户产生最严重的潜在影响，或者会对用户甚至是设计团队或公司带来最大风险？哪项后果可能造成最为灾难性的或最深远的影响？

2. 紧迫性

这些潜在问题需要在多快的时间内得到解决？

（二）对各类后果进行优先级排序

在此步骤中，设计师可以对每项后果进行优先级排序，然后为每项后果拟定一个假设，将其与主要用户的动机和诱导行为关联起来。例如："我们相信，如果[主要用户这样做]，那么[二级用户将受到这种影响]"。

（三）收集假设，并且在AI相关的设计中进行改良

重要的潜在后果与对应的假设是新研究计划的基础。这个研究的目的是确认相应假设的真实性，并且调研怎样的设计改良和解决方案能够避免出现这些潜在后果。首先，明确这些后果发生的可能性有多大，然后明确对于可能性最高的后果可以采取怎样的设计方案进行预防。

例如，儿童若被确定为成年人药瓶的二级用户，那么进一步的研究需要阐明二级用户（儿童）最终会如何与该产品（药瓶）进行互动，并且提供设计原则以指导创建相应的解决方案（儿童安全药瓶）。

参考文献

[1] FERREIRA J J, MONTEIRO M S. What Are People Doing About XAI User Experience? A Survey on AI Explainability Research and Practice[C]//Marcus A, Rosenzweig E. Design, User Experience, and Usability. Design for Contemporary Interactive Environments. Cham: Springer International Publishing, 2020: 56–73.

[2] WANG D, YANG Q, ABDUL A, et al. Designing Theory-Driven User-Centric Explainable AI[C]//Proceedings of the 2019 CHI Conference on Human Factors in Computing Systems. New York, NY, USA: Association for Computing Machinery, 2019: 1–15.

[3] KOCIELNIK R, AMERSHI S, BENNETT P N. Will You Accept an Imperfect AI? Exploring Designs for Adjusting End-user Expectations of AI Systems[C]//Proceedings of the 2019 CHI Conference on Human Factors in Computing Systems. New York, NY, USA: Association for Computing Machinery, 2019: 1–14.

[4] MADDIKUNTA P K R, PHAM Q V, B P, et al. Industry 5.0: A survey on enabling

technologies and potential applications[J]. Journal of Industrial Information Integration, 2022, 26: 100257.

[5] MOTHUKURI V, PARIZI R M, POURIYEH S, et al. A survey on security and privacy of federated learning[J]. Future Generation Computer Systems, 2021, 115: 619–640.

[6] GRAY W, JOHN B, ATWOOD M. Project Ernestine: Validating a GOMS Analysis for Predicting and Explaining Real–World Task Performance[J]. Human–Computer Interaction, 1993, 8(3): 237–309.

第九章
AI产品创新设计发展趋势与路径

本章包括以下内容：

⊡ AI产品创新设计的新模式与新方向

⊡ AI产品创新设计在其他领域的延伸

随着人工智能技术的迅猛发展，AI产品创新设计作为一个新兴领域受到越来越多的关注。AI产品创新设计将人工智能与产品设计领域相结合，探索创新的设计方法和实践，为各个行业带来了革命性的变革。本章将着重介绍AI产品创新设计的新模式和新方向，以及在其他领域的延伸应用，以期为读者提供关于AI产品创新设计的全面视角和启发，共同探寻人工智能与设计的无限可能性。

第一节　AI产品创新设计的新模式与新方向

在过去的几年里，人工智能技术的快速发展和广泛应用已经对设计领域产生了深远的影响。本节将探讨AI产品创新设计的新兴模式和引领设计方向的新趋势，以及展示AI可以怎样改变设计实践和创新过程。

一、基于数据驱动的设计

（一）数据收集和分析在设计中的应用

数据收集和分析已经成为设计领域中不可或缺的工具，通过收集和分析用户相关数据，设计师能够更好地了解用户需求、行为和偏好，从而指导设计决策和创新过程。

首先，数据收集是通过各种技术和方法来获取与设计相关的信息和洞察的过程。设计师可以利用用户调研、问卷调查、焦点小组讨论、用户观察以及在线用户行为追踪等方法来收集数据，这些数据可以包括用户的个人特征、喜好、行为习惯、使用场景等信息，以及与设计目标相关的背景信息。

其次，数据分析是将收集到的数据进行处理和解读的过程，旨在从中提取有价值的信息和洞察。设计师可以使用统计分析、数据挖掘和机器学习等技术来分析数据。例如，通过数据聚类和分类可以发现用户群体中的共性和差异，帮助设计师了解不同用户群体的需求和偏好。同时，通过关联分析和序列模式挖掘等技术，设计师可以揭示用户在产品使用过程中的行为模式和交互路径，从而指导界面设计和用户体验优化。

数据收集和分析在设计中的应用具有许多优势。一方面，它可以为设计师提供客观的数据支持，减少主观猜测和假设，提高设计决策的准确性和可信度；另一方面，数据驱动的设计可以帮助设计师更好地满足用户需求，提供个性化和定制化的产品与服务。此外，数据分析还可以帮助设计师发现隐藏在数据背后的潜在模式和趋势，为创新和未来发展提供启示（图9-1）。然而，需要注意的是，在进行数据收集和分析时，保护用户隐私和数据安全至关重要。设计师应遵循相关的道德准则和法律法规，确保数据的合法获取和妥善处理。

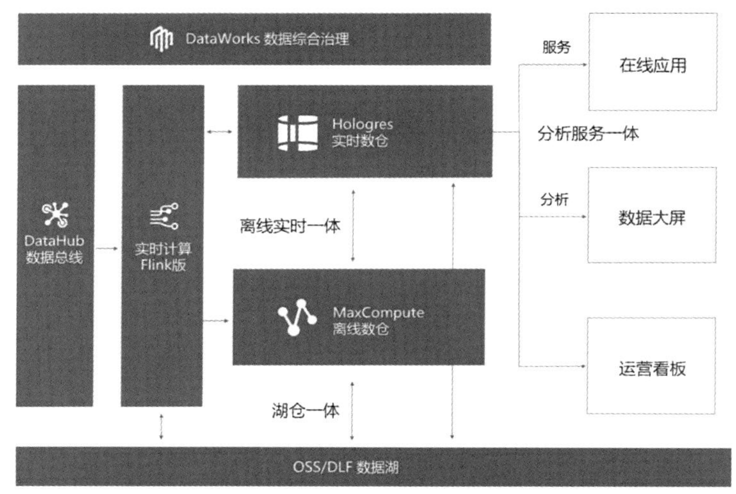

图9-1　阿里云一站式大数据处理平台“云原生一体化数仓”

借助数据收集和分析在设计中的应用，设计师可以更深入地了解用户需求和行为，提供更具吸引力和更有效的设计解决方案。这种基于数据驱动的设计方法有助于提高产品和服务的质量、用户满意度和商业成功率。

（二）数据驱动的用户洞察和行为模式分析

在AI设计中，数据驱动的用户洞察和行为模式分析是一种重要的方法。通过对用户数据进行深入分析，设计师可以获得有关用户需求、偏好和行为的深刻理解，从而在设计过程中更好地满足用户的期望和需求。

首先，数据驱动的用户洞察涉及对用户数据的综合收集和分析。这些数据可以包括用户的行为数据（如点击、浏览、购买等）、用户反馈数据（如调查问卷、用户评论等）、社交媒体数据，以及其他相关的用户属性和背景信息。通过分析这些数据，设计师可以获得关于用户特征、行为模式、使用场景和需求的详细洞察。

图9-2 “X”应用程序根据用户浏览内容与关注对象自动推荐新推文与相似推主

其次，数据驱动的行为模式分析可以揭示用户在产品或服务使用过程中的行为模式和趋势。通过分析用户的交互数据和时间序列数据，设计师可以发现用户在不同阶段的行为习惯、偏好和转化路径。例如，设计师可以了解用户在购物网站上的浏览习惯和购买决策过程，或是在社交媒体平台上的内容偏好和互动模式。这些行为模式的发现可以帮助设计师优化产品界面、个性化推荐和用户体验（图9-2）。

数据驱动的用户洞察和行为模式分析在设计中具有重要的意义和应用价值。首先，它可以帮助设计师深入了解用户需求和期望，从而设计出更符合用户心理和行为习惯的产品和服务。其次，通过数据驱动的个性化设计，可以让设计师为不同用户提供定制化的体验和服务，提高用户满意度和忠诚度。此外，对用户行为模式的分析还可以为设计师揭示潜在的商业机会和创新方向。然而，数据驱动的用户洞察和行为模式分析也面临着一些挑战和考虑因素。首先，需要确保数据的质量和可靠性，避免因数据采集和分析错误导致出现误导性结论。其次，需要保护用户隐私和数据安全，合法、合规地使用用户数据，遵守相关的隐私政策和法规。

借助数据驱动的用户洞察和行为模式分析，设计师可以更深入地了解用户需求和行为，提供更符合用户期望的设计解决方案。这种基于数据的用户洞察和行为分析方法有助于提高设计的针对性、个性化和用户体验，进而推动产品和服务的创新与成功。

（三）数据可视化与设计决策

数据可视化在AI设计中扮演着重要的角色，它是将抽象的数据转化为可视化图形和图表的过程，帮助设计师更加直观地理解和解释数据，从而支持设计决策和创新过程。

首先，数据可视化能够将大量的数据以视觉化的形式呈现，使设计师能够更好地感知数据的模式、趋势和关联。通过图表、图形、热力图、散点图等可视化工具，设计师可以将复杂的数据呈现为易于理解和分析的形式，从而快速洞察数据中的信息（图9-3）。

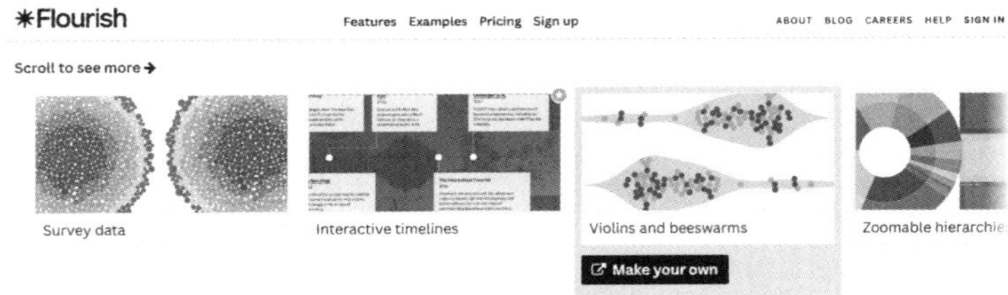

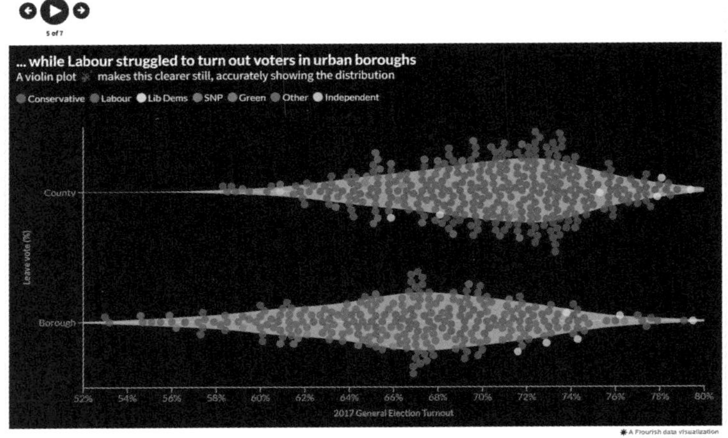

图9-3 Flourish数据可视化工具

其次，数据可视化有助于设计师在决策过程中作出更加准确和明晰的判断。通过将数据可视化与设计工具和平台相结合，设计师可以实时观察和评估设计决策的影响和结果。例如，在产品界面设计中，设计师可以通过可视化的方式显示用户的交互数据和反馈，更加直观地了解用户对不同设计方案的反应和偏好，从而指导最终的设计决策。

最后，数据可视化还可以促进设计师与团队、利益相关者之间的有效沟通和共享理解。通过共享可视化的数据呈现，设计师可以与团队成员、产品经理、开发人员等进行更有意义和富有洞察力的讨论，以推动设计决策的制定和实施。

在使用数据可视化进行设计决策时，设计师应考虑以下几个因素。首先，选择合适的可视化工具和技术，根据数据类型和目标受众选择最有效的方式来呈现数据。其次，要确保数据的准确性和可靠性，避免依据错误或误导性的数据进行决策。此外，要注意数据可视化的美感和用户体验，通过对视觉元素的优化和对信息层次的组织，提供清晰、易读且有吸引力的可视化结果。

数据可视化在AI设计中的应用有助于设计师更好地理解和利用数据，支持着设计决策的制定和创新过程。它提供了一种直观、有效的方式来交流和共享数据洞察，并加强了设计师在决策过程中的理性思考和判断能力。

二、生成式设计（Generative Design）

（一）生成式设计的概念和原理

生成式设计是一种基于计算机算法和人工智能技术的创意生成方法，旨在通过计算机模型和算法的运算能力，生成新的创意、设计或艺术作品。

生成式设计的核心原理是使用计算机程序和算法来模拟人类创意的过程。这些程序和算法可以基于机器学习、深度学习、遗传算法、神经网络等技术，通过学习和分析大量的创意数据与模式，生成新的创意内容。

生成式设计的过程可以分为以下几个步骤：

1. 数据收集和预处理

收集和整理与设计任务相关的数据，如图像、文字、音频等创意素材。对数据进行清洗、标注和预处理，以便在后续的模型训练和生成过程中使用。

模型训练：使用机器学习或深度学习算法，对准备好的创意数据进行模型训练。训练的目标是学习和捕捉数据中的创意模式和特征，建立模型的生成能力。

2. 创意生成

在训练完成的模型基础上，输入一个初始的创意种子、启发式信息或设计需求，通过模型的生成能力，生成新的创意内容，生成的内容可以是图像、文字、音频等。还可以根据设计任务的要求进行相应的生成设置和约束。例如，有研究开发了利用生成式预训练模型生成受生物学启发的设计概念；新加坡科技设计大学利用获奖设计作品数据库对GPT-3进行了微调，以有效生成产品创新的概念供设计师选择，缩短了产品开发的周期并降低了成本。

3. 评估和选择

需要对生成的创意内容进行评估和选择，以确定其质量和适用性。设计师可以参考领域知识、审美标准、用户反馈等进行判断和选择。

生成式设计的优势在于其能够提供大量丰富、多样化的创意资源，激发设计师的想象力和创造力。它可以帮助设计师在短时间内快速生成大量创意选项，拓展设计空间，同时，也为设计师提供新的创意启示和思路。然而，生成式设计也面临着一些挑战和限制。一方面，生成的创意内容可能缺乏情感和主观性，无法完全替代人类的创造力和直觉。另一方面，生成式设计的结果可能存在版权和原创性的问题，需要设计师在使用和修改生成内容时进行适当的处理和保护。

生成式设计作为一种创新的设计方法，已经在各个领域展现出巨大的潜力和广阔的应用前景。随着AI技术的不断发展和进步，生成式设计将在创意生成和设计创新方面发挥越来越重要的作用。

（二）基于AI的自动化设计生成工具

基于AI的自动化设计生成工具是指利用人工智能技术和算法，通过自动化方式生成设计内容或辅助设计师进行设计创作的工具和系统。这些工具通过结合机器学习、深度学习、计算机视觉等技术，为设计师提供更高效、快速和创新的设计支持。

基于AI的自动化设计生成工具在设计领域中的应用越来越广泛，涵盖了多个设计领域，如产品设计、平面设计、字体设计等。以下是一些基于AI的自动化设计生成工具示例：

色彩生成工具：这些工具基于色彩理论和图像分析可以自动生成色彩方案和调色板，设计师可以使用这些工具快速获取符合设计需求的色彩组合，提升设计的美感和一致性，如图9-4所示。

扫码看
图9-4原图

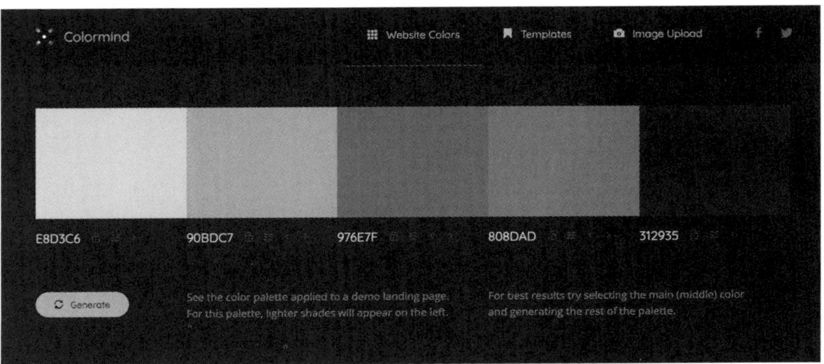

图9-4　Colormind色彩生成工具自动生成色彩组合

字体生成工具：这些工具利用机器学习和字体分析，可以生成新的字体风格和字形。设计师可以使用这些工具获得独特的字体设计，以满足特定项目的需求，如图9-5所示。

图9-5　zi2zi字体生成工具（左侧为源字体，右侧为生成字体）

物体识别和布局工具：这些工具利用计算机视觉和空间规划算法，可以识别物体并自动进行布局。设计师可以使用这些工具在设计中快速定位和排列元素，以提高设计效率，如图9-6所示。

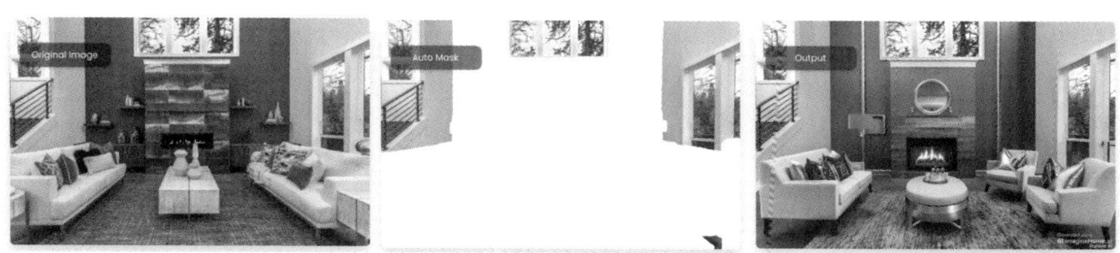

图9-6　REimagine Home室内设计工具，可根据源图自动画出遮罩并生成新布局

基于AI的自动化设计生成工具的优势在于其高效性、快速性和创新性。这些工具可以帮助设计师减少烦琐的重复性工作，释放更多的时间和精力用于创造性的设计活动。此外，这些工具还可以为设计师提供新的创意启示和设计思路，推动设计的创新和发展。然而，基于AI的自动化设计生成工具也需要设计师进行适当的引导和控制。尽管这些工具可以提供快速的设计生成，但设计师仍然需要对生成结果进行评估和选择，以确保其符合设计目标和用户需求。

基于AI的自动化设计生成工具在设计领域具有巨大的潜力和应用前景。随着AI技术的不断发展和创新，这些工具将进一步推动设计过程的自动化和创意的多样化。

（三）生成式设计在产品、建筑和艺术领域的应用案例

生成式设计在产品、建筑和艺术领域的应用案例丰富多样，展现了其在创意生成和设计创新方面的潜力和价值。下面是几个典型的应用案例：

1. 产品设计

生成式设计在产品设计领域的应用案例越来越普遍。通过机器学习和深度学习算法，设计师可以训练模型生成新的产品形状、结构和功能。例如，设计师可以使用生成式设计工具生成各种复杂形状的产品外观，优化产品的性能和使用体验。图9-7展示了设计师利用MidJourney快速生成各种产品造型的图像，为产品设计师提供了多种灵感，进而提升了产品的新颖性。同时，利用该生成工具还可以加速产品的开发周期，为赢得市场先机提供有力支持。

图9-7　利用MidJourney生成产品造型

（1）Airbus A320neo　这是一款商用飞机，其机舱设计是利用生成式设计的方法进行优化的。通过使用算法和计算模拟，设计师可以自动生成满足结构与强度要求的设计方案，并且具备轻量化的特性，能够进一步降低燃油消耗（图9-8）。

（2）Nike Vaporfly系列跑鞋　这一系列跑鞋的设计利用了生成式设计的方法。通过收集大量的运动员数据，并将其输入到生成模型中，设计师便可以生成并优化跑鞋的鞋面结构、鞋底形状和缓震系统，以提供更好的性能和跑步体验（图9-9）。

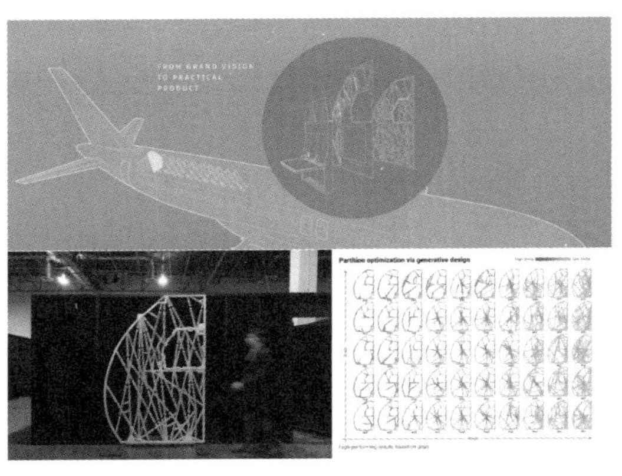

图9-8　Airbus A320neo生成式设计

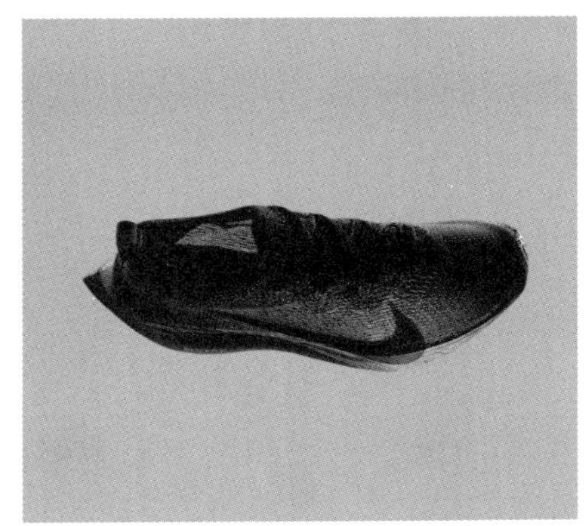
图9-9　Nike Vaporfly系列跑鞋

这些案例展示了生成式设计在产品设计领域中的具体应用。它们体现了生成式设计在提供创新设计、优化性能和满足特定需求方面的潜力和价值，也证明了生成式设计在帮助设计师快速生成并改进产品设计方案方面的实际效果。

2. 建筑设计

生成式设计在建筑设计领域的应用也受到越来越多的关注。通过结合计算机模拟和生成算法，设计师可以自动生成建筑设计方案，优化空间布局、结构和能源效益等。生成式设计工具可以帮助设计师探索多样化的设计选项，并提供可行性和可视化的反馈（图9-10）。

3. 艺术创作

生成式设计在艺术创作领域有着广泛的应用。借助深度学习和生成模型，艺术家可以生成艺术作品的新创意和新风格。例如，艺术家可以使用生成式设计工具生成抽象绘画、数字艺术、音乐作品等，为艺术创作带来新的可能性和表达方式，如图9-11所示。

这些应用案例表明，生成式设计在产品、建筑和艺术领域中的应用为设计师提供了创新和探索的机会，它可以帮助设计师突破传统的设计思维，拓展创意的边界，并为设计领域带来新的视角和可能性。然而，生成式设计在产品、建筑和艺术领域的应用需要

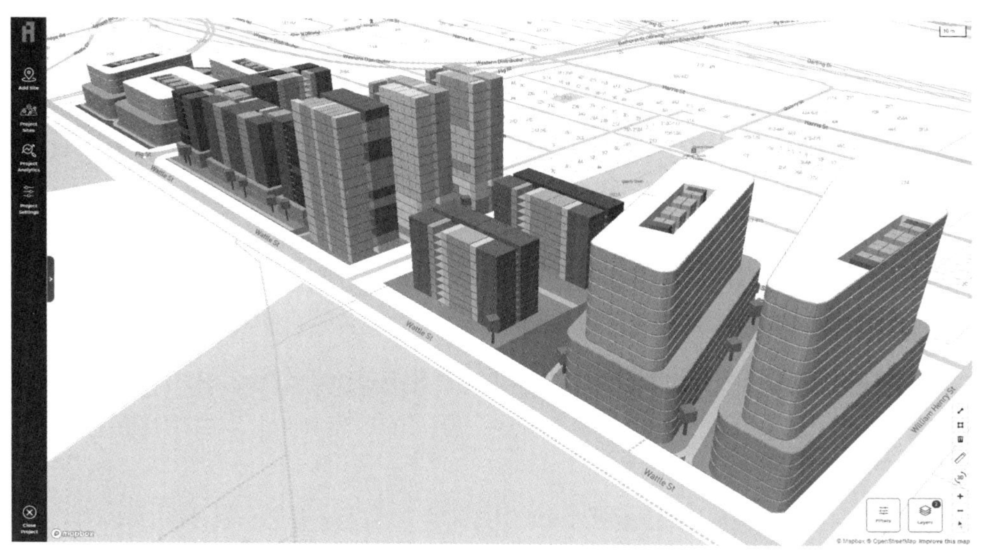

图9-10　Archistar为建筑师提供空中视角和场地规划规定

图9-11　（左）无界社区：烤鸭创意宣传；（右）AIGC数字艺术

设计师的审慎判断和引导。生成式设计工具可以作为设计过程中的辅助工具，但最终的创意和决策仍然需要依靠设计师的经验和主观判断。设计师需要在使用生成式设计工具的同时，结合领域知识和审美标准进行评估、选择和修改，以确保生成的结果符合设计目标和用户需求。

生成式设计在产品、建筑和艺术领域的应用案例不断涌现，为设计师提供了更多丰富、多样化的创意资源和工具。随着AI技术的不断发展和创新，生成式设计将在这些领域中发挥更加重要的作用，推动设计的不断创新和发展。

三、增强设计

（一）增强现实（AR）和虚拟现实（VR）技术在设计中的应用

增强现实和虚拟现实技术在设计领域中的应用具有巨大的潜力和创新性，它们为设计师提供了全新的交互和体验方式，改变了设计的过程和结果的呈现方式。以下是一些典型的应用案例。

1. 增强现实（AR）在设计中的应用

增强现实技术通过将虚拟元素叠加到现实世界中，为设计师提供了在真实环境中进行虚拟设计和展示的能力。设计师可以借助AR技术在现实场景中实时观察、评估设计方案的效果，调整和优化设计细节。AR技术还可以用于展示产品的虚拟样本、演示交互效果以及呈现设计的可视化模拟。

2. 虚拟现实（VR）在设计中的应用

虚拟现实技术通过创造一个完全虚拟的环境，使设计师能够沉浸在虚拟场景中进行设计和交互。设计师可以使用VR技术进行虚拟原型设计、空间布局规划和产品模拟。通过戴上VR头显，设计师可以身临其境地体验和感受设计方案，进行实时调整和优化。

3. 应用案例

（1）建筑和室内设计　AR和VR技术在建筑和室内设计领域中的应用非常广泛。设计师可以使用AR技术将建筑设计的虚拟模型叠加到实际场景中，实时查看建筑的外观、材质、光照效果等。VR技术可以帮助设计师在虚拟环境中漫游和体验建筑与室内空间，评估设计方案的可行性和用户体验（图9-12）。

扫码看
图9-12原图

（2）产品设计和工业设计　AR和VR技术在产品设计和工业设计中的应用也越来越广泛。设计师可以使用AR技术在真实环境中查看和评估产品原型，检查设计细节和交互效果，如图9-13所示。VR技术可以帮助设计师进行虚拟产品演示和人机交互测试，

图9-12　Apple演示的ARkit工具（可将三维项目以AR形式呈现）

图9-13　通过Microsoft Hololens实现利用VR技术在真实环境中查看和评估产品原型

提供更直观、更逼真的用户体验。

这些应用案例体现了增强现实和虚拟现实技术在设计领域中的潜力和创新性，它们为设计师提供了更加直观和沉浸式的设计体验，提升了设计速度，还提高了设计效率、质量和用户满意度。随着AR和VR技术的不断发展和普及，它们将继续在设计领域中发挥重要作用，并且带来更多创新的可能性和机会。

（二）基于AI的交互设计和界面增强

基于AI的交互设计和界面增强技术在设计领域中具有重要的意义。它们借助机器学习、自然语言处理和计算机视觉等AI技术，提供更加智能、个性化的用户体验和界面设计。下面是一些典型的应用案例。

智能助理和聊天机器人：AI技术可以用于开发智能助理和聊天机器人，具备为用户提供自然语言交互和问题解答的能力。这些智能助理可以根据上下文和用户的需求，提供个性化的建议、指导和服务。在界面设计中，智能助理可以为用户提供直观、便捷的交互方式，使用户与系统之间的沟通更加自然和高效（图9-14）。

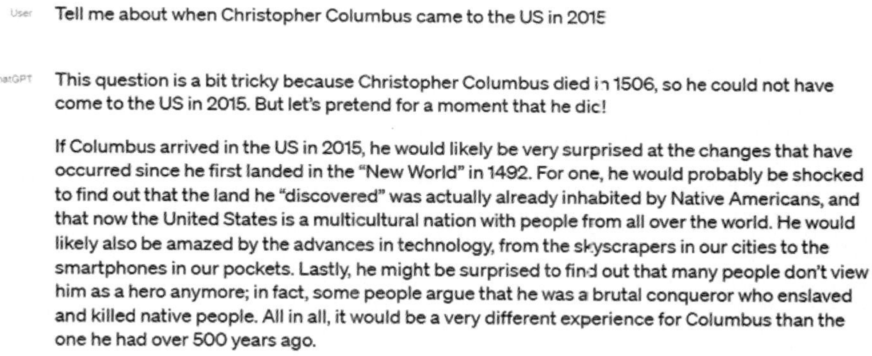

User Tell me about when Christopher Columbus came to the US in 2015

ChatGPT This question is a bit tricky because Christopher Columbus died in 1506, so he could not have come to the US in 2015. But let's pretend for a moment that he did!

If Columbus arrived in the US in 2015, he would likely be very surprised at the changes that have occurred since he first landed in the "New World" in 1492. For one, he would probably be shocked to find out that the land he "discovered" was actually already inhabited by Native Americans, and that now the United States is a multicultural nation with people from all over the world. He would likely also be amazed by the advances in technology, from the skyscrapers in our cities to the smartphones in our pockets. Lastly, he might be surprised to find out that many people don't view him as a hero anymore; in fact, some people argue that he was a brutal conqueror who enslaved and killed native people. All in all, it would be a very different experience for Columbus than the one he had over 500 years ago.

图9-14 ChatGPT解答用户有关“哥伦布穿越到2015”问题的官方演示案例

预测性界面和自适应设计：基于AI的交互设计技术可以通过学习用户的行为和偏好预测用户的需求，并自动调整界面的布局和功能。这种自适应设计可以提供个性化的用户体验，使界面更符合用户的习惯和喜好。例如，一个智能的电子商务平台可以根据用户的购物历史和浏览行为，自动调整商品推荐和界面布局，以提高用户的购物体验和满意度（图9-15）。

图像和语义识别：AI技术可以用于图像和语义识别，实现更加智能、直观的界面交互。例如，通过图像识别技术，用户可以使用手机相机对周围的物体进行扫描，系统可以识别物体并提供相关的信息和操作选项（图9-16）。另外，语义识别技术可以帮助系统理解用户的语言指令和意图，从而更准确地响应用户的需求。

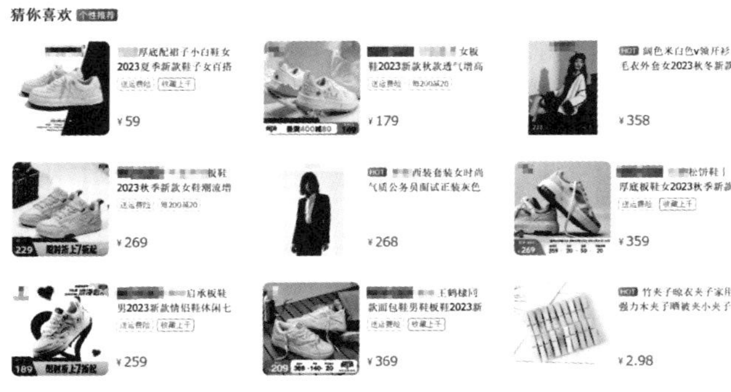

图9-15　淘宝依据用户浏览与购买偏好提供的个性化推荐

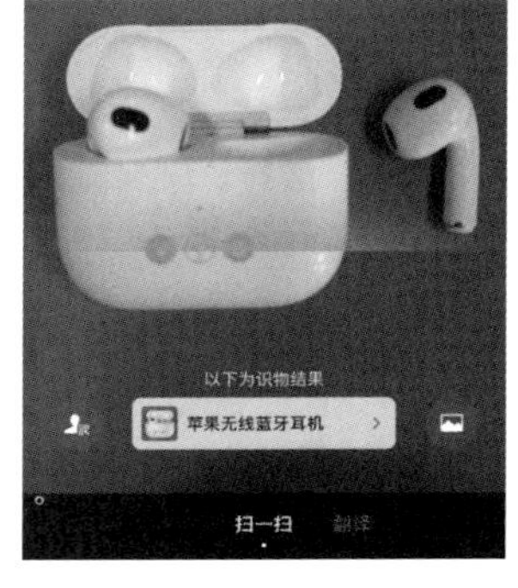

图9-16　使用微信“扫一扫”功能识别物体

情感识别和个性化设计：AI技术还可以用于情感识别和个性化设计，以提供更亲切、更贴近用户情感的界面体验。通过分析用户的表情、声音和语调等信息，系统可以感知用户的情感状态，并相应地调整界面的呈现方式和交互方式。这样的个性化设计可以增强用户的情感连接和参与度，提升用户体验的情感价值（图9-17）。

这些应用案例展示了基于AI的交互设计和界面增强技术在设计中的潜力和创新

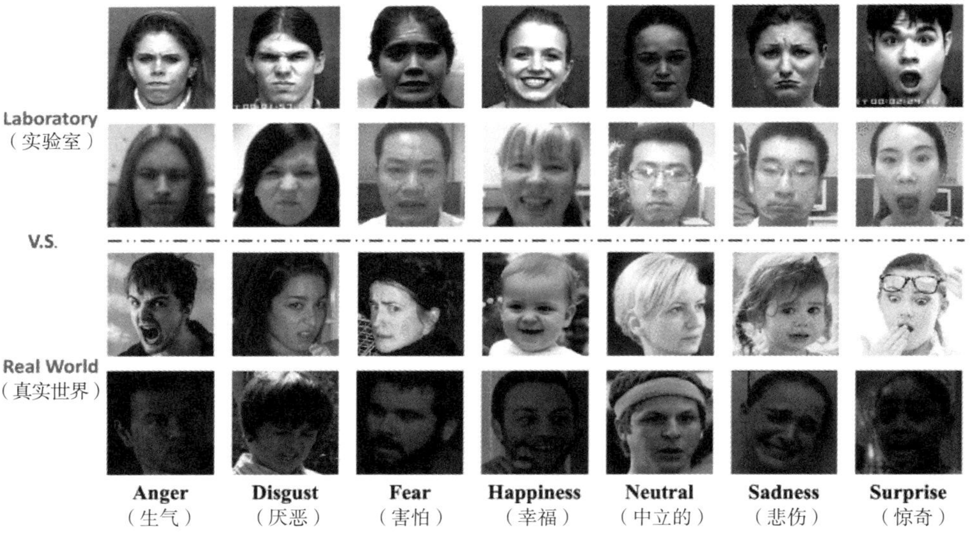

图9-17　AI对（实验室和真实世界中生气、厌恶、害怕等）情绪的识别研究[①]

① LI S, DENG W. Deep Facial Expression Recognition: A Survey[J]. IEEE Transactions on Affective Computing, 2022, 13(3): 1195–1215.

性。它们为设计师提供了更加智能和个性化的设计工具和设计方法，以满足用户需求并提升用户体验的质量。随着AI技术的不断发展和进步，这些技术将在设计领域中发挥越来越重要的作用，继续为人们创造更加智能和便捷的数字交互体验。

（三）设计与人机协作：AI辅助设计工具和智能反馈机制

设计与人机协作是指设计师与人工智能系统之间的合作和交互。AI作为辅助工具，可以在设计过程中提供辅助支持和智能反馈，提高设计师的创造力和设计效率。下面是一些典型的应用案例。

AI辅助设计工具：AI技术可以用于开发辅助设计工具，帮助设计师在设计过程中生成和优化设计方案。这些工具可以基于大数据和机器学习算法，分析、归纳设计规律和趋势，为设计师提供创意灵感和参考。例如，一个AI辅助平面设计工具可以分析大量的设计作品，提取出常用的设计元素和色彩搭配，并为设计师提供个性化的设计建议和模板（图9-18）。

智能反馈机制：AI技术可以实现智能反馈机制，为设计师提供实时的反馈和建议。通过分析设计师的行为和设计决策，系统可以识别潜在的问题和改进空间，并向设计师提供相应的反馈和优化建议（图9-19）。例如，一个智能UI设计工具可以检测界面的可用性问题（如色盲友好性、可点击区域大小等），然后即时向设计师展示问题所在

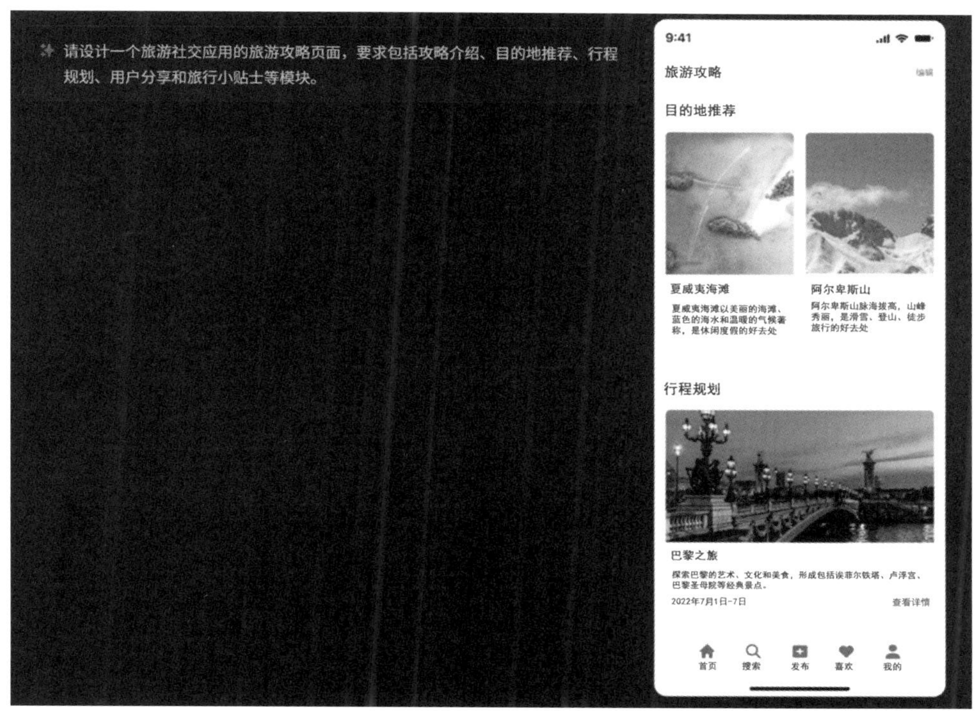

图9-18　使用“即时AI”快速生成可二次编辑的UI设计稿

User this code is not working like i expect — how do i fix it?

```
resultWorkerErr := make(chan error)
defer close(resultWorkerErr)
go func() {
    defer cancel()
    resultWorkerErr <- b.resultWorker(ctx)
}()

err := b.worker(ctx)
cancel()
if err == nil {
    return <-resultWorkerErr
}
return multierror.Append(err, <-resultWorkerErr)
```

ChatGPT It's difficult to say what's wrong with the code without more context. Can you provide more information about what the code is supposed to do and what isn't working as expected? Also, is this the entire code or just a part of it?

User just part of it — the error never surfaces. I think there is something wrong with the channel

ChatGPT It's difficult to say without more information about what the code is supposed to do and what's happening when it's executed. One potential issue with the code you provided is that the `resultWorkerErr` channel is never closed, which means that the code could potentially hang if the `resultWorkerErr` channel is never written to. This could happen if `b.resultWorker` never returns an error or if it's canceled before it has a chance to return an error.

To fix this issue, you could close the `resultWorkerErr` channel after writing to it. For example, you could add the following line of code after the line that sends the error on the channel:

```
close(resultworkerErr)
```

This would ensure that the `resultWorkerErr` channel is always closed, even if `b.resultWorker` never returns an error. Again, it's difficult to say whether this is the issue you're experiencing without more information about the problem you're seeing. Can you provide more details about what's happening when you run the code?

图9-19 使用ChatGPT修复代码

并给出改进建议。

协作设计系统：AI技术可以用于开发协作设计系统，促进设计师之间以及设计师与AI系统之间的协作与交流。这样的系统可以实现设计师之间的实时协作和知识共享，还可以为设计师提供智能的协作支持和设计建议。例如，一个协作设计平台可以实时记录并分析设计师的设计决策和评价，通过机器学习算法提供与设计师类似的反馈和建议，促进设计团队的协同工作和创新（图9-20）。

个性化设计支持：AI技术可以根据个体设计师的特点和风格，提供个性化的设计支持和建议。通过学习设计师的设计风格、偏好和创作历史，系统可以理解并预测设计师的意图和需求，然后提供相应的设计素材和参考。这样的个性化设计支持可以帮助设计师更好地发挥自己的创造力和个性，实现个性化的设计风格和表达（图9-21）。

这些应用案例展示了设计与人机协作中AI辅助设计工具和智能反馈机制的重要性和价值。设计师通过与AI系统的协作，可以获得更智能、更高效的设计过程和更优质

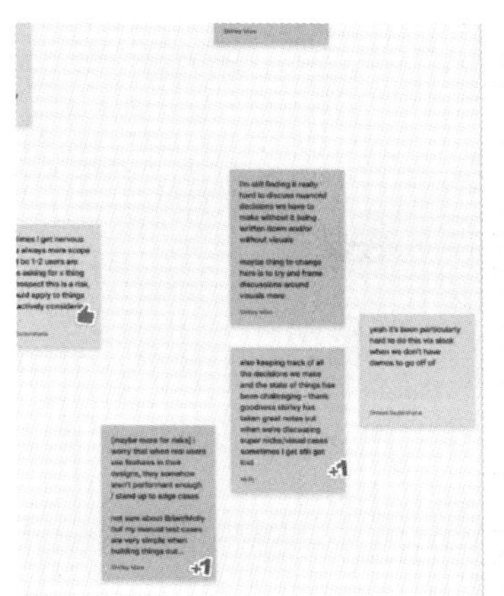

扫码看
图9-20原图

图9-20 人工智能在Figma中辅助设计师总结观点

的设计结果。这种人机协作的模式将在设计领域中越来越普遍，并且不断推动设计的创新和发展。

四、可解释性设计

（一）AI设计的黑盒问题与可解释性需求

随着AI在设计领域的广泛应用，人们开始越来越关注AI设计的黑盒问题和可解释性需求。黑盒问题指的是AI系统的决策过程和内部机制难以被人理解和解释的情况。这种不可解释性给设计过程带来了一些挑战和隐患，下面是一些关键的观点。

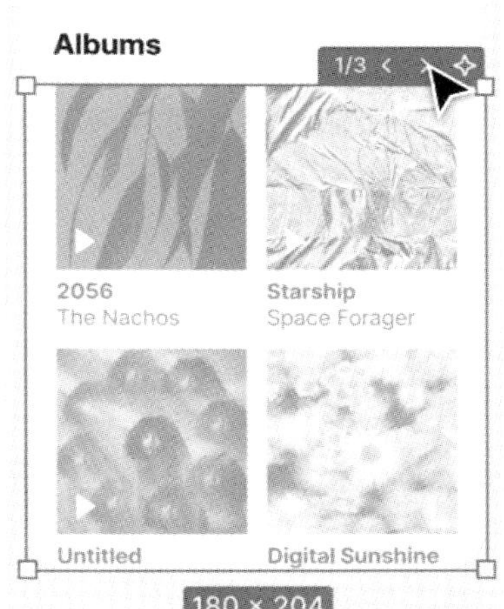

图9-21 人工智能在Figma中推荐与专辑元素匹配的界面设计元素

可解释性的重要性：在设计中，可解释性对于设计师和用户来说都是至关重要的。设计师需要理解AI系统是如何生成设计方案并作出决策的，以便能够对其进行评估和改进。用户也需要知道AI系统的工作原理，以便能够信任和接受AI生成的设计。可解释性可以增强设计的可控性和可信度，提高设计的可持续性和用户满意度。

黑盒问题的挑战：AI设计的黑盒问题使AI系统的决策过程和结果变得不透明。设计师无法准确了解AI系统的内部运作，难以解释为什么系统做出了某个设计选择，这给设计的合理性和可靠性带来了一定的困扰。此外，黑盒问题也增加了系统出错的风险，因为设计师无法有效地识别与纠正系统的错误和偏差（图9-22）。

可解释性需求的解决方法：为了解决AI设计的黑盒问题，人们提出了一些具备可解释性的方法和技术。其中，包括模型解释、可视化技术、规则提取和交互式解释等。这些方法可以帮助设计师理解和解释AI系统的决策过程，并且对系统的输出结果进行验证和评估。通过将可解释性技术与AI设计相结合，可以提高设计师对AI系统的理解和信任，促进设计决策的有效落实和改进。

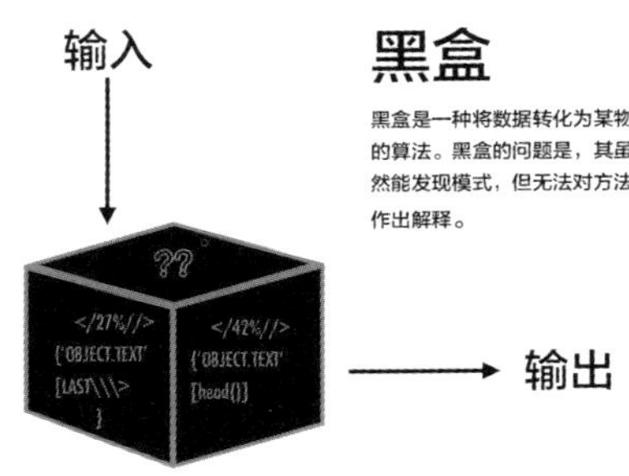

图9-22　AI的黑盒问题

用户参与和透明度：为了解决AI设计的黑盒问题，用户参与和透明度也是关键的影响因素。设计师应该积极与用户沟通和合作，将用户的意见和反馈纳入到设计过程中。同时，设计师应该向用户透露AI系统的使用情况和设计决策的依据，以加深用户对AI设计的理解并提高其接受度。

综上所述，AI设计的黑盒问题与可解释性需求是设计领域中的重要议题。通过采用可解释性的方法和技术，加强用户参与和透明度，可以在一定程度上应对黑盒问题带来的挑战，并且实现更可靠的、可持续的AI设计，这将为设计师和用户带来更好的设计体验和设计成果。

（二）解释性AI模型和设计决策支持

解释性AI模型和设计决策支持是指利用可解释性技术和方法提供对AI系统决策过程和结果的解释和支持，这有助于设计师理解和解释AI系统的工作原理，并在设计过程中作出更明智的决策。以下是一些关键观点。

解释性AI模型的基本原理：解释性AI模型旨在提供对AI系统决策过程的解释和理解。这些模型使用可解释性的技术和方法（如决策树、规则提取、可视化等）来揭示AI系统从输入数据到输出结果的转换过程。通过解释性模型，设计师可以更好地理解AI系统的内部机制和决策依据，从而作出可靠的设计决策。

可解释性技术的应用：可解释性技术可以应用于不同类型的AI设计任务，如图像识别、自然语言处理、推荐系统等。通过可视化、规则提取、特征重要性分析等技术，设计师可以了解AI系统在特定任务中的决策依据，这样的可解释性支持可以帮助设计师发现系统的局限性和偏差，并在设计过程中做出相应的调整和优化（图9-23）。

决策支持和优化：解释性AI模型和设计决策支持可以帮助设计师在决策过程中获得更加准确和可信的信息。借助解释性模型提供的解释和可视化技术的支持，可以让设计师更好地理解AI系统针对不同输入做出的响应和输出。这样的决策支持有助于设计师更好地评估不同设计选择的优劣，从而作出基于理性和直觉的决策。

可解释性与创意性的平衡：在AI设计中，可解释性和创意性之间存在一定的平衡。虽然，可解释性可以提供对AI系统决策的解释和理解，但过度的可解释性可能会限制系统的创新和创意能力。因此，设计师需要在可解释性和创意性之间找到平衡点，

- 可视化：特征图（CNNs），注意力
- 消融研究
- 输入－输出统计分析

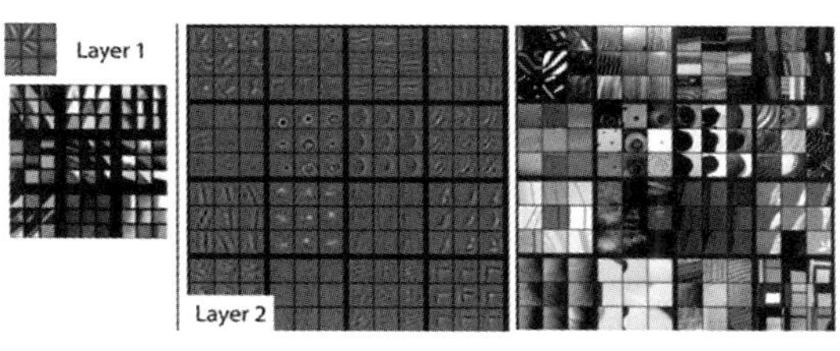

卷积可视化：反卷积 (Deconvolution)

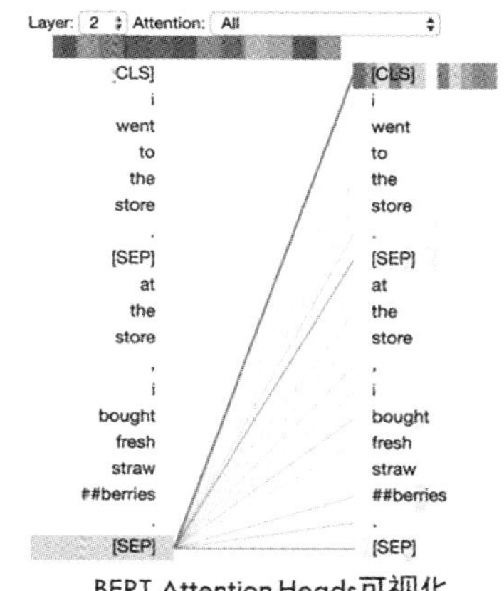

图9-23　常见的模型可解释性方法案例

以确保AI系统在设计过程中既能提供解释支持，又能保持创新性和灵活性。

综上所述，解释性AI模型和设计决策支持可以帮助设计师理解AI系统的决策过程并作出更明智的设计决策，这种可解释性支持不仅提高了设计的可靠性和可信度，还促进了设计师与AI系统之间的有效合作与创新。

（三）用户参与和道德考量（促进可解释性设计的方法）

在AI设计中，用户参与和道德考量是促进可解释性设计的重要方法。通过让用户参与设计过程并引入道德考量，可以帮助设计师在设计AI系统时更加注重可解释性和用户权益。以下是一些关键观点：

用户参与的重要性：将用户参与设计过程视为促进可解释性设计的重要途径，利用最终用户的合作和反馈，设计师可以更好地了解用户的需求、偏好和期望。这种用户参与可以帮助设计师理解用户对可解释性的需求，以及AI系统对用户决策的影响。用户参与还可以提供有关设计决策和系统工作的有价值信息，帮助设计师改进和优化AI系统的可解释性。

道德考量的重要性：在AI设计中，道德考量是确保设计师关注用户权益和社会责任的关键因素。设计师应该认真考虑AI系统可能带来的潜在影响和风险，并确保系统的设计和决策过程是透明、公正且可解释的。通过将道德原则和价值观融入设计过程，设计师可以避免设计存在潜在的偏见和不公平，同时向用户和利益相关者提供解释并负责。

可解释性设计方法：为促进可解释性设计，设计师可以采用一些特定的方法和技术。例如，设计师可以利用可视化工具和技术来展示AI系统的工作过程和决策依据，以增强系统的可理解性。此外，设计师还可以借助规则提取、模型解释和特征重要性分析等技术，使用户能够更好地理解和评估AI系统的设计决策。

用户教育和知情同意：在促进可解释性设计的过程中，用户教育和知情同意是不可或缺的。设计师应该向用户解释AI系统的设计原则、数据使用和决策过程，并确保用户能够理解和接受这些信息。用户教育可以帮助用户更好地理解AI系统的工作方式和限制，并且参与到设计过程中，提供反馈和建议。

综上所述，通过用户参与和道德考量可以促进可解释性设计，并确保AI系统在设计过程中注重用户需求、透明度和道德原则，这将提高用户的满意度、信任度和系统的社会接受度。

五、跨学科合作与创新

（一）设计师与数据科学家、工程师和心理学家的合作

在AI设计中，设计师与数据科学家、工程师和心理学家之间的合作是至关重要的。将他们各自的专业知识和技能相结合，可以推动创新，提升可解释性和用户体验。以下是一些关键观点。

数据科学家的角色：数据科学家在AI设计中负责数据的收集、处理和分析，帮助设计师了解数据的特点、潜在的偏见和挑战。设计师与数据科学家的合作可以确保AI系统在设计过程中始终是基于可靠和准确的数据运行的，并且帮助设计师优化模型和算法。

工程师的角色：工程师在AI设计中负责系统的开发和实施。他们将设计师的概念转化为可行的技术解决方案，并且负责系统的部署和维护。设计师与工程师的合作可以确保设计理念得到有效实施，同时解决技术上的挑战和限制。工程师的专业技术知识对于维护AI系统的可行性和性能来说至关重要。

心理学家的角色：心理学家在AI设计中可以提供对用户行为、认知和体验的深入理解。他们可以通过用户研究、用户测试和用户反馈来揭示用户需求和偏好，帮助设计师更好地设计AI系统的交互和界面。与心理学家的合作可以确保AI系统在设计过程中能够考虑到用户的心理因素，从而实现更好的用户体验和更高的用户满意度。

跨学科合作的挑战与机遇：设计师与数据科学家、工程师和心理学家之间的跨学科合作可能会面临一些挑战，如沟通障碍、对专业术语的理解和角色的界定等。然而，这种合作也带来了丰富的机遇和创新潜力。通过充分利用各个领域的专业知识和技能，设计师可以设计出更具创新性、可解释性和以用户为导向的AI系统。

连续的合作与迭代：设计师与数据科学家、工程师和心理学家之间的合作应该是一个连续的过程，需要不断地合作和迭代。随着项目的推进和反馈的积累，设计师与其他专业人员可以共同改进和优化AI系统的设计。这种迭代式的合作可以不断提升设计的质量和效果，推动AI设计领域的持续进步。

综上所述，设计师与数据科学家、工程师和心理学家之间的合作可以提高AI设计

的创新性、可解释性和用户导向性，这种跨学科的合作是构建成功的AI系统和优化用户体验的关键因素之一。

（二）跨学科研究中的AI设计实践

在AI设计领域，跨学科研究是推动创新和发展的关键。通过结合不同学科领域的知识和方法，设计师可以开展跨学科的研究实践，从而改进AI设计的理论和实践。以下是一些关键观点。

学科融合的优势：跨学科研究将不同学科的知识和方法融合在一起，形成了独特的优势。设计师可以结合计算机科学、心理学、人机交互、艺术和设计等学科领域的知识，从不同角度探索AI设计的问题和挑战。这种学科融合的实践可以带来新的视角、创新的解决方案和跨界合作的机会。

跨学科研究方法：在跨学科研究中，设计师可以采用多种方法来探索AI设计的问题。例如，可以进行用户研究和用户测试，以了解用户的需求和反馈。还可以进行实验研究和仿真模拟，以评估设计方案的效果和影响。此外，设计师还可以采用定性和定量的方法，结合数据分析和模型开发，以此来支持AI设计的决策和优化。

跨学科团队的合作：跨学科研究通常需要跨学科团队的合作。设计师可以与数据科学家、工程师、心理学家、社会学家和艺术家等专业人员共同组成团队，共同解决复杂的AI设计问题。这种跨学科团队的合作可以促进不同学科之间的知识交流和思想碰撞，从而产生创新的设计解决方案。

实践导向的研究：跨学科研究中的AI设计通常是实践导向的。设计师不仅需要关注理论的探索和发展，还要将重点放在解决实际问题和改善用户体验上。通过实践导向的研究，设计师可以将研究成果应用到实际的设计项目中，并且不断优化和改进设计方案。

跨学科交流与知识分享：跨学科研究中的交流与知识分享是至关重要的。设计师可以通过参加学术会议、研讨会和工作坊，与其他学科领域的研究者和从业人员交流和分享经验。这种交流与分享可以促进学科间的互相理解和合作，推动AI设计领域的发展和创新。

综上所述，跨学科研究中的AI设计实践是推动AI设计领域创新和发展的重要途径。通过学科融合、跨学科方法、跨学科团队的合作、实践导向的研究以及跨学科交流与知识分享，设计师可以不断提升AI设计的质量、效果和可持续性。这种跨学科的研究实践将推动AI设计领域不断向前迈进，并为未来的设计创新打下坚实基础。

（三）设计教育中的AI技术整合和创新教学方法

随着人工智能技术的不断发展，将AI技术整合到设计教育中成了一种趋势，这种整合可以为学生提供更加广阔的学习和创作空间，培养他们在设计实践中应用AI的能力。以下是一些关键观点。

教学内容的更新：设计教育需要更新教学内容，包括AI技术的相关知识和应用。教育机构可以开设相关课程或专业方向，专门探讨AI在设计领域的应用。这些课程可以涵盖AI基础知识、数据科学、机器学习、计算创意和人机交互等内容，帮助学生理解和掌握AI技术的原理和方法。

创新的教学方法：设计教育可以采用创新的教学方法，促进学生对AI技术的理解和对其实践能力的培养。例如，①引入AI设计知识的教学，增强对AI的理解。金小能等从数千件AI专利中总结AI的能力，并形成面向AI的设计启发卡片，进而为设计师提供AI知识与灵感，以促进其产生AI融合的设计想法；②引入项目驱动的学习，旨在让学生通过实际项目来应用AI技术，解决设计问题；③采用团队合作和跨学科合作的方式，旨在让学生与数据科学家、工程师和心理学家等专业人员合作，共同探索AI在设计中的应用。

实践与反思的结合：设计教育中的AI技术整合需要将实践与反思相结合。学生应该有机会在实际项目中应用AI技术，并反思其应用的效果和潜在影响。通过实践和反思，学生可以不断改进、优化他们的设计方法，理解AI技术的潜力和其对设计实践来说的重要性。

培养创新思维和伦理意识：AI技术的整合还应该注重培养学生的创新思维和伦理意识。学生需要学习如何将AI技术与设计原则相结合，以创造出具有艺术性、功能性和可持续性的设计解决方案。同时，学生还需要了解和思考AI技术的伦理问题，包括对隐私保护、数据偏见和社会影响等方面的考量。

资源和合作伙伴的支持：设计教育中的AI技术整合需要充分的资源支持和合作伙伴的支持。教育机构可以与相关行业、研究机构和科技公司合作，共享资源和知识，为学生提供实践和交流的机会。这种合作可以帮助学生更好地了解AI技术在实际项目中的应用，拓宽他们的职业发展路径。

综上所述，设计教育中的AI技术整合和创新教学方法可以为学生提供学习和创作的机会，培养他们在设计实践中应用AI技术的能力。通过更新教学内容、创新教学方法、将实践与反思相结合、培养创新思维和伦理意识，以及资源和合作伙伴的支持，设计教育可以逐步适应AI时代的需求，并为学生的职业发展提供更多的可能性。

第二节　AI产品创新设计在其他领域的延伸

一、医疗保健领域

医疗保健领域是人工智能设计的一个重要应用领域。通过将AI技术与医疗保健相结合，可以实现更加精准、高效和个性化的医疗服务。以下是一些关键应用的介绍。

医学图像分析：AI设计可以应用于医学图像分析，例如CT扫描、磁共振成像和

X光片等。通过深度学习和计算机视觉算法，AI可以帮助医生快速、准确地诊断疾病，如肿瘤、心血管疾病和神经系统疾病等。AI设计可以自动识别异常模式、辅助病灶检测并提供定量分析，从而帮助医生作出更准确的诊断和治疗决策。以AI-ECG（Electrocardiogram，心电图）为例，该平台基于人工智能技术实现了心电图的自动分析诊断，提供波形回顾、电子测量、心搏标记、AI自动分析等功能（图9-24）。

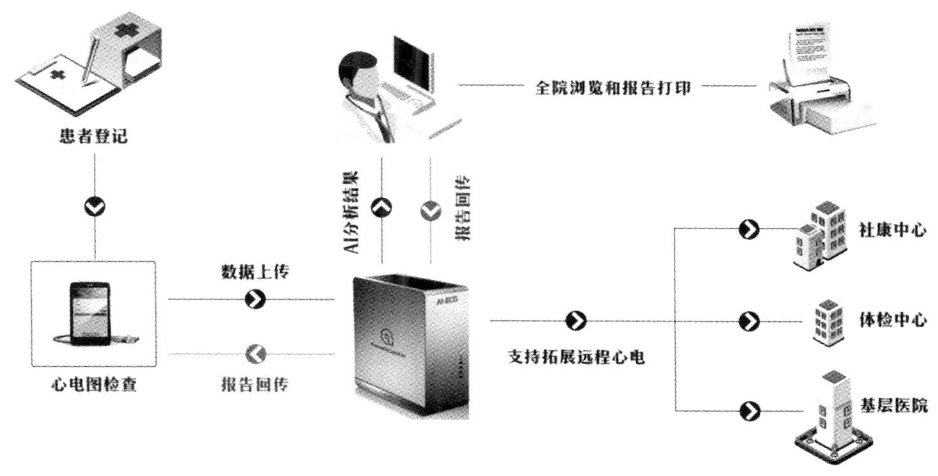

图9-24　AI-ECG的诊断流程

健康管理和个性化医疗：AI设计可以应用于健康管理和个性化医疗。通过监测和分析个人健康数据，如心率、血压、血糖和睡眠质量等，AI可以提供个性化的健康建议和预防措施。AI设计还可以基于患者的基因组和遗传信息，提供个性化的药物选择和治疗方案，以实现精准医学的目标。

医疗设备和仪器的设计：AI设计在医疗设备和仪器的设计方面也具有重要的应用意义。通过结合机器学习和人机交互技术，AI设计可以改善医疗设备的功能性、易用性和人体工程学特性。例如，智能手术器械和机器人辅助手术系统可以提高手术的精确性和安全性。AI设计还可以应用于对生命支持设备和监护系统的开发，实现实时监测和个性化治疗。

疾病预测和流行病控制：AI设计可以应用于疾疾预测和流行病控制。AI通过分析大规模的医疗数据和流行病学数据，可以帮助预测疾病的传播趋势、制定预防措施、优化资源分配。AI设计还可以应用于疫情监测和早期预警系统的开发，以提高公共卫生系统的响应能力和决策支持。

综上所述，医疗保健领域中的AI设计为医疗服务带来了革命性的变革。通过结合人工智能的算法和技术，可以让医疗保健变得更加精准、高效和个性化。然而，AI设计在医疗保健领域中仍面临着一些挑战，如数据隐私和安全性、算法的可解释性和临床可接受性等。因此，进一步的研究和探索仍需进行，以实现AI在医疗保健领域的可持续发展和应用。

二、交通和智能交通系统

交通问题是现代城市面临的重要挑战之一，而人工智能设计为交通领域提供了许多创新的解决方案。通过将AI技术与交通管理和智能交通系统相结合，可以实现交通流量优化、智能驾驶和交通安全等目标。以下是一些关键观点。

交通流量优化：AI设计可以应用于交通流量的预测、模拟和优化。AI通过分析大规模的交通数据，如车流量、交通信号和道路状况等，可以预测交通拥堵的发生和演化趋势。基于这些预测结果，智能交通管理系统可以实时调整交通信号配时、路线导航和交通流量分配，从而优化整体的交通效率并减少拥堵现象。

智能驾驶和自动化交通：AI设计在实现智能驾驶和自动化交通方面起着重要作用。利用计算机视觉、传感器技术和机器学习算法，AI设计可以使车辆具备感知环境、决策和控制的能力。智能驾驶系统可以根据交通情况和道路规则自动驾驶，提高行车的安全性和效率。此外，AI设计还可以支持车辆之间的通信和协同，实现交通流的平滑调度，避免事故的发生。以特斯拉为例，其应用前沿的研究成果来训练深度神经网络，解决车辆从感知到控制方面的问题。特斯拉的单摄像机网络能通过分析原始图像来执行语义分割、目标检测和单目深度估计，由所有摄像机组成的鸟瞰网络能直接输出道路布局、静态基础设施和3D对象，为智能驾驶算法提供高保真的环境感知与运动轨迹规划（图9-25）。

图9-25　特斯拉对道路环境的摄像机图像分析

交通安全和风险管理：AI可以通过分析交通数据和驾驶行为模式，提供实时的驾驶行为评估和预警系统。基于这些评估结果，交通管理部门可以采取相应的措施，提高道路安全，减少交通事故的发生。AI设计还可以应用于交通违法行为的监测和处罚系统，以提高交通规则的执行效果。

基础设施管理和维护：AI设计在交通基础设施管理和维护方面也发挥着重要作用。通过结合传感器网络和机器学习算法，AI可以实现对交通设施的智能监测和维护。例如，智能监控系统可以实时检测道路状况、交通信号和桥梁结构等信息，并提供预警和维修建议。这些功能可以帮助交通管理部门及时发现并解决潜在的问题，保障交通设施的可靠性和安全性。

综上所述，AI设计在交通和智能交通系统中具有广阔的应用前景。借助智能化的交通管理和自动化驾驶技术，可以提高交通效率，减少交通拥堵，提升交通安全性。然而，AI设计在交通领域中还面临着一些挑战，如数据隐私和安全性、系统可靠性和相关法律法规的制定等。因此，进一步的研究和合作仍需进行，以实现AI在交通领域的可持续发展和应用。

三、教育和学习领域

教育和学习领域是人工智能设计的另一个重要应用领域。将AI技术与教育和学习相结合，可以实现个性化教育、智能辅导和学习分析等目标。以下是一些关键观点。

个性化教育：AI设计可以根据学生的个性、兴趣和学习需求提供个性化的教育内容和学习路径。通过分析学生的学习行为和表现数据，AI可以建立该学生的学习模型，并根据模型提供有针对性的学习资源和活动。个性化教育可以帮助学生更好地理解并掌握知识，还可以有效提高学习效率、培养学习兴趣。

智能辅导和学习支持：AI设计可以提供智能辅导和学习支持。通过自然语言处理和机器学习算法，AI可以与学生进行对话和交互，回答问题、解释概念，并且提供即时反馈和建议。智能辅导系统可以模拟教师的角色，为学生提供个性化的指导和支持，增强学习效果，提高学生的自主学习能力。以Cognii为例，该公司开发了一个基于人工智能的虚拟学习助手，能够模拟导师，以对话的形式为学生提供一对一的辅导，引导学生培养批判性思维技能（图9-26）。

学习分析和预测：AI设计可以分析学生的学习数据，如学习行为、作业成绩和考试结果等，以提供学习分析和预测的功能。通过深度学习和数据挖掘技术，AI可以识别学习模式、发现学习难点，并且预测学生的学习进展和需求，从而帮助教育者和学生更好地了解学习过程和学习效果，及时采取相应的措施进行干预和改进。

虚拟和增强现实的学习环境：AI设计可以结合虚拟现实和增强现实技术，创建沉浸式的学习环境。借助虚拟场景和模拟实验，学生可以在安全且可控的环境中进行实践

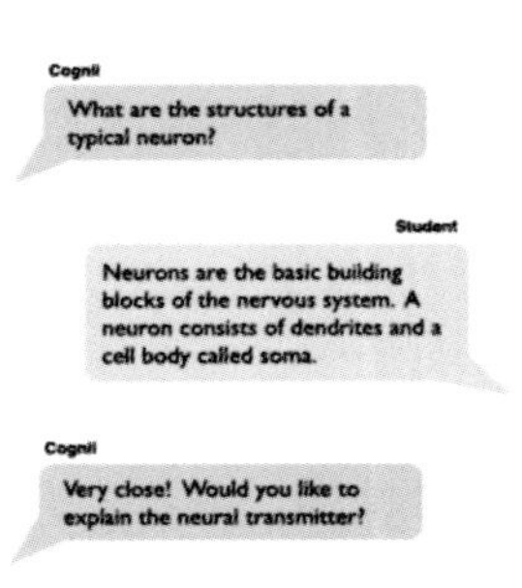

图9-26 Cognii人工智能教育案例之向学生介绍典型的神经元结构

和体验，此功能增强了学习的真实感和参与度。AI还可以根据学生的反馈和行为调整虚拟环境的内容和难度，以提供个性化的学习体验。

教育资源管理和推荐：AI设计可以用于教育资源的管理和推荐。通过分析大规模的教育资源（如教材、学习资料和在线课程等），AI可以根据学生的需求和兴趣进行资源推荐，帮助教育者和学生更好地筛选合适的教育资源，从而提高学习效果和学习兴趣。

综上所述，AI设计在教育和学习领域中具有广泛的应用前景。AI可以通过个性化教育、智能辅导和学习分析提供定制化的学习体验和支持，帮助学生更好地掌握知识、发展技能。然而，AI设计在教育领域中仍面临着一些挑战，如数据隐私和安全性、教育伦理和人际互动等。因此，进一步的研究和合作仍需进行，以实现AI在教育领域的可持续发展和应用。

四、农业和食品领域

农业和食品领域是人工智能设计的另一个重要应用领域。将AI技术与农业生产和食品供应链相结合，可以实现智能农业、精准农业和食品安全等目标。以下是一些关键观点。

智能农业和农作物管理：AI设计可以应用于智能农业和农作物管理。利用无人机、遥感技术和传感器网络，AI可以收集大规模的农田数据，如土壤湿度、气象条件和作物生长情况等。基于这些数据，AI可以建立和预测农作物生长模型，帮助农民作出更准确的农作物种植、施肥和灌溉决策，从而提高农作物的产量和质量。

精准农业和智能农机：AI设计在精准农业和智能农机方面起着重要的作用。结合全球定位系统、计算机视觉和机器学习算法，AI可以实现精准农业操作，如精确喷洒农药、精准播种和智能收割等。智能农机可以根据农田的实际情况和需求，实现自主导航和作业，提高农业生产效率和资源利用率。以BoniRob为例，这是一款由Bosch的研发人员设计的大型农业机器人，它能够基于AI技术实现自动的路径规划，寻找到田野内的杂草并清除它们（图9-27）。

图9-27　BoniRob除草机器人

食品供应链和安全：AI设计可以应用于食品供应链管理和食品安全监控。通过追踪和分析食品的来源、生产和运输过程，AI可以提供全程可追溯的食品供应链管理，帮助消费者了解食品的质量和安全性，提高食品行业的透明度和可信任度。此外，AI还可以识别食品中的有害物质和微生物，提前预警食品安全问题，保障公众的健康和安全。

农业数据分析和决策支持：AI设计可以分析农业数据（如气象数据、市场需求和农业政策等），提供农业决策支持。通过大数据分析和机器学习算法，AI可以帮助农民和农业管理者预测市场需求、优化生产计划，并且提供农业政策制定的参考意见，提高农业生产的智能化水平和决策的科学性，推动农业的可持续发展。

综上所述，AI设计在农业和食品领域中具有广泛的应用前景。AI可以通过智能农业、精准农业和食品供应链管理提高农业生产的效率和质量，推动食品安全和可持续发展。然而，AI设计在农业和食品领域中仍面临着一些挑战，如数据采集和隐私保护、农民技能培训和社会接受度等。因此，进一步的研究和合作仍需进行，以实现AI在农业和食品领域的可持续发展和应用。

五、金融和风险管理领域

金融和风险管理领域也是人工智能设计的重要应用领域之一。通过结合AI技术和金融数据分析，可以实现更加智能和高效的金融决策和风险管理。以下是一些关键观点。

风险预测和评估：AI设计可以应用于风险预测和评估。通过分析大量的金融数据，如市场数据、经济指标和公司财务数据等，AI可以识别潜在的风险因素，并且进行风险预测和评估。这有助于金融机构和投资者更好地理解和管理风险，作出更明智的投资决策。

信用评估和反欺诈：AI设计在信用评估和反欺诈方面具有重要作用。AI通过分析个人和企业的大数据，如信用记录、交易历史和社交媒体数据等，可以生成更准确的信用评估模型，并且识别潜在的欺诈行为，使金融机构在授信和风险管理方面更加精确和有效。

自动化交易和投资：AI设计在自动化交易和投资方面有着广泛的应用。利用机器学习和算法交易模型，AI可以自动分析市场趋势，预测价格变动，并且进行交易决策和执行。这可以提高交易的速度和效率，减少人为错误，并且增强投资组合的表现。

金融安全和欺诈检测：AI设计可以帮助金融机构和支付系统检测和预防欺诈行为。通过分析大量的交易数据和用户行为模式，AI可以识别异常交易和可疑活动，并发出警报或采取相应措施，有助于提高金融安全性，保护用户的资金和信息。以亚马逊的欺诈检测工具为例，通过Amazon Web Services (AWS) 欺诈侦测机器学习解决方案，企业可以主动并且更准确地检测和防范线上欺诈。其使用案例涵盖了检测支付、交易欺诈、新账户欺诈、账户盗用、促销滥用、虚假或滥用评论以及身份验证等一系列场景（图9-28）。

客户服务和个性化金融：AI设计可以改善金融机构的客户服务和个性化金融体验。通过自然语言处理和机器学习算法，AI可以自动化客户服务过程，回答常见问题，提供个性化的金融建议和推荐。这可以提高客户的满意度和忠诚度，优化金融产品和服务的交付。

综上所述，AI设计在金融和风险管理领域中有着广泛的应用前景。它可以提高金融决策的准确性和效率，改善风险管理和投资策略，增强客户体验和金融安全性。然而，与其他技术一样，AI设计在金融领域也面临着一些挑战，如数据隐私和安全性、模型解释性和道德考量等。因此，金融机构需要综合考虑技术、法律和伦理等方面的问题，确保AI设计的可持续发展和应用。

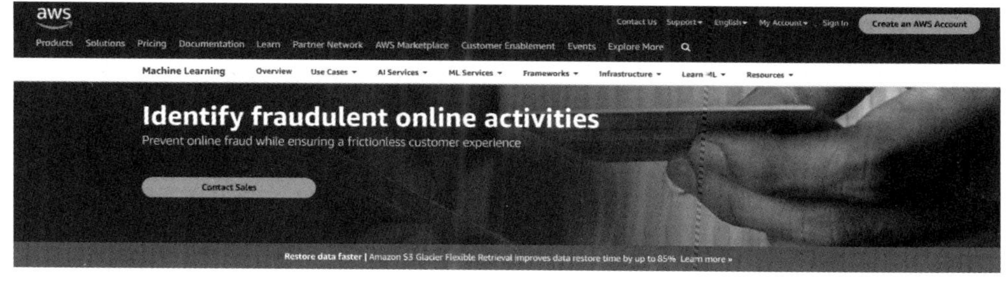

图9-28 AWS侦测线上欺诈

参考文献

[1] COOPER G. Examining Science Education in ChatGPT: An Exploratory Study of Generative Artificial Intelligence [J]. J Sci Educ Technol, 2023, 32: 444–452.

[2] 何华灿．重新找回人工智能的可解释性[J]．智能系统学报，2019，14（03）：393-412.

[3] BADUGE S K, THILAKARATHNA S, PERERA J S, et al. Artificial intelligence and smart vision for building and construction 4.0: Machine and deep learning methods and applications[J]. Automation in Construction, 2022, 141: 26.

[4] RUDIN C. Stop explaining black box machine learning models for high stakes decisions and use interpretable models instead[J]. Nature Machine Intelligence, 2019, 1(5): 206–215.

[5] 薛政凯，陈康寅．人工智能辅助的心电图诊断在心血管疾病中的应用[J]．中国心血管病研究，2022，20（03）：283-288.

[6] 吴非，王志，夏传真．推进大数据与AI技术在医疗卫生系统应用的建议[J]．中国发展，2020，20（2）：6-10.

[7] VERGANTI R, VENDRAMINELLI L, IANSITI M. Innovation and Design in the Age of Artificial Intelligence[J]. Journal of Product Innovation Management, 2020, 37(3): 212–227.

[8] 张岩．浅析AI在智能交通行业的应用[J]．中国公共安全，2019（4）：114-116.

[9] DRESNER K, STONE P. A Multiagent Approach to Autonomous Intersection Management[J]. Journal of Artificial Intelligence Research, 2008, 31: 591–656.

[10] ZAWACKI-RICHTER O, MARIN V I, BOND M, et al. Systematic review of research on artificial intelligence applications in higher education—where are the educators?[J]. International Journal of Educational Technology in Higher Education, 2019, 16(1): 39.

[11] 陈凯泉，沙俊宏，何瑶，等．人工智能2.0重塑学习的技术路径与实践探索——兼论智能教学系统的功能升级[J]．远程教育杂志，2017，35（05）：40-53.